TRAINING

MSA · eBBR 2015

Mathematik

Berlin · Brandenburg

2014

STARK

Bildnachweis
Umschlag: © Stas Perov/Fotolia.com
Deckblatt: © Joe Gough/Dreamstime.com
S. 17: © Raddiscount
S. 19: TV: © Neckermann
Bücher: © Andrzej Tokarski/Dreamstime.com
S. 20: © Evaletova/Dreamstime.com
S. 21: © Marie Jeanne Iliescu/www.sxc.hu
S. 54: © Reuben Schulz/iStockphoto
S. 61: © Philip Lange/Dreamstime.com
S. 68: © Norbert Aepli;
http://de.wikipedia.org/w/index.php?title=Datei:Brandenburger_Tor_2005_006.JPG&filetimestamp =20090330185154; Diese Datei ist unter der Creative Commons-Lizenz 2.5 US-amerikanisch (nicht portiert) lizenziert.
S. 71: © Nikolai Schwerg;
http://de.wikipedia.org/w/index.php?title=Datei:Berlin_Tiergarten_Siegessaeule.jpg&filetimestamp =20050330110932. Diese Datei ist unter der Creative Commons-Lizenz 3.0 Unported lizenziert.
S. 74: Fernseher: © Neckermann
Elfmeter: © www.borussiafotos.de;
http://de.wikipedia.org/w/index.php?title=Datei:Elfmeter.JPG&filetimestamp=20050612190213;
Diese Datei ist unter der Creative Commons-Lizenz 3.0 Unported lizenziert.
S. 80: © Stenzel Washington /Fotolia.com
S. 86: Müggelsee: © 2009 Google – Grafiken © 2009 DigitalGlobe, GeoContent, AeroWest, GeoEye, Kartendaten © 2009 Tele Atlas
Grunewaldturm: © Fotograph: Andreas Körner; GNU Free Documentation License Version 1.2
S. 93: © Garret Bautista/Dreamstime.com
S. 98: © Stephen Bazely/www.sxc.hu
S. 99: © Redaktion
S. 100: Röhren: © Darryl Brooks/Dreamstime.com
Platine: © Joe Sullivan/Dreamstime.com
S. 104: © Bernd Jürgens/Dreamstime.com
S. 106: Fußballglobus: © ullstein bild – Konzept und Bild
Erde: © NASA/Visipix.com
Stehaufmännchen: © Redaktion
Hagelkorn: © NOAA Photo Library, NOAA Central Library; OAR/ERL/National Severe Storms Laboratory (NSSL)
Deckblatt: © NASA/Visipix.com

10. ergänzte Auflage
www.stark-verlag.de

Inhalt

** Diese Inhalte sind für den MSA nicht explizit prüfungsrelevant.

Original-Abschlussprüfung

Autoren:
Heike Ohrt, Doris Cremer, Dietmar Steiner

Vorwort

Liebe Schülerin, lieber Schüler,

mit vorliegendem Buch kannst du dich langfristig und nachhaltig auf die **Prüfung am Ende der Jahrgangsstufe 10** im Fach **Mathematik** vorbereiten, die gemeinsam in den Bundesländern Berlin und Brandenburg **am 11. 5. 2015** stattfindet.

Seit dem Schuljahr 2013/2014 gibt es eine **einheitliche eBBR/MSA-Prüfung**, die sowohl zum Schulabschluss **erweiterte Berufsbildungsreife** als auch zum **mittleren Schulabschluss** führt. Für den Erwerb der eBBR musst du grundlegende Aufgaben lösen, für den Erwerb des MSA zusätzlich noch anspruchsvollere (Teil-)Aufgaben, die durch ein Sternchen * gekennzeichnet sind. Die Aufgaben dieses Buches sind genau nach diesem Schema aufgebaut: Aufgaben ohne Sternchen dienen der Vorbereitung für **alle Prüflinge** mit dem Ziel eBBR oder MSA, Aufgaben mit einem Sternchen * sind ganz auf den MSA zugeschnittene, schwierigere Aufgaben. Themen und Aufgaben, die mit zwei Sternchen ** versehen sind, werden in der Prüfung nicht vorkommen, bieten dir aber für den Übergang in die gymnasiale Oberstufe das notwendige mathematische Fundament.

Für alle Teilnehmer/innen einer zentral gestellten Prüfung ist gerade das **Grundlagenwissen** besonders wichtig. Denn es geht hier nicht um irgendwelche Spezialkenntnisse, die du vielleicht gut beherrschst, sondern die Aufgaben in der Prüfung werden ein möglichst breit gefächertes Grundwissen verlangen. Es geht vor der Prüfung also um eine Gesamtwiederholung.

- Daher beginnt dieses Buch mit einem ausführlichen **Trainingsteil**. Im ersten Kapitel werden die wichtigsten Themen der 7. bis 9. Klasse so kurz wie möglich wiederholt, die Kapitel 2 bis 9 behandeln intensiv sämtliche prüfungsrelevanten Bereiche. Zu jedem Thema findest du passende Übungsaufgaben, insgesamt über 190.
- Du kannst **selbstständig** mit dem Buch arbeiten, weil alle Themen auch anhand von Beispielaufgaben erklärt werden, die du dir auf jeden Fall anschauen solltest.
- **Vermischte Aufgaben** findest du in Kapitel 10. Hier kannst du dein erworbenes Wissen an komplexen, themenübergreifenden Aufgaben testen.
- Die schriftliche **Original-Abschlussprüfung zum mittleren Schulabschluss und zur erweiterten Berufsbildungsreife 2014** bildet den Abschluss des Buches. Für deren Bearbeitung sind 135 Minuten Bearbeitungszeit vorgesehen.
  Eine umfangreiche **Sammlung der Prüfungsaufgaben 2009 bis 2014** enthält übrigens das Buch „MSA/eBBR Mathematik Berlin/Brandenburg 2015" (Bestell-Nr. 1115001). Es ist insbesondere für die **Vorbereitungsphase unmittelbar vor der Abschlussprüfung** gedacht und hilft dir dabei, noch mehr Sicherheit im Umgang mit Prüfungsaufgaben zu gewinnen.

Zu allen Aufgaben gibt es **ausführliche Lösungen** in einem separaten Buch (Bestell-Nr. 111500L), die jeden Rechenschritt genau erklären. Dabei wird besonderer Wert auf die Lösungsansätze und Vorüberlegungen gelegt. Zur Veranschaulichung und zum besseren Verständnis der Lösungen helfen dir zahlreiche Skizzen.

Zuerst solltest du selbst die Lösung finden und dann mit dem Buch vergleichen. Nur was du dir selbst erarbeitet hast, bleibt im Gedächtnis und du lernst dazu. Halte dich deswegen daran, konsequent jede Aufgabe zunächst selbst zu rechnen.

Wenn du den Inhalt dieses Buches beherrschst, bist du bestens auf die Prüfung vorbereitet.

Sollten nach Erscheinen dieses Bandes noch wichtige Änderungen in der eBBR/MSA-Prüfung 2015 vom LISUM Berlin-Brandenburg bekannt gegeben werden, findest du aktuelle Informationen dazu im Internet unter:
www.stark-verlag.de/pruefung-aktuell

Ich wünsche dir für die Prüfung viel Erfolg!

Heike Ohrt

Hinweise und Tipps

1 Keine Angst vor der Prüfung

Eine Prüfung schafft man nicht ohne Einsatz, Lernen und Üben. Das größte Problem auf dem Weg zum Erfolg ist dabei häufig das mangelnde Vertrauen in die eigenen Fähigkeiten und die daraus resultierende Angst vor dem Nichtbestehen. Aber Angst ist ein negatives Gefühl, das dem Lernerfolg im Weg steht. Du musst also deine positiven Empfindungen stärken, um dir die Prüfungsvorbereitung zu erleichtern.

Drei kleine Sätze werden dir dabei helfen:

Ich will es schaffen.

Ich kann es schaffen.

Ich werde es schaffen.

Den ersten Schritt auf dem Weg zum Erfolg hast du bereits mit dem Kauf dieses Buches getan, denn damit hast du gezeigt: **Du willst.**

Wenn du bereit bist, mit diesem Buch ernsthaft und systematisch zu arbeiten und Zeit und Fleiß investieren willst, zeigst du, dass du deinen Willen auch in die Tat umsetzt: **Du kannst.**

Dieses Buches wird dich durch deine Prüfungsvorbereitung leiten und dir helfen, viele Dinge, die dir vorher unklar waren, zu verstehen, sodass du die Sicherheit erlangen kannst, um die Prüfung zu meistern: **Du wirst es schaffen.**

2 Dein persönlicher Zeitplan

Überfordere dich nicht und lerne nicht zu viel auf einmal, sondern fange rechtzeitig mit der Vorbereitung an, empfehlenswert sind 4 Monate vor dem Prüfungstermin. Besser noch: Fang sofort an. So bleibt genügend Zeit, alle Themen zu bearbeiten. Der Einstieg gelingt dir besser, wenn du den Stoff in kleine Einheiten aufteilst. Wichtig ist dabei, dass du regelmäßig und nicht länger als 60 Minuten übst. Erfolge stellen sich schnell ein, wenn du Aufgaben richtig gelöst hast.

Alle für den MSA/eBBR 2015 relevanten Themen findest du in dem Lernplaner auf den Seiten IV–V. Erstelle dir mithilfe dieser Vorlage deinen persönlichen Zeitplan, in dem du festhältst, wann du welches Thema bearbeiten willst. Bestimme dafür zwei feste Wochentage und lege gleich die Uhrzeit fest. Nimm dir einen Kalender zur Hand und ordne jedem Thema ein Datum zu. Vergiss nicht, in deinem Zeitplan auch die Ferien mit einzubeziehen. Der Termin für die Prüfung ist am 11. 5. 2015. Plane so, dass du spätestens eine Woche vorher deine Vorbereitung beendet hast.

Bitte deine Eltern, Freunde oder Geschwister dich bei der Einhaltung des Plans zu unterstützen. Vielleicht findest du auch Mitschüler, die nach demselben Zeitplan lernen wollen. So könnt ihr euch gegenseitig motivieren und helfen.

Lege dir für die Wiederholung einen Prüfungsordner an und hefte alle Übungen ein. Vergleiche deine Lösungen mit denen im Lösungsbuch. Zu jeder Aufgabe findest du dort eine ausführliche Lösung und sicher auch eine Lösungsmöglichkeit, die für dich verständlich und einleuchtend ist. Markiere deine Lösung als r (richtig) oder f (falsch). Berichtige die mit „f" markierten Ergebnisse, nachdem du alle Lösungen verglichen hast. Aus deinen Fehlern kannst du nur lernen. Mit jeder richtig gelösten Aufgabe wirst du an Sicherheit gewinnen.

Unter der Spalte „Bemerkungen" in deinem Lernplaner kannst du notieren, was dir ganz speziell noch Schwierigkeiten bereitet, was du also zu gegebener Zeit wiederholen musst.

Beispiel:

Thema	**Seite**	**Datum**	**Bemerkungen**	**Kann ich**	**Muss ich noch üben**
Terme	1–5	03. 01. 2015	Terme und Termumformungen	✓	
			Binomische Formeln		✓

3 Hinweise zur Prüfung

Die schriftliche Prüfung in Mathematik zur erweiterten Berufsbildungsreife/zum mittleren Schulabschluss in der Jahrgangsstufe 10 wird am 11. 5. 2015 stattfinden. Die Prüfungszeit beträgt **135 Minuten**. Die Prüfung ist für alle Schülerinnen und Schüler in Berlin und Brandenburg gleich. Die Aufgaben orientieren sich an den Inhalten des Rahmenlehrplans für die Klassen 7 bis 10 und an den allgemeinen Bildungsstandards der Kultusministerkonferenz.

Folgende Hilfsmittel sind zugelassen:

- Geodreieck
- Zirkel
- nichtprogrammierbarer, nichtgrafikfähiger Taschenrechner
- Wörterbuch
- Formelübersicht (erhältst du mit der Prüfungsarbeit)

4 Deine persönliche Generalprobe

Mithilfe der Prüfungsarbeit MSA/eBBR 2014, die du auf den letzten Seiten dieses Buches findest, kannst du dein Können unter Beweis stellen. Es ist ein gutes Training, wenn du die komplette Prüfungsarbeit unter Prüfungsbedingungen in der vorgegebenen Zeit ohne Unterbrechung bearbeitest. Nur so kannst du dich in die Prüfungssituation hineinversetzen und diese üben.

Beachte folgende Hinweise:

- Stelle eine prüfungsähnliche Situation her.
- Schaff dir einen freien Arbeitsplatz und lege Taschenrechner, Geodreieck, Bleistift, Radiergummi, Zirkel, karierte Blätter, einen Kugelschreiber oder Füller und die Formelübersicht aus diesem Buch bereit.
- Sorge dafür, dass du 135 Minuten ungestört arbeiten kannst. Keine Musik, Handy ausschalten!
- Stell dir ein Getränk und etwas zu essen bereit.

Ab jetzt läuft die Zeit.

- Lies dir zunächst alle Aufgaben durch, damit du weißt, was auf dich zukommt.
- Beginne mit der Aufgabe, bei der du dich am sichersten fühlst. Wichtige Aussagen kannst du markieren.
- Halte dich nicht zu lange an einer Aufgabe auf, verbeiß dich nicht, sondern mache mit der nächsten weiter.
- Lege kurze Pausen ein.
- Achte auf die Form und vergiss bei Textaufgaben die Antwortsätze nicht.
- Bedenke, dass alle Lösungswege nachvollziehbar sein müssen.
- Überprüfe, ob dein Antwortsatz zur Fragestellung passt und ob die Einheiten stimmen.
- Wenn du am Ende noch Zeit hast, gehe deine Arbeit noch einmal durch.

Kontrolliere erst nach einer Pause von mindestens 2 Stunden die Lösungen. Markiere deine Fehler.

Bearbeite zu einem späteren Zeitpunkt (z. B. 2 Tage danach) unbedingt die Aufgaben, in denen du Fehler gemacht hast, noch einmal.

5 Lernplaner

Thema	Seite	Datum	Bemerkungen	Kann ich	Muss ich noch üben
Terme	1–5				
Lineare Gleichungen	8–12				
Proportionale/antiproportionale Zuordnungen	12–16				
Prozent- und Zinsrechnung	17–22				
Umrechnen von Größen; Dreiecke; Vierecke	22–28				
Kreis	29–32				
Potenzen und Wurzeln	32–35				
Funktionen, lineare Funktionen	36–42				
Lineare Gleichungssysteme	43–49				
Quadratische Funktionen	50–57				
Quadratische Gleichungen	57–61				

Thema	Seite	Datum	Bemerkungen	Kann ich	Muss ich noch üben
Vergrößern und Verkleinern	65–69				
Pythagoras	72–74				
Trigonometrie: Berechnung am rechtwinkligen Dreieck	75–80				
Sinus- und Kosinussatz	81–86				
Darstellen und Berechnen von Prismen	95–100				
Pyramide, Kegel, Kugel	100–106				
Statistik (Daten)	107–118				
Wahrscheinlichkeit	119–126				
Exponentielles Wachstum und Zerfall	127–132				
Vermischte Aufgaben I	135–138				
Vermischte Aufgaben II	139–142				

6 Formelübersicht

Prozentrechnung

(Grundformel) $\frac{G}{100} = \frac{W}{p}$

G: Grundwert
W: Prozentwert
p %: Prozentsatz

Zinsrechnung

Zinsformel $\frac{K}{100} = \frac{Z}{p}$

K: Kapital
Z: Zinsen
p %: Zinssatz

Zinsen für t Tage $Z_t = \frac{K \cdot p \cdot t}{100 \cdot 360}$

t: Tage

Zinsen für m Monate $Z_m = \frac{K \cdot p \cdot m}{100 \cdot 12}$

m: Monate

Kapital nach n Jahren $K_n = K_0 \cdot \left(1 + \frac{p}{100}\right)^n$

n: Anzahl der Jahre
K_n: Kapital nach n Jahren
K_0: Anfangskapital

Zinssatz $\frac{p}{100} = \sqrt[n]{\frac{K_n}{K_0}} - 1$

Dichte

eines Stoffes $\rho = \frac{m}{V}$

ρ: Dichte
m: Masse
V: Volumen

Geschwindigkeit

einer gleichförmigen Bewegung $v = \frac{s}{t}$

v: Geschwindigkeit
s: zurückgelegter Weg
t: benötigte Zeit

Potenzen und Wurzeln

$a^n = a \cdot a \cdot \ldots \cdot a$ (n-mal)
$a^0 = 1$
$a^m \cdot a^n = a^{m+n}$
$\frac{a^m}{a^n} = a^{m-n}$
$a^m \cdot b^m = (a \cdot b)^m$
$\frac{a^m}{b^m} = \left(\frac{a}{b}\right)^m$
$(a^m)^n = a^{m \cdot n}$

für a, b ∈ $\mathbb{R}$ und
für m, n ∈ $\mathbb{N}$

$a^{-n} = \frac{1}{a^n}$
$\sqrt[n]{a} = a^{\frac{1}{n}}$; $\sqrt[2]{a} = \sqrt{a} = a^{\frac{1}{2}}$
$\sqrt[n]{a}\sqrt[n]{b} = \sqrt[n]{ab}$
$\frac{\sqrt[n]{a}}{\sqrt[n]{b}} = \sqrt[n]{\frac{a}{b}}$
$\sqrt[n]{a^m} = a^{\frac{m}{n}}$

für a, b ∈ $\mathbb{R}^+$ und
für m, n ∈ $\mathbb{N} \setminus \{0\}$

(Für den Spezialfall n = 2, die Quadratwurzel, lässt man den Wurzelexponenten weg und schreibt nur $\sqrt{\ }$.)

Quadratische Funktionen und Gleichungen

Scheitelpunktform der Normalparabel	$f(x) = (x+d)^2 + e$ $f(x) = (x-m)^2 + n$	Scheitelpunkt: $S(-d \mid e)$ Scheitelpunkt: $S(m \mid n)$
Normalform	$0 = x^2 + px + q$	$p, q \in \mathbb{R}$
Lösungsformel für quadratische Gleichungen in Normalform und zur Bestimmung von Nullstellen	$x_{1/2} = -\frac{p}{2} \pm \sqrt{\left(\frac{p}{2}\right)^2 - q}$	Für $\left(\frac{p}{2}\right)^2 - q < 0$ ist die Gleichung nicht lösbar.

Rechtwinkliges Dreieck

Satz des Pythagoras	$c^2 = a^2 + b^2$
Umfang	$u = a + b + c$
Flächeninhalt	$A = \frac{1}{2} a \cdot b$ bzw. $A = \frac{1}{2} c \cdot h_c$
Seiten-Winkel-Beziehungen	$\sin\alpha = \frac{\text{Gegenkathete von }\alpha}{\text{Hypotenuse}} = \frac{a}{c}$ $\cos\alpha = \frac{\text{Ankathete von }\alpha}{\text{Hypotenuse}} = \frac{b}{c}$ $\tan\alpha = \frac{\text{Gegenkathete von }\alpha}{\text{Ankathete von }\alpha} = \frac{a}{b}$

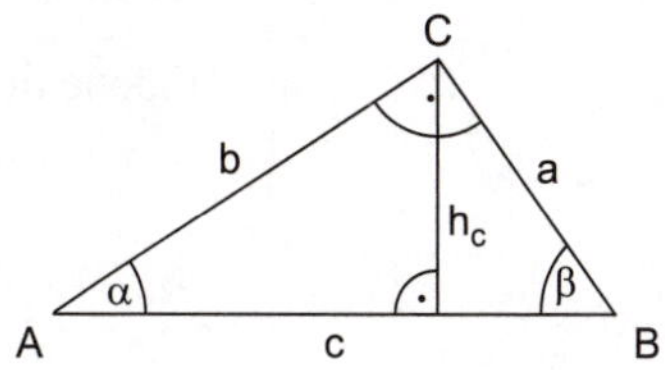

Beliebiges Dreieck

Sinussatz	$\frac{a}{\sin\alpha} = \frac{b}{\sin\beta} = \frac{c}{\sin\gamma}$
Kosinussatz	$c^2 = a^2 + b^2 - 2ab \cdot \cos\gamma$ $a^2 = b^2 + c^2 - 2bc \cdot \cos\alpha$ $b^2 = a^2 + c^2 - 2ac \cdot \cos\beta$
Umfang	$u = a + b + c$
Flächeninhalt	$A = \frac{1}{2} c \cdot h_c$ bzw. $A = \frac{1}{2} a \cdot b \cdot \sin\gamma$

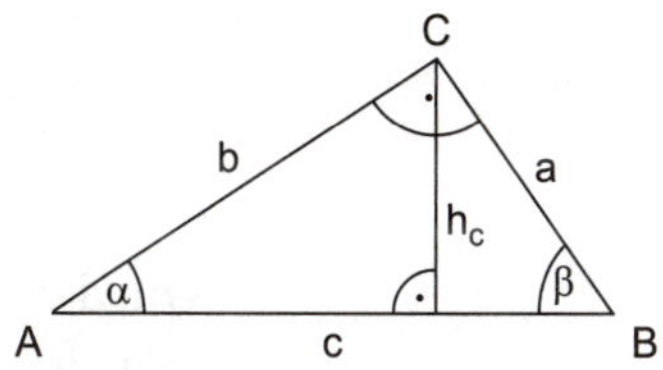

Strahlensätze

1. Strahlensatz	$\frac{\overline{ZA}}{\overline{AB}} = \frac{\overline{ZC}}{\overline{CD}}$; $\frac{\overline{ZA}}{\overline{ZB}} = \frac{\overline{ZC}}{\overline{ZD}}$
2. Strahlensatz	$\frac{\overline{ZA}}{\overline{ZB}} = \frac{\overline{AC}}{\overline{BD}}$; $\frac{\overline{ZC}}{\overline{ZD}} = \frac{\overline{AC}}{\overline{BD}}$

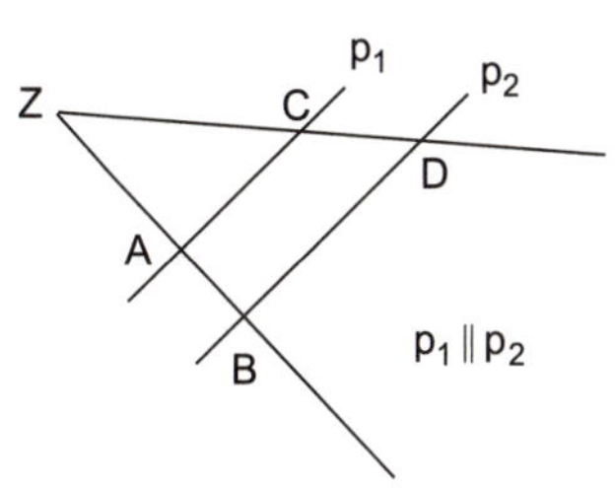

Rechteck

Umfang	$u = 2a + 2b = 2(a+b)$
Flächeninhalt	$A = a \cdot b$
Diagonalen	$e = f = \sqrt{a^2 + b^2}$

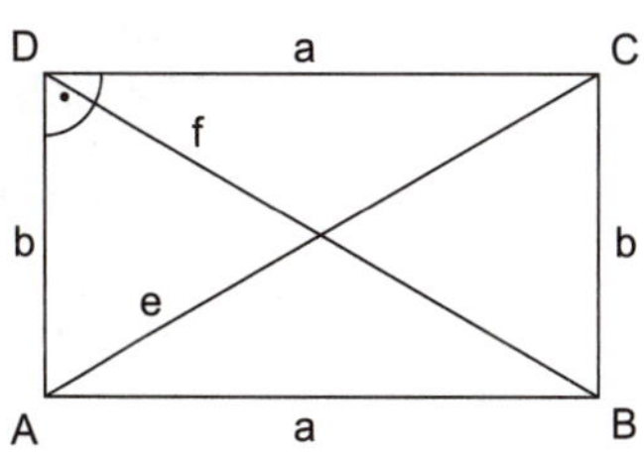

Trapez

Mittellinie $m = \frac{1}{2}(a + c)$

Flächeninhalt $A = m \cdot h$

$A = \frac{1}{2}(a + c) \cdot h$

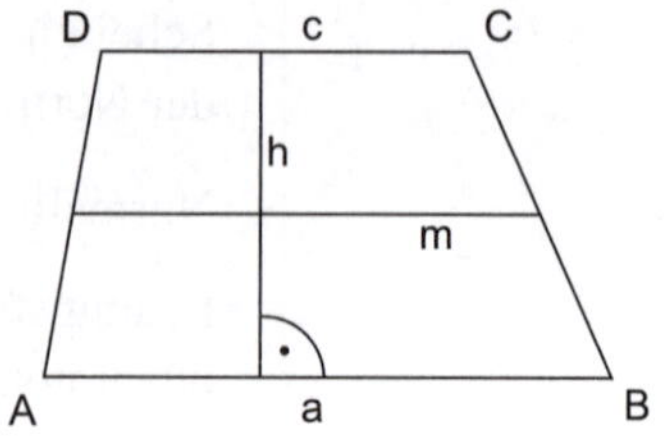

Kreis

Durchmesser $d = 2 \cdot r$

Umfang $u = 2\pi \cdot r$

Flächeninhalt $A = \pi \cdot r^2$

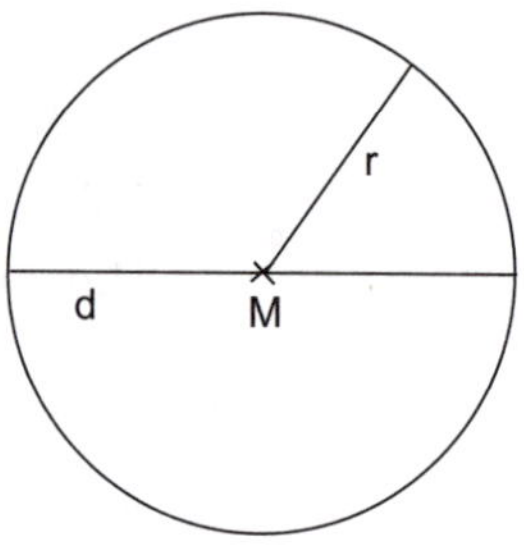

Würfel

Grundfläche $A_G = a^2$

Oberfläche $A_O = 6a^2$

Volumen $V = a^3$

Raumdiagonale $d = a\sqrt{3}$

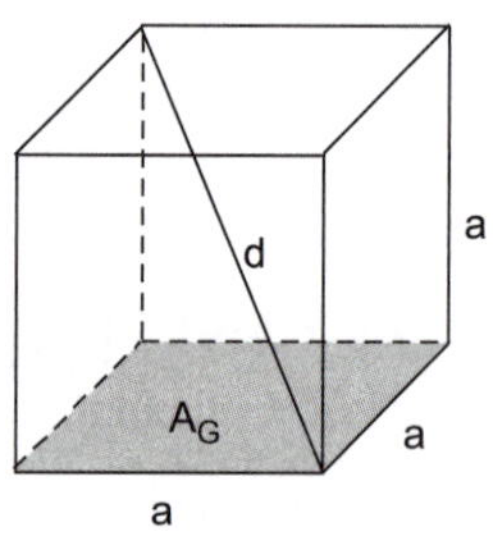

Quader

Grundfläche $A_G = a \cdot b$

Oberfläche $A_O = 2ab + 2bc + 2ac$

Volumen $V = a \cdot b \cdot c$

Raumdiagonale $d = \sqrt{a^2 + b^2 + c^2}$

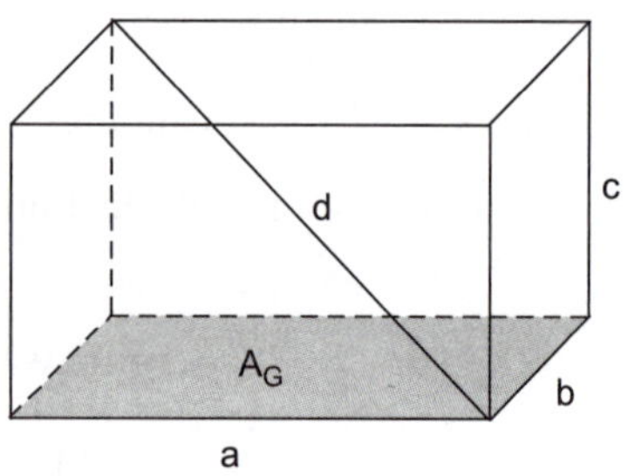

Prisma
(dreiseitig, gerade)

Grundfläche $A_G = \frac{1}{2} h_g \cdot g$

Umfang der Grundfläche $u_G = a + b + c$

Mantelfläche $A_M = (a + b + c) \cdot h = u_G \cdot h$

Oberfläche $A_O = 2A_G + A_M$

Volumen $V = A_G \cdot h = \frac{1}{2} h_g \cdot g \cdot h$

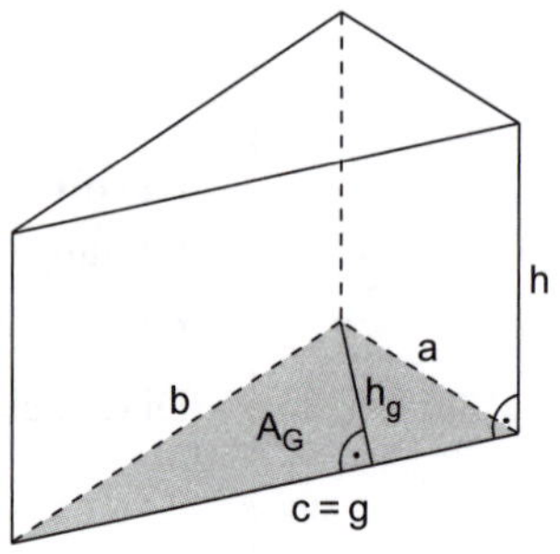

Pyramide
(quadratisch, gerade)

Grundfläche	$A_G = a^2$
Mantelfläche	$A_M = 2a \cdot h_s$
Oberfläche	$A_O = A_G + A_M$
Volumen	$V = \frac{1}{3} A_G \cdot h = \frac{1}{3} a^2 \cdot h$

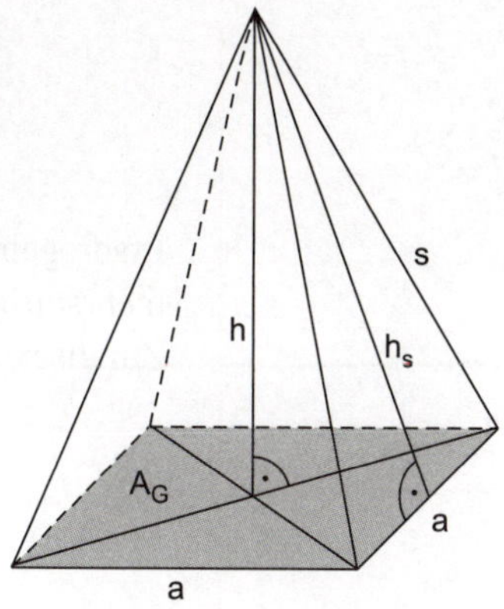

Zylinder
(gerader Kreiszylinder)

Grundfläche	$A_G = \pi \cdot r^2$
Mantelfläche	$A_M = 2\pi \cdot r \cdot h$
Oberfläche	$A_O = 2A_G + A_M$
Volumen	$V = A_G \cdot h = \pi \cdot r^2 \cdot h$

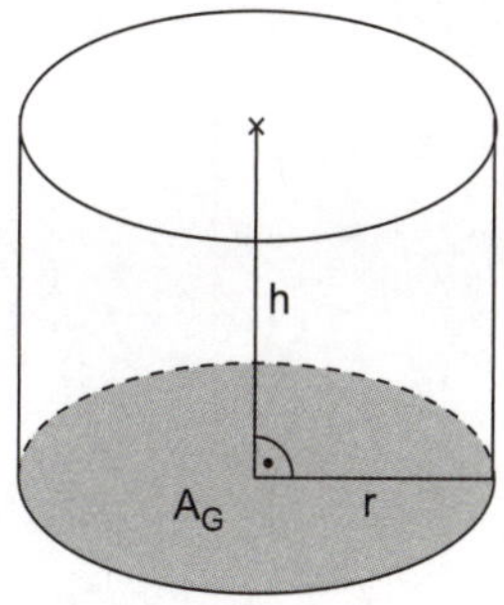

Kugel

Oberfläche	$A_O = 4\pi \cdot r^2$
Volumen	$V = \frac{4}{3} \pi \cdot r^3$

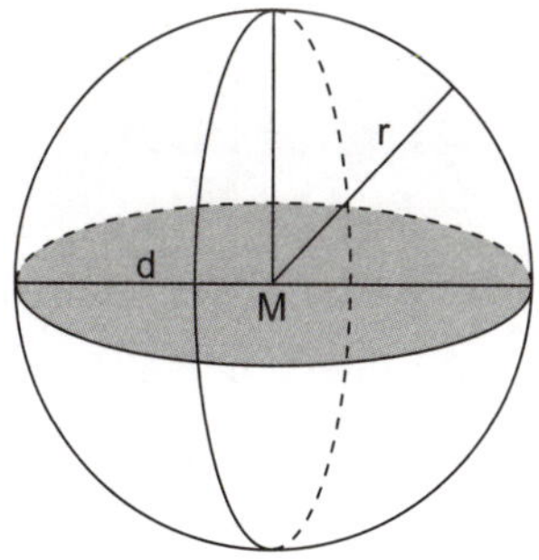

Kegel
(gerader Kreiskegel)

Mantellinie	$s^2 = r^2 + h^2$
Grundfläche	$A_G = \pi \cdot r^2$
Mantelfläche	$A_M = \pi \cdot r \cdot s$
Oberfläche	$A_O = \pi \cdot r(r + s)$
Volumen	$V = \frac{1}{3} A_G \cdot h = \frac{1}{3} \pi \cdot r^2 \cdot h$

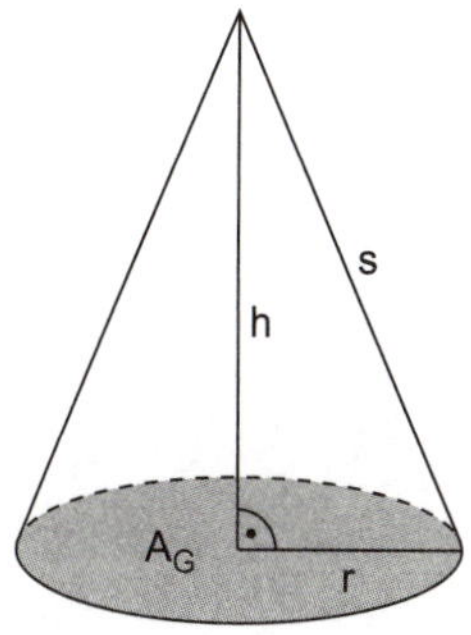

Stochastik

Zufallsexperimente

Sind alle Ergebnisse bei einem Zufallsexperiment gleich wahrscheinlich, so gilt für ein Ereignis A:

$$P(A) = \frac{\text{Anzahl der für A günstigen Ergebnisse}}{\text{Anzahl der möglichen Ergebnisse}}$$

P(A): Wahrscheinlichkeit von A

Pfadregeln für mehrstufige Zufallsexperimente

Produktregel:

Die Wahrscheinlichkeit eines Ergebnisses D ist gleich dem Produkt der Wahrscheinlichkeiten entlang des jeweiligen Pfades im Baumdiagramm.

Bsp.: $P(D) = p_1 \cdot p_4$

Summenregel:

Die Wahrscheinlichkeit eines Ereignisses H ist gleich der Summe der Wahrscheinlichkeiten aller Pfade, die für dieses Ereignis günstig sind.

Bsp.: $H = \{D, E\}$

$P(H) = p_1 \cdot p_4 + p_2 \cdot p_5$

Baumdiagramm:

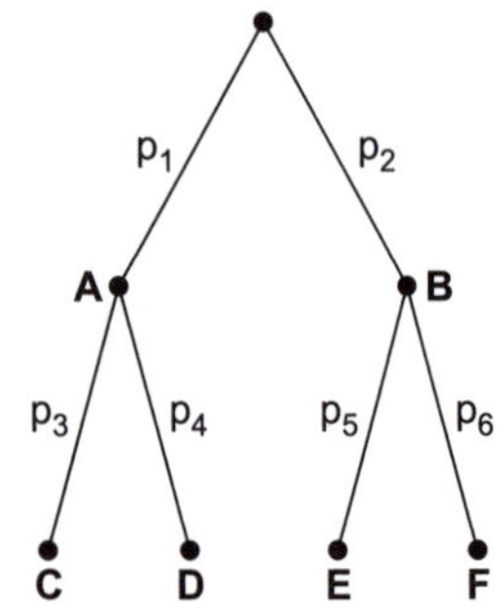

Training Grundwissen

1 Wiederholung Grundlagen

1.1 Terme und Termumformungen

Merke

Term

Ein Term ist eine Verbindung aus Zahlen, Variablen, Rechenzeichen und Klammern.

Beispiele

1. $2a + 2b$
2. $(3 + x)^2$
3. $2x - \frac{y}{2}$
4. Der Term für den Umfang des Dreiecks ist:
   $a + b + c$

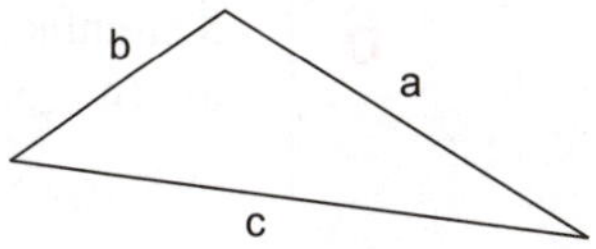

5. Der Term für die graue Fläche ist:
   $\frac{1}{2}x^2$

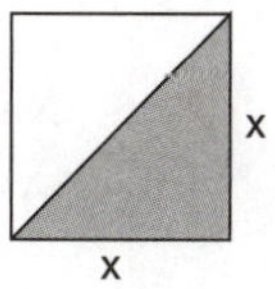

Aufgaben

1 Schreibe als Term:
a) Vom Dreifachen einer unbekannten Zahl soll 7 subtrahiert werden.
b) Das Vierfache von x wird zu 18 addiert.
c) In einer Gummibärchentüte befinden sich noch x Gummibärchen. Nina nimmt die Hälfte heraus, Steffen nimmt danach noch 6 Gummibärchen.

2 Zwei parallele Seiten eines Quadrates mit der Seitenlänge x werden um 4 cm verlängert. Gib die Terme an, mit denen man
a) den Flächeninhalt
b) den Umfang
des so entstandenen Rechtecks bestimmen kann.

3 Gib einen Term an, mit dem man die Fläche eines Viertelkreises mit dem Radius r bestimmen kann.

4 Welchen Zahlenwert haben die folgenden Terme? Runde auf Hundertstel.

a) $\frac{3{,}2 \cdot 2^2}{0{,}2 \cdot 4{,}1}$ b) $10 + (8{,}25 - 3) - 15{,}25 \cdot 2$

***5** Schreibe die graue Fläche als Term.

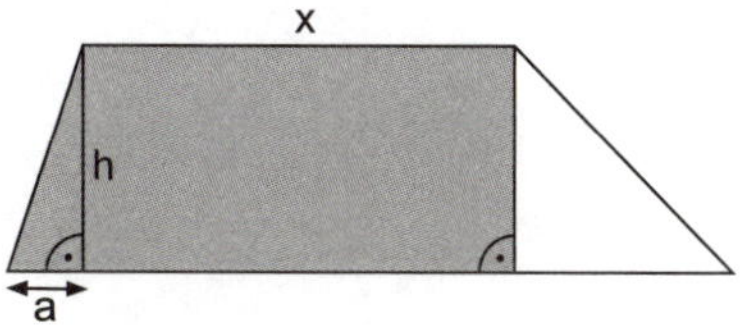

Merke

Zusammenfassen gleichartiger Glieder

In einem Summenterm dürfen gleichartige Summanden durch Addition/Subtraktion zusammengefasst werden.

Beispiele

1. $3x - 15 + 7x - 12x + 22$ — Gleichartige Summanden sortieren
   $= \underbrace{3x + 7x - 12x}_{} \underbrace{-15 + 22}_{}$ — Gleichartige Summanden zusammenfassen
   $= \quad -2x \quad +7$
2. $a + a^2 + a + a^2 + 2a$ — Gleichartige Summanden zusammenfassen
   $= 2a^2 + 4a$

Aufgaben

6 Vereinfache den Term, indem du zusammenfasst.

a) $14 - 28x - 54 + x - 2$

b) $-a + b + 46 + 44a - 15b - 7$

c) $-16 + 1{,}6x + 8{,}2 - 1{,}5x - 6{,}4$

*d) $\frac{1}{3}x + 2\frac{1}{4} - 2\frac{1}{4}x$

7 Nenne einen Term für den Umfang der Flächen und fasse zusammen.

a)

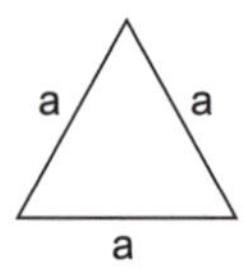

b)

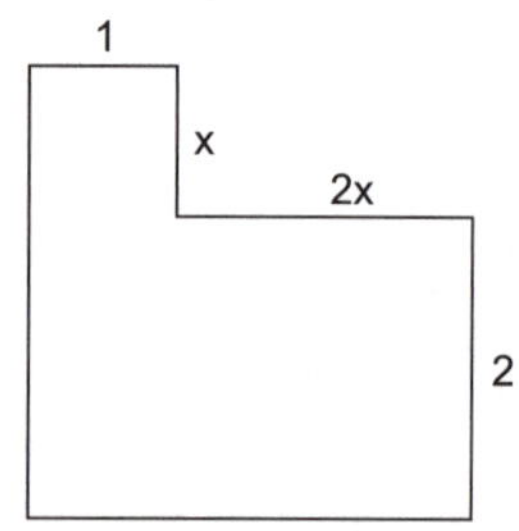

Merke

Auflösen von Plus- und Minusklammern

Steht das Zeichen **Plus** vor einer Klammer, so darf man die **Klammer weglassen**.
$a + (b + c) = a + b + c$
Steht das Zeichen **Minus** vor einer Klammer, so löst man die Minusklammer auf, **indem man alle Rechenzeichen in der Klammer ändert**.
$a - (b + c) = a - b - c$

Beispiele

1. $3x + 4 + (6x - 5 + 4y)$ — Plusklammer auflösen
   $= 3x + 4 + 6x - 5 + 4y$ — Zusammenfassen
   $= 9x + 4y - 1$
2. $-15a - 5b - (7a - 6b)$ — Minusklammer auflösen
   $= -15a - 5b - 7a + 6b$ — Zusammenfassen
   $= -22a + b$

Aufgaben

8 Löse die Klammern auf und fasse zusammen.
a) $-13x-(4x+6y-4)+(18x-2y-40)+y$
b) $-(4{,}7a-6{,}7b)-(-6{,}7b+4{,}7a)$
c) $(13x+2{,}5)-(-2{,}4-x)-(7+14x)$

***9** Was Klammern bewirken: Welche Terme sind gleich?
a) $(16-3a)-(15-2a)$
b) $-16-3a+(15+2a)$
c) $-(-16+3a)-15-2a$
d) $-(16+3a-15)+2a$
e) $-16+(3a-15+2a)$
f) $-(16+3a-15+2a)$

***10** Welchen Wert hat der folgende Term, wenn $x=2{,}5$ und $y=-3{,}5$?
$-2x-(7{,}4y+6x)+(4x-13-1{,}6y)-(y-12-3x)$

Merke

Auflösen von Klammern in einem Produkt (Ausmultiplizieren)

Wird ein **Faktor mit einer Summe multipliziert**, so muss man jeden Summanden in der Klammer mit dem Faktor multiplizieren (Distributivgesetz).

$$\mathbf{a}\cdot(b+c)=\mathbf{a}\cdot b+\mathbf{a}\cdot c$$

$\uparrow \quad \nwarrow$

Ein Produkt wird zur Summe.

Beispiele

1. $3\cdot(5-3y)$ oder

   $3(5-3y)$ oder — Das Multiplikationszeichen vor der Klammer kann weggelassen werden.

   $(5-3y)\cdot 3$ — Der Faktor kann auch hinter der Klammer stehen.

   $=15-9y$

2. $16x-2x\cdot(6x-8)$ — Punkt- vor Strichrechnung: Das Produkt geht vor.

   $=16x-12x^2+16x$
   $=-12x^2+32x$

3. $2x-(-16x+3)+5(14-4x)$ — Achtung: Minus- **und** Multiplikationsklammer auflösen

   $=2x+16x-3+70-20x$ — Zusammenfassen
   $=-2x+67$

4. $3x+(6x+10)\cdot(-5)$ — Multiplikationsklammer auflösen

   $=3x+(-30x-50)$ — Plusklammer auflösen
   $=3x-30x-50$ — Zusammenfassen
   $=-27x-50$

Merke

Auflösen von zwei Klammern in einem Produkt

Werden zwei Summen miteinander multipliziert, so muss man jeden Summanden der ersten Klammer mit jedem Summanden der zweiten Klammer multiplizieren.

$(\mathbf{a}+\mathbf{b})\cdot(c+d)=\mathbf{a}\cdot c+\mathbf{a}\cdot d+\mathbf{b}\cdot c+\mathbf{b}\cdot d$

$\uparrow \qquad \nwarrow \uparrow \nearrow$

Ein Produkt wird zur Summe.

Beispiele

1. $(7x-8)\cdot(3+5x)$ oder $(7x-8)(3+5x)$

$=7x\cdot 3+7x\cdot 5x-8\cdot 3-8\cdot 5x$ So wird ausführlich gerechnet.
$=21x+35x^2-24-40x$ Zusammenfassen
$=35x^2-19x-24$

2. $4x+(3-2x)\cdot(2+5x)$ Ausmultiplizieren

$=4x+(6+15x-4x-10x^2)$ Plusklammer auflösen
$=4x+6+15x-4x-10x^2$ Zusammenfassen
$=-10x^2+15x+6$

Merke

Sonderfall: Binomische Formeln

1. $(a+b)^2 = a^2+2ab+b^2$
2. $(a-b)^2 = a^2-2ab+b^2$
3. $(a+b)\cdot(a-b) = a^2-b^2$

Beispiele

1. $(x+3y)^2=x^2+6xy+9y^2$

1. binomische Formel	$(a+b)^2$	$a^2+2\cdot a\cdot b+b^2$
Aufgabe	$(x+3y)^2$	$x^2+2\cdot x\cdot 3y+(3y)^2$

$\downarrow \ \downarrow$
$a=x;\ b=3y$

2. $(5x-3y)^2=25x^2-30xy+9y^2$

2. binomische Formel	$(a-b)^2$	$a^2-2\cdot a\cdot b+b^2$
Aufgabe	$(5x-3y)^2$	$(5x)^2-2\cdot 5x\cdot 3y+(3y)^2$

$\downarrow \ \downarrow$
$a=5x;\ b=3y$

3. $(2x+7)\cdot(2x-7)=4x^2-49$

3. binomische Formel	$(a+b)\cdot(a-b)$	a^2-b^2
Aufgabe	$(2x+7)\cdot(2x-7)$	$(2x)^2-7^2$

$\downarrow \ \downarrow$
$a=2x;\ b=7$

Aufgaben

11 Löse die Klammern auf und fasse zusammen.

a) $13(4a-5)+66a-6(1a-11)$

b) $-13+16a-(61-13b)-5(11a+9b)$

c) $(-4a-3b)-4(9a-10b)$

*d) $(4x+5y)(4x-5y)-2x(8x-10y)$

12 Was Klammern bewirken: Löse sie auf und fasse zusammen.

a) $-2(x+7)-3(x-6)+4x$

b) $-2x+(7-3x)^2-(x-6+4x)$

*c) $(-2x+7)^2-(3x-6)+4x$

*d) $-2x(7-3x)-(6+4x)^2$

Merke

Ausklammern (Faktorisieren)

Ausklammern ist die **Umkehrung** des Ausmultiplizierens.
Enthält in einer Summe jeder der Summanden den gleichen Faktor, so kann man diesen als **gemeinsamen Faktor ausklammern**.

$\mathbf{a}x+\mathbf{a}y-\mathbf{a}z=\mathbf{a}\cdot(x+y-z)$

↑↗ ↖

Eine Summe wird zum Produkt.

Beispiele

1. $12xy+6x^2=2\cdot 6\cdot x\cdot y+6\cdot x\cdot x=6x\cdot(2y+x)$ Gemeinsamer Faktor: $6x$

2. $16ab-24a^2+8a$
$=2\cdot 8\cdot a\cdot b-3\cdot 8\cdot a\cdot a+8\cdot a\cdot 1$ Gemeinsamer Faktor: $8a$
$=8a\cdot(2b-3a+1)$

Aufgaben

13 Aus Summen sollen Produkte werden: Faktorisiere so weit wie möglich.
Überprüfe dein Ergebnis, indem du anschließend ausmultiplizierst.

a) $144x^2-4xy+20x$

b) $64a-40ab+8b$

*c) $9a^2-25$

*d) $3{,}9a+2{,}6ab-5{,}2a^2$

*e) $72x^2y^2-12x^2y+6xy^2-36xy$

14 Hier wurde faktorisiert. Ersetze die Lücken.

a) $22xy+33x^2=\square(2y+3x)$

b) $9a^2+48a+64=(\square a+\square)^2$

c) $25-75a=\square(1-\square)$

d) $16x^2-y^2=(\square-\square)(\square+\square)$

e) $24x^2-6xy+60x=6x(\square-\square+\square)$

*f) $81x^2-\square+\square=(\square-2)^2$

Bruchterme

Merke

Vereinfachen von Bruchtermen durch Kürzen

1. **Zerlegung** des Zählers und Nenners **in ein Produkt**.
2. **Kürzen gemeinsamer Faktoren** im Zähler und im Nenner.

Beispiele

1. $\frac{12xy+6x^2}{14y+7x}$ — Im Zähler und im Nenner wird ausgeklammert.

$=\frac{6x\cdot\cancel{(2y+x)}}{7\cdot\cancel{(2y+x)}}$ — Kürzen darf man nur aus einem Produkt.

$=\frac{6}{7}x$

2. $\frac{35+5x}{15x-5}$ — Im Zähler und im Nenner wird ausgeklammert.

$=\frac{\cancel{5}(7+x)}{\cancel{5}(3x-1)}$ — Kürzen darf man nur aus einem Produkt.

$=\frac{7+x}{3x-1}$

Merke

Addition und Subtraktion von Bruchtermen

1. **Suche nach dem Hauptnenner (HN)**
   Alle Nenner werden in Faktoren zerlegt. Der HN ist das Produkt der jeweils höchsten Potenzen aller vorkommenden Faktoren.
2. **Erweitern auf HN**
   Jeder Bruch wird so geschrieben, dass der Nenner bereits in seine Faktoren zerlegt ist. Jeder Bruch wird mit den zum HN fehlenden Faktoren erweitert.
3. **Zusammenfassen und vereinfachen**
   Alle Zähler werden auf einen Bruchstrich geschrieben (im Nenner steht der HN). Zähler ausmultiplizieren und zusammenfassen. Dann kürzen, wenn möglich.

Beispiel

$\frac{4a+b}{4ab}+\frac{a-b}{b^2}-\frac{1}{4a}$

1. Suche nach HN:
   Als Faktoren kommen im Nenner 2, a und b vor.

$4ab = 2^2\cdot a\cdot b$

$b^2 = b^2$

$4a = 2^2\cdot a$

Der HN wird aus ihren höchsten Potenzen gebildet.

HN: $2^2\cdot a\cdot b^2$

2. Erweitern mit HN:
   Jeder Nenner ist in seine Faktoren zerlegt. Mit den zum HN fehlenden Faktoren wird erweitert.

$=\frac{(4a+b)\cdot b}{2^2\cdot a\cdot b\cdot b}+\frac{(a-b)2^2\cdot a}{b^2\cdot 2^2\cdot a}-\frac{1\cdot b^2}{2^2\cdot a\cdot b^2}$

3. Zusammenfassen und vereinfachen

$=\frac{(4a+b)\cdot b+(a-b)\cdot 4a-1\cdot b^2}{2^2\cdot a\cdot b^2}$

$=\frac{4ab+b^2+4a^2-4ab-b^2}{2^2\cdot a\cdot b^2}$

$=\frac{4a^2}{2^2\cdot ab^2}=\frac{2^2\cdot a\cdot a}{2^2\cdot a\cdot b^2}=\frac{a}{b^2}$

Aufgabe

****15** Fasse so weit wie möglich zusammen: („Nenner ungleich null“ sei stets erfüllt.)

a) $\frac{1-3x^2}{4x} - \frac{x^2-6}{2x^2} + \frac{7+6x}{8} - \frac{9}{3x^2}$

b) $\frac{(1-a^2)a}{4a^4} - \frac{9-2a}{36a} + \frac{3+a^2}{9a^2} - \frac{4a+3}{12a^3}$

Merke

Multiplikation von Bruchtermen

Zwei Bruchterme werden multipliziert, indem man jeweils die Zähler und die Nenner miteinander multipliziert.

Beispiele

1. $\frac{3a}{2b} \cdot \frac{x}{y} = \frac{3a \cdot x}{2b \cdot y} = \frac{3ax}{2by}$

2. $\frac{x+y}{x-y} \cdot \frac{2x}{x+y} = \frac{(x+y) \cdot 2x}{(x-y) \cdot (x+y)}$

$= \frac{\cancel{(x+y)} \cdot 2x}{(x-y) \cdot \cancel{(x+y)}}$

$= \frac{2x}{x-y}$

Die Bruchstriche haben hier die gleiche Funktion wie Klammern. Auf einen Bruchstrich geschrieben, **müssen Klammern gesetzt** werden.

Gemeinsamer Faktor: $(x+y)$

Merke

Division von Bruchtermen

Zwei Bruchterme werden dividiert, indem man den ersten Bruchterm mit dem **Kehrwert** des zweiten Bruchterms **multipliziert**.

Beispiele

1. $\frac{a}{3x} : \frac{b}{y}$

$= \frac{a}{3x} \cdot \frac{y}{b} = \frac{ay}{3bx}$

Kehrwert zu $\frac{b}{y}$ ist $\frac{y}{b}$

2. $\frac{a+b}{a-b} : \frac{3}{a+b}$

$= \frac{a+b}{a-b} \cdot \frac{a+b}{3} = \frac{(a+b)(a+b)}{(a-b) \cdot 3}$

$= \frac{(a+b)^2}{3(a-b)}$

Kehrwert zu $\frac{3}{a+b}$ ist $\frac{a+b}{3}$

Aufgaben

****16** Zerlege zuerst Zähler und Nenner in Faktoren. Kürze vollständig.

a) $\frac{a^2+a}{a^2-a}$ b) $\frac{18a+3b}{15a+3b}$

c) $\frac{15x-25y}{24x-40y}$ d) $\frac{a^2-ab}{a^2}$

e) $\frac{2a^3+a^2}{3a^3-4a^4}$ f) $\frac{2a+4b-6c}{3a+6b-9c}$

****17** Gib die Bruchterme jeweils als einen einzigen gekürzten Bruchterm an. Zerlege dazu, soweit nötig, Zähler und Nenner in Faktoren:

a) $\frac{3x^2y}{2ab^2}\cdot\frac{4ab}{5xy}$ b) $\frac{18a^3b}{11c^2}\cdot\left(-\frac{121a}{54b}\right)$

c) $-\frac{2x}{3y}\cdot\frac{-6yz}{5x}$ d) $\frac{15a}{8b}:\frac{9a^2}{10b}$

e) $\frac{18x^2}{5y}:\frac{27x}{20y^2}$

****18** Wo steckt der Fehler?

$$\frac{(5x+3)^2}{5x\cdot(5x+6)}\cdot\frac{2x+x}{6x}=\frac{\cancel{25x^2}+\cancel{30x}+9}{\cancel{25x^2}+\cancel{30x}}\cdot\frac{{}^{1}\cancel{3}\,\cancel{x}}{{}_{2}\cancel{6}\,\cancel{x}}=\frac{9}{2}$$

1.2 Lösen von linearen Gleichungen und Ungleichungen

Lineare Gleichungen

Merke

Umformungsregeln zum Lösen einer Gleichung

- Auf beiden Seiten einer Gleichung darf man dieselbe Zahl oder denselben Term addieren oder subtrahieren.
- Auf beiden Seiten einer Gleichung darf man mit derselben Zahl (außer mit der Null) eine Multiplikation/Division durchführen.

Diese Umformungen heißen **Äquivalenzumformungen** und verändern die Lösung einer Gleichung nicht.

Beispiel

$-6x-21=-3 \quad |+21$ — Addition derselben Zahl auf beiden Seiten

$-6x-21+21=-3+21$ — So rechnet man ausführlich.

$-6x=18 \quad |:(-6)$ — Division durch dieselbe Zahl auf beiden Seiten der Gleichung

$x=-3$

Probe: — Für die Probe wird die Lösungszahl in die Gleichung eingesetzt.

$-6(-3)-21\overset{?}{=}-3$

$18-21\overset{?}{=}-3$

$-3=-3$ ✓

Merke

Umformungsschritte zum Lösen einer Gleichung

1. Klammern auflösen
2. Zusammenfassen
3. Sortieren
4. Variable isolieren (durch Division)

Beispiele

1. $3(4x-9)-x=15x-(6x+7)$ Klammern auflösen
$12x-27-x=15x-6x-7$ Zusammenfassen
$11x-27=9x-7 \quad |-9x$ Sortieren
$2x-27=-7 \quad |+27$ Sortieren
$2x=20 \quad |:2$ x isolieren
$x=10$

2. $(2x+5)\left(\frac{1}{2}x-4\right)=(x-2)^2$ Klammern auflösen
$x^2-8x+\frac{5}{2}x-20=x^2-4x+4$ Zusammenfassen
$x^2-5\frac{1}{2}x-20=x^2-4x+4 \quad |-x^2+4x$ Sortieren
$-1\frac{1}{2}x-20=4 \quad |+20$ Sortieren
$-1\frac{1}{2}x=24 \quad |:\left(-1\frac{1}{2}\right)$ x isolieren
$x=-16$

Aufgaben

19 Löse die Gleichungen.

a) $3y+42-24y+48+9y=10y+6-202$

b) $4-(8x+18)=-13x-(-10x+4)$

c) $\frac{9}{16}x=\frac{45}{32}$

*d) $5(2x+3)-12(6-x)=11(4x+7)+86$

*e) $(1-x)(3-x)=(x-1)(x+1)$

20 Kreuze die richtige Lösung der Gleichung $58-3\cdot(5x-6)=40-(7x+20)$ an.

☐ $x=-7$ ☐ $x=4$ ☐ $x=-2{,}5$ ☐ $x=7$ ☐ $x=2{,}5$

***21** Max behauptet, dass es keine einzige Lösung gibt für folgende Gleichung:
$(x+3)^2-3(4x+2)=x^2-(6x-4)$
Nina glaubt es nicht. Hilf Max dabei seine Freundin zu überzeugen.

***22** In der abgebildeten Figur haben zwei Seiten die Länge x.
Formuliere zuerst die Gleichung und rechne dann x aus.

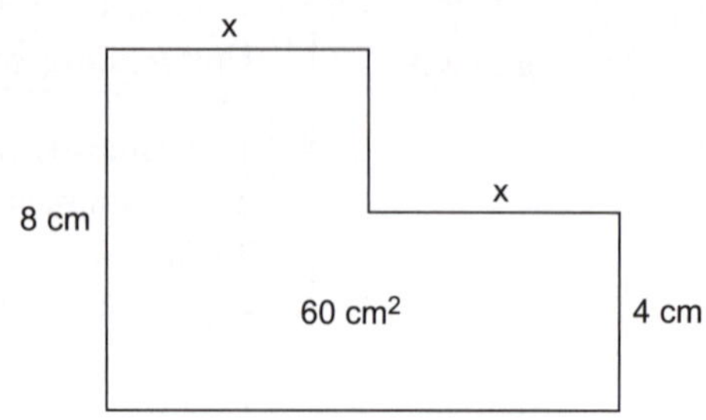

Lineare Ungleichungen

Merke

Umformungsregeln zum Lösen von Ungleichungen

Eine **Ungleichung** enthält die Relationszeichen <, >, ≤ oder ≥ und gestattet die gleichen Äquivalenzumformungen wie eine Gleichung, mit einer **Ausnahme bei negativen Zahlen**.

- Auf beiden Seiten einer Ungleichung darf man dieselbe Zahl oder denselben Term addieren oder subtrahieren.
- Auf beiden Seiten einer Ungleichung darf man mit derselben **positiven Zahl** eine Multiplikation/Division durchführen.
- Auf beiden Seiten einer Ungleichung darf man mit derselben **negativen Zahl** eine Multiplikation/Division durchführen, wobei man das **Relationszeichen umkehren** muss.

Beispiele

1.
$$\begin{aligned} 4x-4 &> 7x+5 && \mid -7x \\ -3x-4 &> 5 && \mid +4 \\ -3x &> 9 && \mid :(-3) \quad \text{Relationszeichen umkehren!} \\ x &< -3 \end{aligned}$$

2.
$$\begin{aligned} -7(3x-6)+12x &> (10x-5)(-2)+10 && \mid \text{Klammern auflösen} \\ -21x+42+12x &> -20x+10+10 && \mid \text{Zusammenfassen} \\ -9x+42 &> -20x+20 && \mid +20x \\ 11x+42 &> 20 && \mid -42 \\ 11x &> -22 && \mid :11 \\ x &> -2 \end{aligned}$$

Aufgaben

****23** Löse die Ungleichungen.

a) $14+12x > 10x+36$

b) $3-(9x+18) > -13x+(10x+9)$

c) $2{,}2x-(0{,}2x-0{,}8)+(9{,}2-3x)-13{,}5 < 0$

d) $(3x+5)^2 \le 9x(6+x)-3$

****24** Welche Zahlen erfüllen die Ungleichung $3(6x-12)+(4x-1)(x-2) < (2x+1)^2-30$?

☐ x = 5 ☐ x = 2 ☐ x = 0 ☐ x = –5

Textgleichungen

Merke

Umformungsschritte zum Lösen einer Textgleichung

1. Festlegen der Variable
2. Gleichung aufstellen
3. Gleichung lösen
4. Probe am Text durchführen
5. Antwortsatz

Beispiele

1. In einem Wagen des ICE Berlin-Hamburg sitzen insgesamt 48 Fahrgäste aus Berlin, Potsdam und Hamburg. Es sind doppelt so viele Potsdamer und fünfmal so viele Hamburger wie Berliner im Wagen.
   Wie viele Fahrgäste kommen jeweils aus Berlin, Potsdam und Hamburg?

   Lösung:

   1. Festlegen der Variable — Anzahl der Berliner: x
   2. Gleichung aufstellen — $x + 2x + 5x = 48$
   3. Gleichung lösen —
   $$\begin{aligned} x + 2x + 5x &= 48 \quad &&|\text{Zusammenfassen} \\ 8x &= 48 &&|:8 \\ x &= 6 \end{aligned}$$
   4. Probe am Text — 6 Berliner, doppelt so viele Potsdamer sind 12, fünfmal so viele Hamburger sind 30, insgesamt sind es 48.
   5. Antwortsatz — Es sitzen 6 Berliner, 12 Potsdamer und 30 Hamburger Fahrgäste in dem Wagen des ICE.

2. Wenn man vom Sechsfachen einer unbekannten Zahl 33 subtrahiert, erhält man die Hälfte der gesuchten Zahl.

   Lösung:

   1. Festlegen der Variable — Gesuchte Zahl: x
   2. Gleichung aufstellen — $6x - 33 = \frac{1}{2}x$
   3. Gleichung lösen —
   $$\begin{aligned} 6x - 33 &= \frac{1}{2}x \quad &&|+33 \\ 6x &= \frac{1}{2}x + 33 &&|-\frac{1}{2}x \\ 5{,}5x &= 33 &&|:5{,}5 \\ x &= 6 \end{aligned}$$
   4. Probe am Text — Das Sechsfache von 6 ist 36, davon 33 subtrahiert ergibt 3 und das ist die Hälfte von 6.
   5. Antwortsatz — Die gesuchte Zahl heißt 6.

Aufgaben

25 Addiert man zu der größten zweistelligen Zahl drei aufeinander folgende Zahlen, so erhält man 57. Wie heißen die Zahlen?

26 Wenn du das 4-fache einer unbekannten Zahl um 22 verminderst, erhältst du dasselbe, wie wenn du das 5-fache der unbekannten Zahl um 4 vermehrst. Wie heißt die Zahl?

27 Herr Rabe bekommt vom Förderverein der Schule für den Computerraum einen Betrag von 350 € zur Verfügung gestellt. Er ersteigert im Internet 12 neue Mäuse, für Porto und Verpackung zahlt er 3,95 €. Wie teuer war eine Maus, wenn noch 87,45 € übrig bleiben?

***28** Herr Fröhlich bezahlt für einen Blumenstrauß aus 10 Rosen, 5 Tulpen und 5 Nelken insgesamt 27 €. Eine Rose kostet dreimal so viel und eine Tulpe doppelt so viel wie eine Nelke.

a) Stelle eine Gleichung auf, in der x für den Preis einer Nelke steht.

b) Stelle eine Gleichung auf, in der x für den Preis einer Rose steht.

c) Wie viel kostet eine Rose?

***29** Ein Grundstück wird so unter 3 Familien aufgeteilt, dass Familie Anders ein Drittel und Familie Bertold drei Achtel der Fläche erhält. Die restlichen 262,5 m^2 bekommt Familie Cramer. Wie groß ist das Grundstück?

***30** Verena hat drei CDs weniger als Alexander, und Kevin hat dreimal so viele CDs wie Verena. Die Gesamtzahl aller CDs beträgt 88. Wie viele CDs besitzt Kevin?

1.3 Proportionale und antiproportionale Zuordnungen

Proportionale Zuordnungen

Merke

Proportionale Zuordnungen

Eine Zuordnung heißt **proportional**, wenn dem Doppelten, Dreifachen, … k-fachen der einen Größe x das Doppelte, Dreifache, … k-fache der anderen Größe y zugeordnet wird.

Beispiele

1. 1 Liter Benzin kostet 1,40 €.
   Der Preis steigt proportional zur Menge.

Menge in ℓ	Preis in €
1	1,40
2	2,80
5	7,00
10	14,00
20	28,00
40	56,00
50	70,00

Grafische Darstellung:

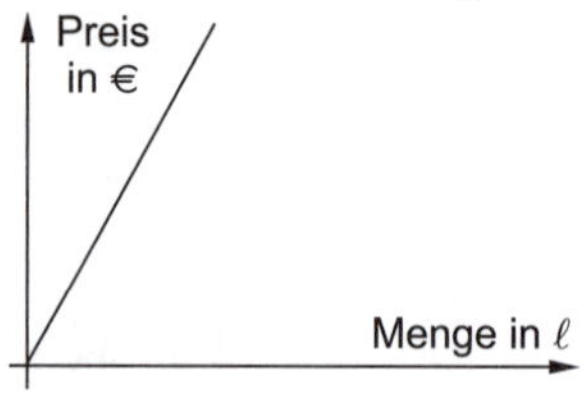

2. Der Umtausch von Währungen.

3. Die Farbmenge zum Streichen einer Wandfläche.

Die grafische Darstellung von proportionalen Zuordnungen im Koordinatensystem ist immer eine Gerade, die im Punkt (0 | 0) beginnt (Ursprungsgerade).

Nicht proportionale Zuordnungen

Beispiele

1. Ein Frühstücksei braucht 5 Minuten, aber 6 Eier brauchen keine 30 Minuten. Die Garzeit in Abhängigkeit von der Menge ist nicht proportional.
2. Die Länge des Bremsweges in Abhängigkeit von der Geschwindigkeit.
3. Die Körpergröße in Abhängigkeit vom Alter.

Grafische Darstellung:

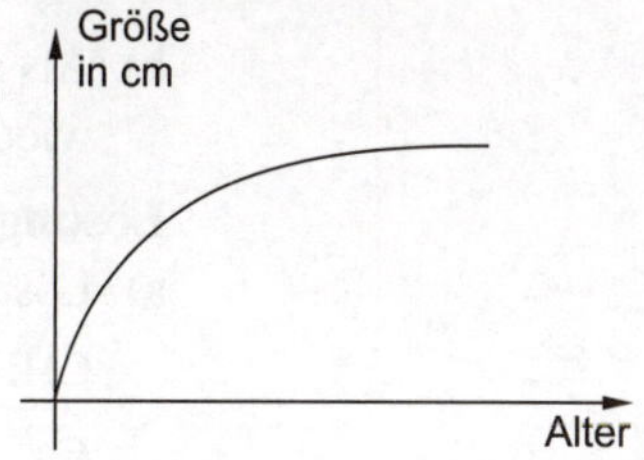

Lösen von proportionalen Zuordnungen

Merke

Proportionale Zuordnungen können entweder mit der **Quotientengleichung** (Verhältnisgleichung) oder dem **Dreisatz** gelöst werden.

Beispiele

1. Marco arbeitet in den Ferien und bekommt für 5 Stunden 40,00 €.
Wie viel Geld hat Marco verdient, wenn er insgesamt 97 Stunden gearbeitet hat?
Lösung:

Lohn in €	40	8	24	64	160
Arbeitszeit in Stunden	5	1	3	8	20

$$\frac{40}{5} = \frac{8}{1} = \frac{24}{3} = \frac{64}{8} = \frac{160}{20}$$

Die Zahlenpaare sind quotientengleich.
Lösen mithilfe der **Quotientengleichung:**

Lohn in €	x	40
Arbeitszeit in Stunden	97	5

$$\frac{x}{97} = \frac{40}{5} \quad | \cdot 97$$
$$x = \frac{40 \cdot 97}{5}$$
$$x = 776$$

Lösen mithilfe des **Dreisatzes**:

$$5\ \text{h} \mathrel{\hat{=}} 40\ €$$ Für 5 Stunden erhält Marco 40 €.

$:5$ ↓ ↓ $:5$

$$1\ \text{h} \mathrel{\hat{=}} \frac{40}{5}\ €$$ Für 1 Stunde erhält er den fünften Teil.

$\cdot 97$ ↓ ↓ $\cdot 97$

$$97\ \text{h} \mathrel{\hat{=}} \frac{40 \cdot 97}{5}\ € = 776\ €$$ Für 97 Stunden erhält er 97-mal so viel.

Marco verdient in 97 Stunden 776,00 €.

2. a) Lena fährt zu ihrer Freundin Lina in die Schweiz und möchte 350 € in Schweizer Franken (CHF) umtauschen. Wie viele Franken erhält sie, wenn sie 1,24 CHF für 1 € bekommt?

   b) Als sie wieder in Berlin ankommt, hat sie noch 154 Schweizer Franken, die sie wieder in Euro umtauschen möchte. Welchen Betrag wird sie erhalten?

Lösung:

a) Lösen mit der Quotientengleichung:

CHF	x	1,24
€	350	1,00

$$\frac{x}{350} = \frac{1,24}{1,00} \quad |\cdot 350$$

$$x = \frac{1,24 \cdot 350}{1}$$

$$x = 434$$

Sie erhält 434 Schweizer Franken.

Lösen mit dem Dreisatz:

$$1\,€ \mathrel{\hat{=}} 1,24\text{ CHF}$$

$$\cdot 350 \;\; 350\,€ \mathrel{\hat{=}} 1,24 \cdot 350\text{ CHF} \;\; \cdot 350$$

$$= 434\text{ CHF}$$

b) Lösen mit der Quotientengleichung:

€	x	1,00
CHF	154	1,24

$$\frac{x}{154} = \frac{1,00}{1,24} \quad |\cdot 154$$

$$x = \frac{1 \cdot 154}{1,24}$$

$$x \approx 124,19$$

Sie erhält 124,19 €.

Lösen mit dem Dreisatz:

$$1,24\text{ CHF} \mathrel{\hat{=}} 1\,€$$

$$:1,24 \;\; 1\text{ CHF} \mathrel{\hat{=}} \frac{1}{1,24}\,€ \;\; :1,24$$

$$\cdot 154 \;\; 154\text{ CHF} \mathrel{\hat{=}} \frac{1 \cdot 154}{1,24}\,€ \;\; \cdot 154$$

$$\approx 124,19\,€$$

Antiproportionale Zuordnungen

Merke

Antiproportionale Zuordnungen

Eine Zuordnung heißt **antiproportional** oder **umgekehrt proportional**, wenn dem Doppelten, Dreifachen, … k-fachen der einen Größe x
die Hälfte, der dritte Teil, … der k-te Teil einer anderen Größe y zugeordnet wird.

Beispiele

1. Zahl der Arbeitskräfte im Verhältnis zur erforderlichen Zeit.

Zahl der Arbeitskräfte	Benötigte Zeit in h
1	6
2	3
3	2
4	1,5
6	1

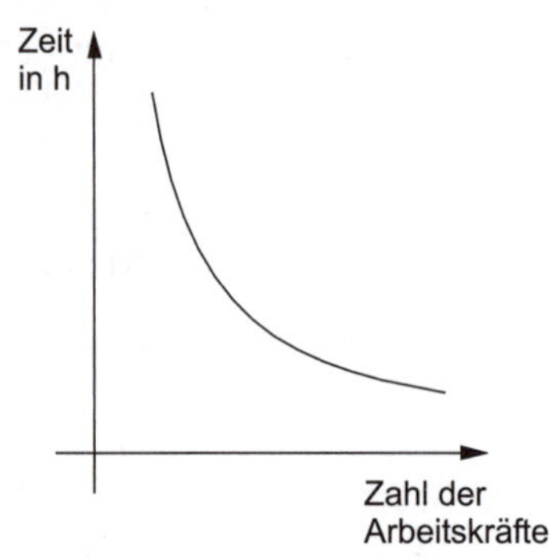

2. Geschwindigkeit eines Fahrzeugs und die für den Weg benötigte Zeit.

Die grafische Darstellung von antiproportionalen Zuordnungen im Koordinatensystem ist immer eine Hyperbel.

Lösen von antiproportionalen Zuordnungen

Merke

Antiproportionale Zuordnungen können entweder mithilfe der **Produktgleichung** oder mithilfe des **umgekehrten Dreisatzes** gelöst werden.

Beispiel

Im Fach Arbeitslehre werden gleich lange Holzleisten zersägt. Zerteilt man die Leiste in 30 cm lange Stücke, erhält man 4 Teile.

a) Die Schüler sollen 8 cm lange Stücke produzieren. Wie viele solche Stücke erhalten sie aus einer Leiste?

b) Für das Werkstück werden 16 gleich lange Stücke benötigt. Wie lang sind die Teile?

Lösung:

a)

Anzahl	4	3	2	1	5	6	10
Länge in cm	30	40	60	120	24	20	12

$4 \cdot 30 = 3 \cdot 40 = 2 \cdot 60 = 1 \cdot 120 = 5 \cdot 24 = 6 \cdot 20 = 10 \cdot 12$

Die Zahlenpaare sind produktgleich.

Lösen mit der **Produktgleichung**:

Anzahl	x	4
Länge in cm	8	30

$x \cdot 8 = 4 \cdot 30 \quad |:8$

$x = \frac{4 \cdot 30}{8}$

$x = 15$

Lösen mit dem **umgekehrten Dreisatz**:

$:30$ (30 cm ≙ 4 Stück) $\cdot 30$ — Bei 30 cm Stücklänge erhält man 4 Teile.

1 cm ≙ $4 \cdot 30$ Stück — Bei 1 cm Stücklänge erhält man 30-mal so viele.

$\cdot 8$ (8 cm ≙ $\frac{4 \cdot 30}{8}$ Stück) $:8$ — Bei 8 cm Stücklänge erhält man den achten Teil.

= 15 Stück

Sie erhalten 15 Leisten von je 8 cm Länge.

b) Lösen mit der Produktgleichung:

Länge in cm	x	30
Anzahl	16	4

$x \cdot 16 = 30 \cdot 4 \quad |:16$

$x = \frac{30 \cdot 4}{16}$

$x = 7{,}5$

Lösen mit dem umgekehrten Dreisatz:

$:4$ (4 Stück ≙ 30 cm) $\cdot 4$

1 Stück ≙ $30 \cdot 4$ cm

$\cdot 16$ (16 Stück ≙ $\frac{30 \cdot 4}{16}$ cm) $:16$

= 7,5 cm

Jedes Stück hat eine Länge von 7,5 cm.

Aufgaben

31 Beim Umtausch von Geld in andere Währungen am Flughafen Tegel zahlt man immer 6 € Bearbeitungsgebühr. Frau Kuhlmann bezahlt insgesamt 84 € und erhält genau 100 $. Kann das stimmen?

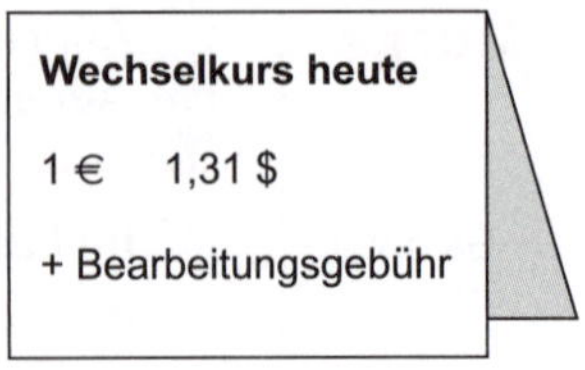

32 Die 5 Gefäße werden langsam mit Wasser gefüllt. Bei welchen Gefäßen ist die Höhe des Wasserstandes stets proportional zur Füllmenge? Begründe.

a) b) c) d) e)

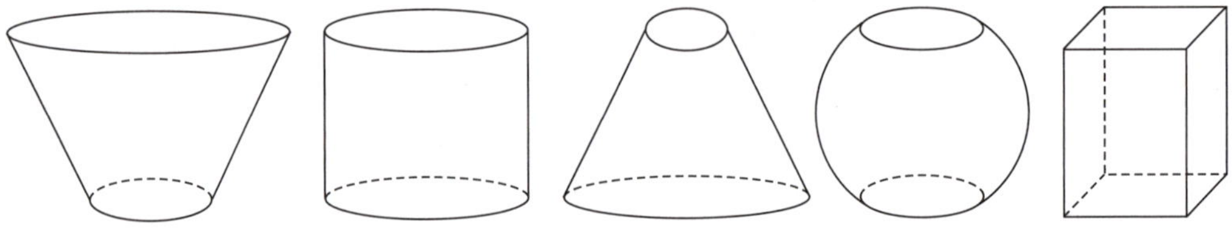

33 Stellt man in einem Textverarbeitungsprogramm den Zeilenabstand auf 1, so passen 56 Zeilen auf eine DIN A4-Seite. Wie viele Zeilen sind es beim Zeilenabstand von 1,4?

34
a) Ein Lastschiff fährt auf der Elbe stromaufwärts mit $12\frac{\text{km}}{\text{h}}$. Es startet um 7:00 Uhr in Magdeburg. Wann erreicht es das 84 km entfernte Dessau?
b) Zurück von Dessau nach Magdeburg dauert es nur noch $5\frac{1}{4}$ Stunden. Mit welcher Geschwindigkeit fährt es elbabwärts?

35 Ein Winzer darf seine Weine nicht mehr in 0,7-ℓ-Flaschen abfüllen, sondern muss nach einer EU-Richtlinie 0,75-ℓ-Flaschen verwenden.
a) Früher füllte er jährlich 3 600 Flaschen. Wie viele sind es nach der Umstellung?
b) Eine Flasche Rotwein kostete vor der Umstellung 4,90 €. Wie viel mehr darf der Winzer für die größere Füllmenge verlangen?

***36** Beim Berlin-Marathon 2006 fuhr der Schweizer Heinz Frei als Sieger der Rollstuhlfahrer nach 1 : 29 : 30 Stunden ins Ziel. Fuhr er auf der 42,195 km langen Strecke mit einer durchschnittlichen Geschwindigkeit von ungefähr

☐ $30\frac{\text{km}}{\text{h}}$, ☐ $28\frac{\text{km}}{\text{h}}$ oder ☐ $26\frac{\text{km}}{\text{h}}$?

1.4 Prozentrechnung und Zinsrechnung

Merke

Prozentrechnung

Prozent bedeutet Hundertstel: $1\,\% = \frac{1}{100}$ 1 Teil von Hundert

In der Prozentrechnung werden folgende Begriffe verwendet:

G = Grundwert	**p** = Prozentsatz	**W** = Prozentwert
das Ganze	Anteil in Prozent	Teil vom Ganzen

Der Grundwert G entspricht immer 100 % und der Prozentwert W entspricht p %.

Daraus ergibt sich die Verhältnisgleichung $\mathbf{\frac{G}{100} = \frac{W}{p}}$.

Mit obiger Verhältnisgleichung lässt sich jede Prozentrechnungsaufgabe lösen. Weitere Lösungsmöglichkeiten sind das Lösen mithilfe des Dreisatzes und das Lösen mithilfe der umgestellten Formeln.

Beispiele

1. Sonja will sich ein neues Fahrrad für 857 € kaufen. Wegen eines kleinen Lackfehlers gewährt der Händler einen Preisnachlass von 18 %. Wie viel Euro spart Sonja?

Lösung:

Überlege: Was ist gegeben, was ist gesucht?
Gegeben: G = 857 €; p % = 18 %
Gesucht: W

Lösen mit der Verhältnisgleichung:

$$\frac{G}{100} = \frac{W}{p}$$

$$\frac{857}{100} = \frac{W}{18} \quad |\cdot 18$$

$$\frac{857 \cdot 18}{100} = W$$

$$W = 154{,}26$$

Lösen mit dem Dreisatz:

$$100\,\% \mathrel{\hat{=}} 857\,€ \quad (:100)$$

$$1\,\% \mathrel{\hat{=}} \frac{857}{100}\,€ \quad (\cdot 18)$$

$$18\,\% \mathrel{\hat{=}} \frac{857 \cdot 18}{100}\,€ = 154{,}26\,€$$

Lösen mit der Formel:

$$\frac{G}{100} = \frac{W}{p} \quad |\cdot p$$

$$W = \frac{G \cdot p}{100}$$

$$W = \frac{857 \cdot 18}{100}$$

$$W = 154{,}26$$

Sonja spart 154,26 €.

2. Sven kauft im Ausverkauf einen DVD-Player für 100,80 €. Das sind 70 % des ursprünglichen Preises. Wie viel € kostete der DVD-Player vor dem Ausverkauf?
Lösung:
Überlege: Was ist gegeben, was ist gesucht?
Gegeben: W = 100,80 €; p % = 70 %
Gesucht: G

Lösen mit der Verhältnisgleichung:

$$\frac{G}{100} = \frac{100{,}8}{70} \quad |\cdot 100$$
$$G = \frac{100{,}8 \cdot 100}{70}$$
$$G = 144$$

Lösen mit dem Dreisatz:

$$\begin{aligned} 70\,\% &\mathrel{\hat{=}} 100{,}8\text{ €} && \\ 1\,\% &\mathrel{\hat{=}} \frac{100{,}8}{70}\text{ €} && (:70) \\ 100\,\% &\mathrel{\hat{=}} \frac{100{,}8 \cdot 100}{70}\text{ €} && (\cdot 100) \\ &= 144\text{ €} \end{aligned}$$

Lösen mit der Formel:

$$\frac{G}{100} = \frac{W}{p} \quad |\cdot 100$$
$$G = \frac{W \cdot 100}{p}$$
$$G = \frac{100{,}8 \cdot 100}{70}$$
$$G = 144$$

Der DVD-Player kostete vor dem Ausverkauf 144 €.

3. Eine Berliner Hockeymannschaft verlor 14 von 35 Spielen in der letzten Saison. Wie viel Prozent der Spiele gewann sie?
Lösung:
Überlege: Was ist gegeben, was ist gesucht?
Gegeben: G = 35 Spiele; W = 14 Spiele
Gesucht: Prozentsatz der gewonnenen Spiele

Lösen mit der Verhältnisgleichung:

$$\frac{35}{100} = \frac{14}{p} \quad |\cdot 100 \;\; |\cdot p$$
$$35 \cdot p = 14 \cdot 100 \quad |:35$$
$$p = \frac{14 \cdot 100}{35}$$
$$p = 40$$
$$100\,\% - 40\,\% = 60\,\%$$

oder

$$\frac{35}{100} = \frac{21}{p} \quad |\cdot 100 \;\; |\cdot p$$
$$35 \cdot p = 21 \cdot 100 \quad |:35$$
$$p = \frac{21 \cdot 100}{35}$$
$$p = 60$$

Lösen mit dem Dreisatz:

$$\begin{aligned} 35\text{ Spiele} &\mathrel{\hat{=}} 100\,\% && \\ 1\text{ Spiel} &\mathrel{\hat{=}} \frac{100}{35}\,\% && (:35) \\ 14\text{ Spiele} &\mathrel{\hat{=}} \frac{100 \cdot 14}{35}\,\% && (\cdot 14) \\ &= 40\,\% \end{aligned}$$

$$100\,\% - 40\,\% = 60\,\%$$

Lösen mit der Formel:

$$\frac{G}{100} = \frac{W}{p} \quad |\cdot 100 \;\; |\cdot p$$
$$G \cdot p = W \cdot 100 \quad |:G$$
$$p = \frac{W \cdot 100}{G}$$
$$p = \frac{14 \cdot 100}{35}$$
$$p = 40$$
$$100\,\% - 40\,\% = 60\,\%$$

Die Mannschaft gewann 60 % aller Spiele.

Bei manchen Aufgabenstellungen verändert sich der Grundwert, z. B. der Preis einer Ware. Dabei kann es sich um eine **Vermehrung des Grundwertes** (z. B. Aufschlagen der Mehrwertsteuer, Preiserhöhung) oder um eine **Verminderung des Grundwertes** (z. B. Rabatt oder Skonto) handeln.

Beispiele

1. Ein Fernsehgerät kostet einschließlich Mehrwertsteuer 595 €. Wie hoch ist der Nettopreis (d. h. ohne Mehrwertsteuer von 19 %)?

Lösung:

Der Preis einschließlich Mehrwertsteuer entspricht einem Prozentsatz von 100 % + 19 % = 119 % (vermehrter Grundwert) des Nettopreises.

Lösen mit der Verhältnisgleichung:

$$\frac{G}{100} = \frac{595}{119} \quad | \cdot 100$$

$$G = \frac{595 \cdot 100}{119}$$

$$G = 500$$

Lösen mit dem Dreisatz:

$$\begin{array}{rrcll} & 119\,\% & \mathrel{\hat{=}} & 595\,€ & \\ :119 & 1\,\% & \mathrel{\hat{=}} & \frac{595}{119}\,€ & :119 \\ \cdot 100 & 100\,\% & \mathrel{\hat{=}} & \frac{595 \cdot 100}{119}\,€ & \cdot 100 \\ & & & = 500\,€ & \end{array}$$

Der Nettopreis beträgt 500 €.

2. Auf einen Rechnungsbetrag wurden Herrn Oertel 2 % Skonto gewährt. Er zahlt 245 €. Wie hoch war die Rechnung?

Lösung:

Der Betrag, den Herr Oertel zahlt, entspricht 100 % – 2 % = 98 % des ursprünglichen Rechnungsbetrags (verminderter Grundwert).

Lösen mit der Verhältnisgleichung:

$$\frac{G}{100} = \frac{245}{98} \quad | \cdot 100$$

$$G = \frac{245 \cdot 100}{98}$$

$$G = 250$$

Lösen mit dem Dreisatz:

$$\begin{array}{rrcll} & 98\,\% & \mathrel{\hat{=}} & 245\,€ & \\ :98 & 1\,\% & \mathrel{\hat{=}} & \frac{245}{98}\,€ & :98 \\ \cdot 100 & 100\,\% & \mathrel{\hat{=}} & \frac{245 \cdot 100}{98}\,€ & \cdot 100 \\ & & & = 250\,€ & \end{array}$$

Die Rechnung betrug 250 €.

Aufgaben

37 Rechne schnell!

a) 30 Bücher sind 25 % eines Buchbestandes. Wie viele Bücher sind insgesamt im Bestand?
b) 10 % der Regale wiegen 16 kg. Wie schwer sind 25 %?
c) 15 % von 120 Büchern sind Krimis. Wie viele sind das?
d) Wie viel Prozent sind 20 Seiten von 2 000 Seiten?

38 Für das Sommerfest der Schule wird beschlossen, dass 6 % aller Eintrittskarten als Freikarten vergeben werden. Sven an der Kasse denkt: „Da hab ich es leicht. Jeder sechste Schüler hat freien Eintritt.“
Nimm Stellung.

39 Mona entdeckt beim Einkaufen folgenden Aushang:

Mona fragt sich, ob hier wirklich um 30 % reduziert wurde. Was meinst du?

40 Monika hat von ihrem Taschengeld 150 € gespart. Im Urlaub mit ihren Eltern gibt sie davon $\frac{1}{3}$ für Souvenirs aus. Von dem restlichen Geld steckt Monika 50 % in ihr Sparschwein. Wie viel Euro steckt Monika in das Sparschwein?

☐ 25 € ☐ 50 € ☐ 75 € ☐ 100 € ☐ 125 €

41 Ein Autohändler gewährt bei Barzahlung 2 % Skonto.
Wie viel Euro spart sich Philip, wenn er einen Motorroller für 1 300 € bar bezahlt?

☐ 650 € ☐ 1 298 € ☐ 26 € ☐ 260 € ☐ 1 950 €

42 Bei einem Räumungsverkauf im Teppichmarkt werden die Teppiche laut Anzeige bis zu 82 % reduziert.

a) Stimmt diese Aussage bei einer Preisreduktion von 2 700 € auf 490 €?
b) Wie teuer war ein Berberteppich, der jetzt 360 € kostet und um 82 % reduziert wurde?

***43** Es gilt: $\alpha = 72°$

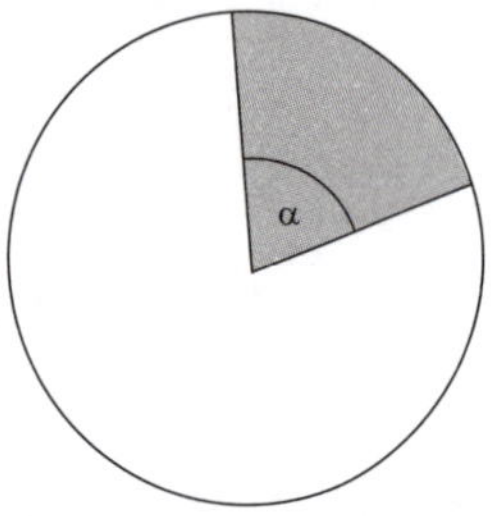

Wie viel % der Kreisfläche sind grau?

***44** Beim Berliner Kinderfest am Brandenburger Tor werden 3 000 Lose für je 0,50 € verkauft. Der Erlös geht an die Organisation „Kinder in Not“.
Von den 3 000 Losen sind 70 % Nieten, 840 Lose sind Kleingewinne im Wert von je 0,30 € und der Rest sind Hauptgewinne im Wert von 5,00 €.

a) Jedes vierte Los gewinnt! Stimmt diese Aussage?
b) Welcher Betrag kann gespendet werden, wenn alle Lose verkauft werden?

Merke

Zinsrechnung

Die Zinsrechnung ist eine Anwendung der Prozentrechnung.

Bei der Zinsrechnung entspricht	der Grundwert **G**	dem Kapital **K**
	der Prozentwert **W**	den Zinsen **Z** (für 1 Jahr)
	der Prozentsatz **p**	dem Zinssatz **p**

Es leitet sich daher folgende **Grundformel für die Zinsrechnung** ab: $\frac{K}{100} = \frac{Z}{p}$

Die Zinsen beziehen sich auf 1 Jahr (p. a. = per anno).

Umstellung der Grundformel nach Z: $Z = \frac{K \cdot p}{100}$

Die Zinsen für eine bestimmte Anzahl von Tagen (t) oder Monaten (m) berechnet man:

Zinsen für t Tage: $Z_t = \frac{K \cdot p \cdot t}{100 \cdot 360}$

Zinsen für m Monate: $Z_m = \frac{K \cdot p \cdot m}{100 \cdot 12}$

Zur Berechnung des Kapitals, des Zinssatzes oder der Zeit stellt man die Formeln um:

$K = \frac{Z_t \cdot 100 \cdot 360}{p \cdot t}$ $p = \frac{Z_t \cdot 100 \cdot 360}{K \cdot t}$ $t = \frac{Z_t \cdot 100 \cdot 360}{K \cdot p}$ (analog für die Formel mit m)

Aufgaben

45 Herr Glücklich träumt vom Nichtstun. Er möchte seinen erhofften Lottogewinn so anlegen, dass er jährlich 36 000 € Zinsen bei einem Zinssatz von 5 % bekommt. Wie hoch müsste der Gewinn sein?

46 Marc leiht sich 250 €. Nach drei Monaten soll er 265 € zurückzahlen und sagt: „Das sind Wucherzinsen." Was meinst du?

47 Eine Familie (Vater, Mutter, Sohn) spart auf eine größere Urlaubsreise und zahlt dazu 4 Jahre lang am Jahresbeginn 3 000 € auf ein Konto ein. Die Verzinsung beträgt 4 %.

a) Auf welchen Betrag sind die Einzahlungen bis zum Ende des vierten Jahres angewachsen, wenn die Zinsen nicht abgehoben wurden?

*b) Die Reise kostet für jeden Erwachsenen 4 800,00 €, für das Kind werden 30 % Ermäßigung gewährt. Wie viel Geld verbleibt noch in der Reisekasse?

48 André und Andrea haben jeweils 2 300,00 € gespart. Da die Zinsen zurzeit niedrig sind, wollen beide das Geld für 5 Jahre fest anlegen.
André legt sein Kapital für 5 Jahre mit einem festen Zinssatz von 4,25 % an.

Andrea erhält im 1. Jahr 3,25 %, im 2. Jahr 3,70 %, im 3. Jahr 4,25 %, im 4. Jahr 4,50 %, im 5. Jahr 5,00 % Zinsen.

Wer hat sein Geld besser angelegt?
Nach wie vielen Jahren hat sich das Kapital von André verdoppelt?

***49** Stelle die Formel für die Tageszinsen $Z_t = \frac{K \cdot p \cdot t}{100 \cdot 360}$ schrittweise nach t um.

1.5 Umrechnungen von Größen

Merke

Längenmaße

dividieren →

mm		cm		dm		m		km
	10		10		10		1 000	

← multiplizieren

Die Umrechnungszahl von einer Einheit zur nächsten ist **10**.
Ausnahme:
Die Umrechnungszahl von m in km ist **1 000**.

Beispiele

600 mm = (600 : 10) cm = 60 cm
15,8 m = (15,8 · 100) cm = 1 580 cm

Merke

Flächenmaße

dividieren →

mm^2		cm^2		dm^2		m^2		a		ha		km^2
	100		100		100		100		100		100	

← multiplizieren

Die Umrechnungszahl von einer Einheit zur nächsten ist **100**.

1 ha = 1 Hektar; 1 a = 1 Ar

Beispiele

$895\,410\ cm^2 = (895\,410 : 100)\ dm^2 = 8\,954{,}1\ dm^2$
$7{,}15\ m^2 = (7{,}15 \cdot 100)\ dm^2 = 715\ dm^2$

Merke

Raummaße (Volumeneinheiten)

dividieren →

mm^3		cm^3		dm^3		m^3
	1 000		1 000		1 000	

← multiplizieren

Die Umrechnungszahl von einer Einheit zur nächsten ist **1 000**.

$1\ \ell = 1\ dm^3$; $1\ m\ell = 1\ cm^3$
$1\ \ell = 1\,000\ m\ell$; $1\ h\ell = 100\ \ell$

Beispiele

$4\,000\ \ell = 4\,000\ dm^3 = (4\,000 : 1\,000)\ m^3 = 4\ m^3$
$1{,}3\ m^3 = (1{,}3 \cdot 1\,000)\ dm^3 = 1\,300\ dm^3 = 1\,300\ \ell$

Merke

Masseeinheiten

dividieren →

mg — 1 000 — g — 1 000 — kg — 1 000 — t

← multiplizieren

Die Umrechnungszahl von einer Einheit zur nächsten ist **1 000**.

Beispiele

$28\,125\text{ g} = (28\,125 : 1\,000)\text{ kg} = 28{,}125\text{ kg}$

$3{,}45\text{ t} = (3{,}45 \cdot 1\,000)\text{ kg} = 3\,450\text{ kg}$

Merke

Zeiteinheiten

dividieren →

s — 60 — min — 60 — h

← multiplizieren

1 h = 1 Stunde; 1 s = 1 Sekunde; 1 min = 1 Minute

Die Umrechnungszahl von einer Einheit zur nächsten ist **60**.

Beispiele

$7\text{ min }13\text{ s} = (7 \cdot 60)\text{ s} + 13\text{ s} = 420\text{ s} + 13\text{ s} = 433\text{ s}$

$290\text{ s} = (240 : 60)\text{ min} + 50\text{ s} = 4\text{ min }50\text{ s}$

Für alle bisher genannten Größen gilt:
Einheit größer → Zahl kleiner, deshalb dividieren durch die Umrechnungszahl
Einheit kleiner → Zahl größer, deshalb multiplizieren mit der Umrechnungszahl

Merke

Geschwindigkeiten

dividieren →

$\frac{\text{km}}{\text{h}}$ — 3,6 — $\frac{\text{m}}{\text{s}}$

← multiplizieren

$$1\,\frac{\text{km}}{\text{h}} = 1\,000\,\frac{\text{m}}{\text{h}} = \frac{1\,000}{60}\,\frac{\text{m}}{\text{min}} = \frac{1\,000}{60 \cdot 60}\,\frac{\text{m}}{\text{s}} = \frac{1}{3{,}6}\,\frac{\text{m}}{\text{s}}$$

Die Umrechnungszahl von $\frac{\text{km}}{\text{h}}$ in $\frac{\text{m}}{\text{s}}$ ist **3,6**.

Beispiel

Ein Fußgänger legt 1,5 Meter pro Sekunde zurück.
Bestimme seine Geschwindigkeit in $\frac{\text{km}}{\text{h}}$.

Lösung:

$$1{,}5\,\frac{\text{m}}{\text{s}} = (1{,}5 \cdot 3{,}6)\,\frac{\text{km}}{\text{h}} = 5{,}4\,\frac{\text{km}}{\text{h}}$$

Aufgaben

50 Rechne in die in Klammern angegebene Einheit um.

a) 1,23 m (mm) b) 0,85 km (m) c) 1 003 mm (m)
d) 0,6 ha (m^2) e) 3 500 cm^2 (m^2) f) 0,04 m^2 (cm^2)
g) 5 ℓ (cm^3) h) 1 150 mℓ (cm^3) i) 2,5 m^3 (dm^3)
j) 0,03 kg (g) k) 42 400 kg (t) ℓ) 52,3 g (mg)
m) 510 s (min) n) $\frac{2}{3}$ h (min) o) 45 min (h)
p) $180\,\frac{km}{h}\left(\frac{m}{s}\right)$ q) $36\,\frac{m}{s}\left(\frac{km}{h}\right)$ r) $4\,800\,\frac{m}{min}\left(\frac{km}{h}\right)$

51 Fasse zusammen.

a) 4,5 kg + 1 020 g + 0,45 kg + 1 000 mg (Gib das Ergebnis in g an.)
b) 400 m^2 + 0,1 ha + 66 a + 0,64 ha (Gib das Ergebnis in m^2 an.)
c) 600 dm + 0,5 km + 550 m + 900 cm + 5 000 mm (Gib das Ergebnis in m an.)

52 Ordne nach der Größe. Beginne mit dem kleinsten Wert.

a) $\frac{3}{4}$ h; 50 min; 2 000 s; 0,9 h
b) 6 kg; 6 610 g; 0,6 t; 60 000 mg
*c) 200 dm^3; 1 m^3; 300 ℓ; 4 hℓ; 4 000 cm^3

***53** Eine Schnecke kriecht mit einem Tempo von 0,000002 $\frac{m}{s}$.
Schafft sie es, an einem Tag 1 m weiter zu kommen?

1.6 Dreiecke und Vierecke

Merke

Allgemeines Dreieck

Flächeninhalt des Dreiecks: $A = \frac{1}{2} g \cdot h_g$

Umfang des Dreiecks: $u = a + b + c$

Summe der Innenwinkel: $\alpha + \beta + \gamma = 180°$

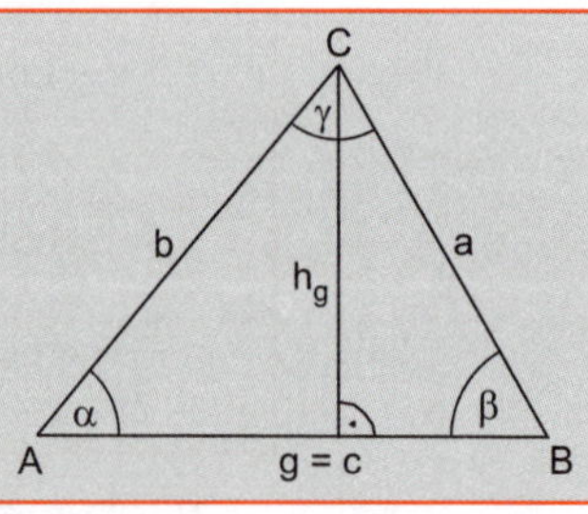

Beispiel

Der Flächeninhalt eines 9 cm hohen Dreiecks beträgt 58,5 cm^2.
Berechne die Grundseite des Dreiecks.

Lösung:

Gegeben: $A = 58{,}5\ cm^2$, $h_g = 9\ cm$

Gesucht: g

Formel: $A = \frac{1}{2} g \cdot h_g$

Einsetzen: $58{,}5 = \frac{1}{2}g \cdot 9 \quad |:9$

$$\frac{58{,}5}{9} = \frac{1}{2}g \quad |\cdot 2$$

$$\frac{58{,}5 \cdot 2}{9} = g$$

$$g = 13$$

Antwort: Die Grundseite des Dreiecks beträgt 13 cm.

Merke

Quadrat

Ein Quadrat besitzt vier rechte Winkel und vier gleich lange Seiten.

Flächeninhalt des Quadrats: $A = a^2$

Umfang des Quadrats: $u = 4 \cdot a$

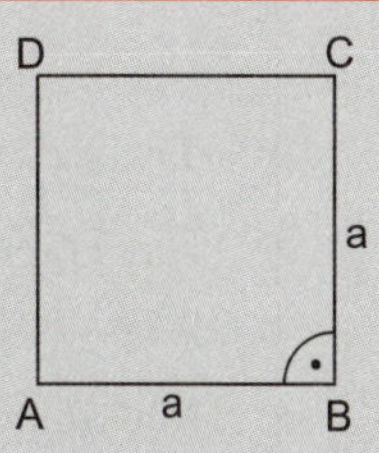

Rechteck

Ein Rechteck besitzt vier rechte Winkel und zwei Paare von gleich langen Gegenseiten.

Flächeninhalt des Rechtecks: $A = a \cdot b$

Umfang des Rechtecks: $u = 2a + 2b = 2(a + b)$

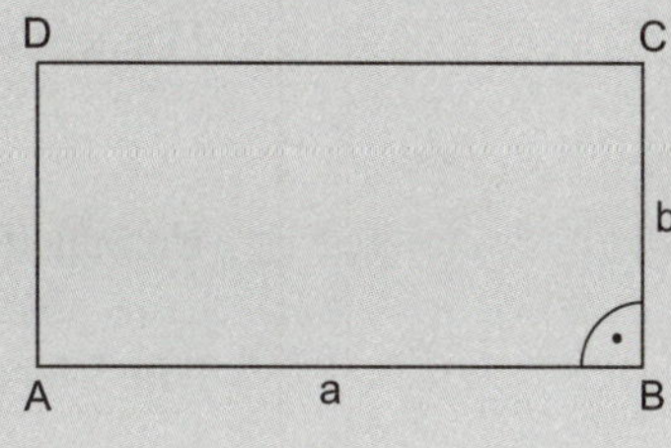

Parallelogramm

Beim Parallelogramm sind gegenüberliegende Seiten gleich lang und gegenüberliegende Winkel gleich groß.

Flächeninhalt des Parallelogramms: $A = a \cdot h_a$

Umfang des Parallelogramms: $u = 2a + 2b = 2(a + b)$

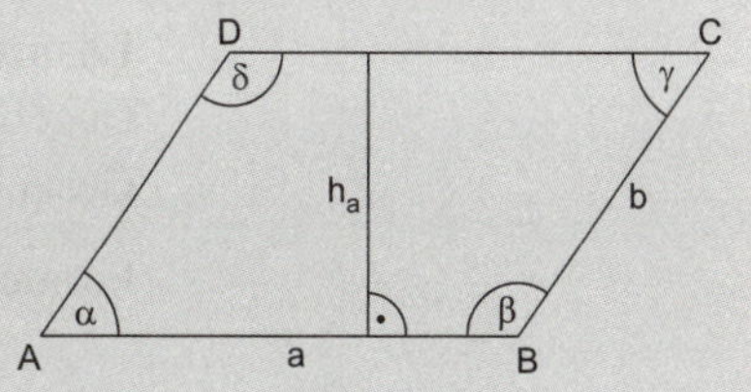

Raute

Eine Raute hat vier gleich lange Seiten.
Je zwei gegenüberliegende Winkel sind gleich groß.
Die Diagonalen e und f schneiden einander rechtwinklig.

Flächeninhalt der Raute: $A = a \cdot h_a$

oder $A = \frac{e \cdot f}{2}$

Umfang der Raute: $u = 4 \cdot a$

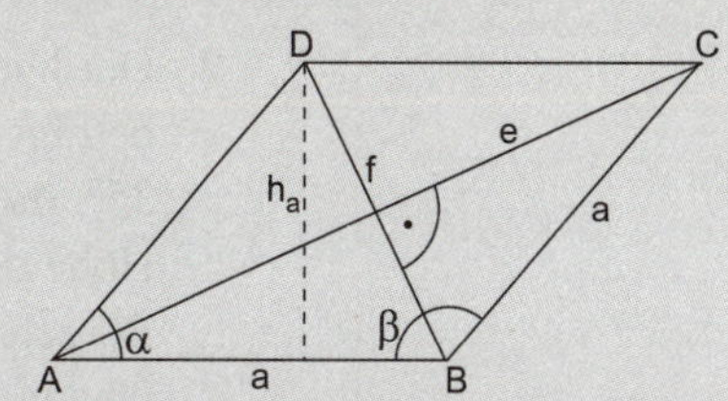

Drachen

Der Drachen besitzt zwei Paar gleich langer Nachbarseiten.
Die Diagonalen schneiden sich im rechten Winkel, wobei eine Diagonale halbiert wird.

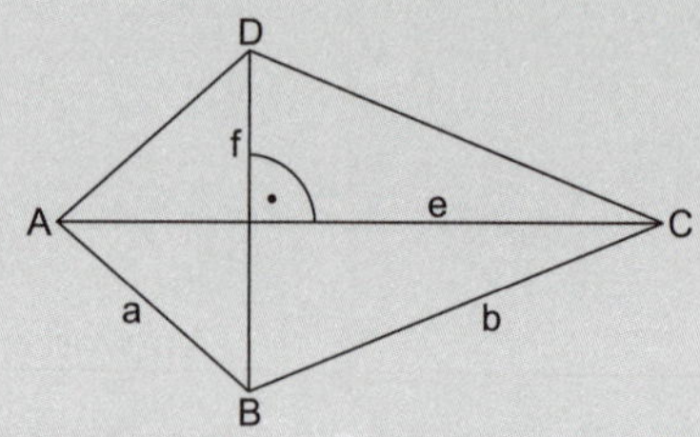

Flächeninhalt des Drachens: $A = \frac{e \cdot f}{2}$

Umfang des Drachens: $u = 2 \cdot a + 2 \cdot b$
$= 2(a + b)$

Trapez

Das Trapez hat ein Paar parallele Seiten: $a \parallel c$

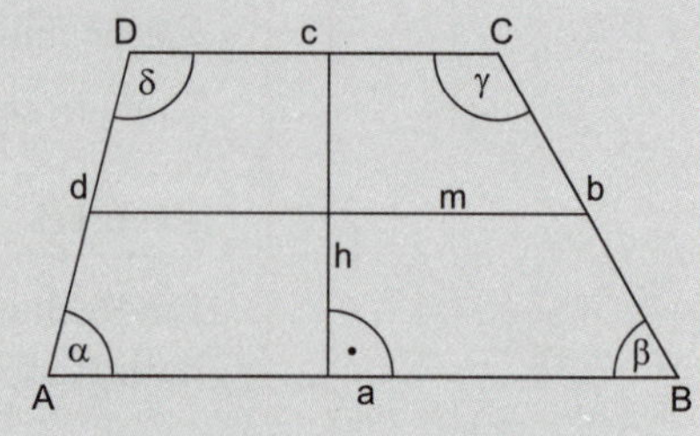

Mittellinie des Trapezes: $m = \frac{1}{2}(a + c)$

Flächeninhalt des Trapezes: $A = \frac{1}{2}(a + c) \cdot h$

oder $A = m \cdot h$

Umfang des Trapezes: $u = a + b + c + d$

Alle Vierecke

Summe der Innenwinkel: $\alpha + \beta + \gamma + \delta = 360°$

Beispiele

1. Die parallelen Seiten eines Trapezes sind 7 cm und 0,3 dm lang. Ihr Abstand beträgt 25 mm. Berechne den Flächeninhalt des Trapezes.

   Lösung:
   Gegeben: a = 7 cm, c = 0,3 dm = 3 cm, h = 25 mm = 2,5 cm
   Gesucht: A
   Formel: $A = \frac{1}{2}(a + c) \cdot h$
   Einsetzen: $A = \frac{1}{2}(7 + 3) \cdot 2{,}5$
   $A = 5 \cdot 2{,}5$
   $A = 12{,}5$
   Antwort: Der Flächeninhalt beträgt 12,5 cm^2.

2. Der Umfang eines Parallelogramms beträgt 190 mm, der Winkel α misst 35°, die Grundseite 6 cm und die Höhe darauf 2 cm.
   Berechne die restlichen Seitenlängen, die Innenwinkel und den Flächeninhalt.

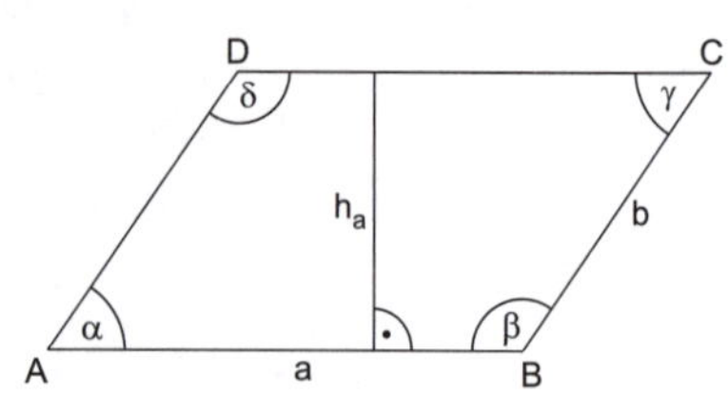

   Lösung:
   Gegeben: u = 190 mm = 19 cm, a = 6 cm, h_a = 2 cm, α = 35°
   Gesucht: b, A, β, γ, δ
   Formel: $u = 2(a + b)$

Einsetzen: $19 = 2(6+b) \quad |:2$

$$\frac{19}{2} = 6+b \quad |-6$$

$$\frac{19}{2} - 6 = b$$

$$9{,}5 - 6 = b$$

$$b = 3{,}5$$

$$\alpha+\beta+\gamma+\delta = 360° \quad |\alpha=\gamma,\ \beta=\delta$$

$$2\alpha + 2\beta = 360° \quad |\alpha = 35°$$

$$2\cdot 35° + 2\beta = 360° \quad |-70°$$

$$2\beta = 290° \quad |:2$$

$$\beta = 145°$$

$$A = a\cdot h$$

$$A = 6\cdot 2$$

$$A = 12$$

Antwort: Die Fläche des Parallelogramms beträgt 12 cm^2, die Seite b misst 3,5 cm und der Winkel β misst 145°.

Aufgaben

54 Prüfe, ob folgende Aussagen stimmen:

a) Ein Quadrat mit einem Umfang von 54 cm hat eine Fläche von 196 cm^2.

b) Bei einem Dreieck ist die Höhe $h = 6$ cm und die Grundseite $g = 11$ cm lang. Verdoppelt man die Grundseite und die Höhe, so vervierfacht sich die Fläche des Dreiecks.

c) Halbiert man die Seiten eines Rechtecks, so halbiert sich seine Fläche.

d) Halbiert man die Seiten eines Drachens, so halbiert sich sein Umfang.

55 Die Ladefläche eines Kleintransporters ist 3,60 m lang und 1,35 m breit. Wie viele quadratische Kisten mit einer Länge von 45 cm kann man auf die Grundfläche stellen?

56 Familie Hüther erhält vom Bauamt das Angebot, ihr trapezförmiges Grundstück gegen das parallelogrammförmige Nachbargrundstück zu tauschen. Wie wird sich die Familie entscheiden?

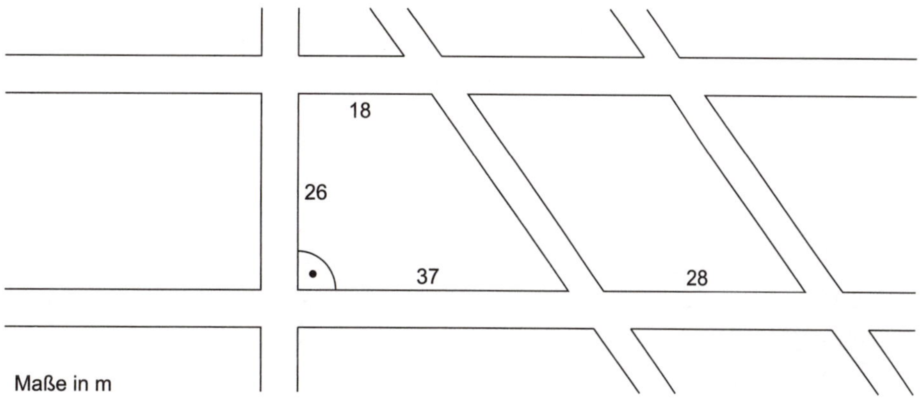

57 Von einem fünfeckigen Grundstück ABCDE sind die eingezeichneten Maße bekannt.
Welchen Flächeninhalt hat dieses Grundstück?

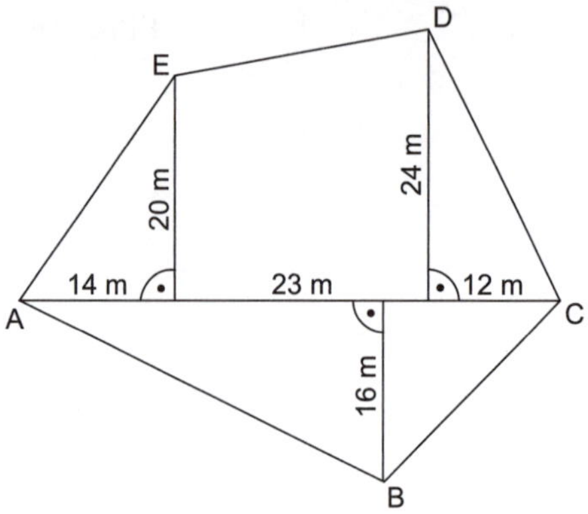

***58** Ein Rechteck, ein Parallelogramm, ein Trapez und ein Drachen haben alle eine Fläche von 32 cm^2.
Bestimme mögliche Maße der Vierecke.

***59** Gib die Längen der Diagonalen eines Drachens an, der den gleichen Flächeninhalt wie dieses Parallelogramm besitzt.

***60** Pfeile wie den nebenstehenden findet man im Straßenverkehr auf Richtungstafeln in Kurven.
Bestimme den Originalflächeninhalt des Pfeils, wenn die Darstellung einen Maßstab von 1:20 hat.

1.7 Kreis

Merke

Kreis

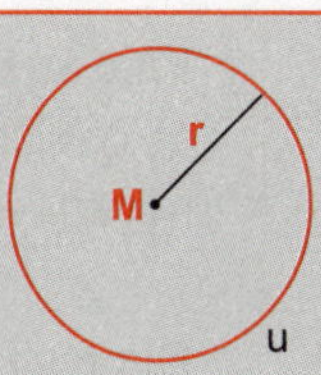

Kreisfläche: $A = \pi \cdot r^2$ oder $A = \frac{\pi}{4} \cdot d^2$

Kreisumfang: $u = 2\pi \cdot r$ oder $u = \pi \cdot d$

Kreiszahl: $\pi = 3{,}141592653\ldots \approx 3{,}14$

Die Zahl π ergibt sich aus dem Verhältnis von Umfang und Durchmesser des Kreises. Es ist eine nicht periodische, unendliche Dezimalzahl.

Beispiele

1. Ein Tisch hat einen Umfang von 4,4 m.
   a) Berechne die Fläche des Tisches.
   b) Reicht eine kreisrunde Tischdecke mit einem Durchmesser von 1,5 m für den Tisch, wenn diese rundherum 20 cm überhängen soll?

   Lösung:

   a) Gegeben: $u = 4{,}4$ m
   Gesucht: r, A
   Formel: $u = 2\pi \cdot r$
   Einsetzen: $4{,}4 = 2\pi \cdot r \quad |:\pi$
   $1{,}4 \approx 2r \quad |:2$
   $r = 0{,}7$
   Formel: $A = \pi \cdot r^2$
   Einsetzen: $A = \pi \cdot (0{,}7)^2$
   $A = \pi \cdot 0{,}49$
   $A \approx 1{,}54$
   Antwort: Der Tisch hat eine Fläche von 1,54 m^2.

   b) Gegeben: $r = 0{,}7$ m (aus Teilaufgabe a), Überhang $= 0{,}2$ m
   Gesucht: d (Durchmesser der überhängenden Tischdecke)
   $2 \cdot r + 0{,}4 = d$
   $2 \cdot 0{,}7 + 0{,}4 = 1{,}8$
   oder:
   $2(r + 0{,}2) = d$
   $2 \cdot 0{,}9 = 1{,}8$
   Antwort: Die Tischdecke mit einem Durchmesser von 1,5 m reicht nicht.

2. Eine Raumkapsel umkreist einen der Saturnmonde in einem Abstand von 2 600 m. Welche Strecke legt die Kapsel bei 700 Umrundungen zurück, wenn der Radius des Monds ca. 1 750 km beträgt?

   Lösung:

   Gegeben: $r = 1\,750 \text{ km} + 2{,}6 \text{ km} = 1\,752{,}6 \text{ km}$
   Gesucht: u
   Formel: $u = 2\pi \cdot r$
   Einsetzen: $u = 2\pi \cdot 1\,752{,}6$
   $u \approx 11\,011{,}91$
   $u \cdot 700 = 7\,708\,337$
   Antwort: Die Raumkapsel legt bei 700 Umrundungen ca. 7 708 337 km zurück.

Aufgaben

61 Eine Straßenwalze hat einen Durchmesser von 1,2 m und ist 1,9 m breit.
a) Welche Fläche wird bei einer Umdrehung gewalzt?
b) Wie oft muss sich die Walze drehen, um eine 200 m lange Bahn zu plätten?

***62** Die *International Space Station*, kurz ISS, umkreist die Erde in ca. 350 km Höhe. Für eine Umlaufbahn benötigt sie 92 Minuten.
a) Wie lang ist die Umlaufbahn?
b) Wie groß ist die Umlaufgeschwindigkeit der Raumstation in $\frac{km}{h}$?
Hinweis: Der Erdradius beträgt 6 371 km.

Merke

Kreisring

$A = \pi \cdot r_1^2 - \pi \cdot r_2^2 = \pi \cdot (r_1^2 - r_2^2)$ $\quad r_1 > r_2$

$b = r_1 - r_2$

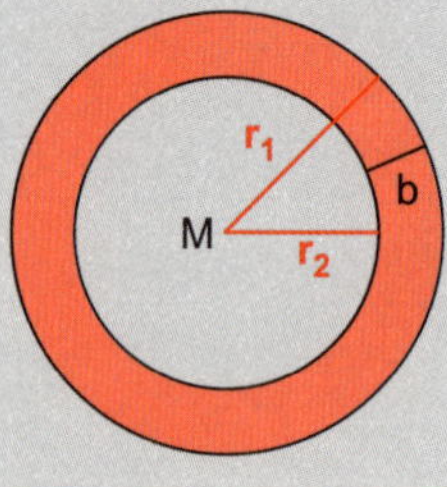

Beispiel

Ein Kreisring mit einem inneren Radius von 60 cm hat eine Fläche von 2,4 m². Berechne die Breite b des Rings.

Lösung:

Gegeben: $r_2 = 60\text{ cm} = 0{,}6\text{ m},\ A = 2{,}4\text{ m}^2$

Gesucht: b

Formel: $A = \pi \cdot r_1^2 - \pi \cdot r_2^2$

Einsetzen:

$$2{,}4 = \pi \cdot r_1^2 - \pi \cdot (0{,}6)^2$$
$$2{,}4 \approx \pi \cdot r_1^2 - 1{,}131 \quad |+1{,}131$$
$$3{,}531 = \pi \cdot r_1^2 \quad |:\pi$$
$$1{,}1239 \approx r_1^2 \quad |\sqrt{\ }$$
$$r_1 \approx 1{,}06$$

$$b = r_1 - r_2 = 1{,}06 - 0{,}6 = 0{,}46$$

Antwort: Der Kreisring hat eine Breite von 0,46 m.

Aufgabe

***63** Wie breit ist ein Kreisring mit 10 m² Flächeninhalt und 1 m Innenradius?

Merke

Kreisbogen und Kreissektor

Die Länge des Kreisbogens und die Fläche des Kreissektors sind abhängig vom Mittelpunktswinkel φ und vom Radius des Kreises.

Der Kreisbogen ist ein Teil des Kreisumfangs.

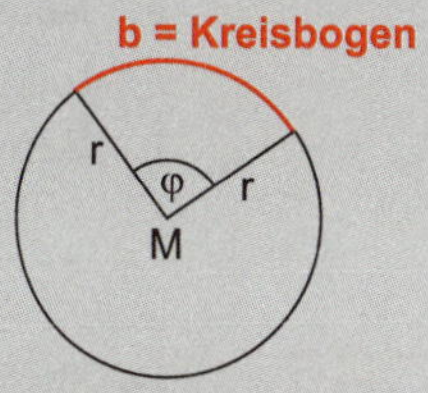

$$\frac{b}{\varphi} = \frac{u}{360°}$$

$$\frac{b}{\varphi} = \frac{2\pi \cdot r}{360°}$$

$$b = \frac{2\pi \cdot r \cdot \varphi}{360°}$$

Der Kreissektor ist ein Teil der Kreisfläche.

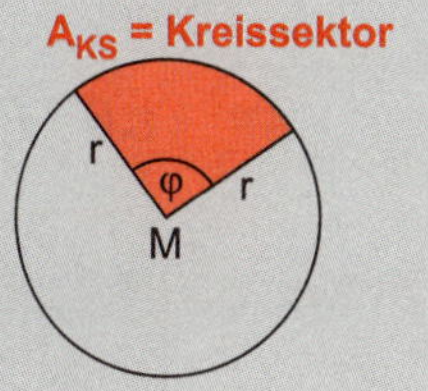

$$\frac{A_{KS}}{\varphi} = \frac{A_K}{360°}$$

$$\frac{A_{KS}}{\varphi} = \frac{\pi \cdot r^2}{360°}$$

$$A_{KS} = \frac{\pi \cdot r^2 \cdot \varphi}{360°}$$

Beispiel

Ein kreisförmiges Blumenbeet mit einem Durchmesser von 3 m soll zu $\frac{2}{3}$ mit Frühlingsblumen (35 pro m^2) bepflanzt werden.

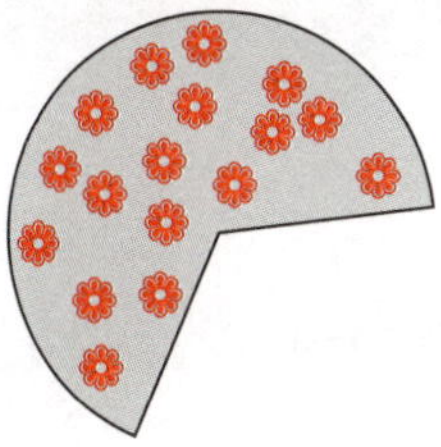

a) Wie viele Pflanzen passen auf das Teilstück?

b) Wie lang muss die Einfassung dieses Beetes sein?

Lösung:

a) Gegeben: $d = 3$ m, $r = 1{,}5$ m, $\varphi = \frac{2}{3}$ von $360° = 240°$

Gesucht: A_{KS}

Formel: $A_{KS} = \frac{\pi \cdot r^2 \cdot \varphi}{360°}$

Einsetzen: $A_{KS} = \frac{\pi \cdot (1{,}5)^2 \cdot 240°}{360°}$

$A_{KS} \approx 4{,}71$

$4{,}71 \cdot 35 = 164{,}85$

Antwort: Es passen 164 Frühlingsblumen auf das Beet.

b) Gesucht: b

Formel: $b = \frac{2\pi \cdot r \cdot \varphi}{360°}$

Einsetzen: $b = \frac{2\pi \cdot 1{,}5 \cdot 240°}{360°}$

$b \approx 6{,}28$

$b + 2r = 6{,}28 + 2 \cdot 1{,}5$

$b + 2r = 9{,}28$

Antwort: Die Einfassung des Beetes muss 9,28 m lang sein.

Aufgaben

64 Aus einer Holzplatte soll die rote Figur ausgeschnitten werden.

a) Berechne den Umfang und den Flächeninhalt der roten Figur.

b) Berechne den Abfall in Prozent.

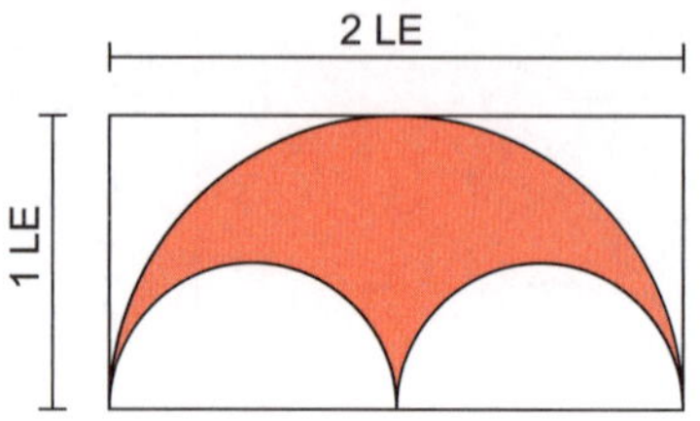

***65** Leonies Minipizza hat einen Flächeninhalt von 300 cm^2. Scarlet behauptet, ihr Stück ($\alpha = 53°$) aus der Familienpizza (d = 50 cm) sei größer.

1.8 Potenzen und Wurzeln

Merke

Potenzen

Eine Potenz ist eine verkürzte Schreibweise für ein Produkt, in dem der Faktor a n-mal vorkommt.

$$\underbrace{a \cdot a \cdot a \cdot a \cdot a \cdot a \cdot a \cdot a \cdot \ldots \cdot a}_{\text{n-mal}} = a^n \leftarrow \text{Exponent}$$

$\uparrow$ Basis

Für alle Potenzen gilt: $a^1 = a$, $a^0 = 1$, $a^{-n} = \frac{1}{a^n}$ für $a \neq 0$

Beispiele

1. $5^4 = 5 \cdot 5 \cdot 5 \cdot 5 = 625$ **aber** $5 + 5 + 5 + 5 = 4 \cdot 5 = 20$
2. $4^0 = 1$
3. $2^{-5} = \frac{1}{2^5} = \frac{1}{32}$

Merke

Rechnen mit Potenzen

Für das Rechnen mit Potenzen gelten folgende Regeln:

- Potenzen mit **gleicher Basis** werden multipliziert, bzw. dividiert, indem man die Exponenten addiert bzw. subtrahiert und die Basis beibehält.

  $a^m \cdot a^n = a^{m+n}$ $\qquad \frac{a^m}{a^n} = a^{m-n}$ $\qquad a \neq 0$

- Potenzen mit **gleichem Exponenten** werden multipliziert bzw. dividiert, indem man die Basen multipliziert bzw. dividiert und den Exponenten beibehält.

  $a^n \cdot b^n = (a \cdot b)^n$ $\qquad \frac{a^n}{b^n} = \left(\frac{a}{b}\right)^n$ $\qquad b \neq 0$

- Potenzen werden **potenziert**, indem man die Exponenten multipliziert und die Basis beibehält.

  $(a^m)^n = a^{m \cdot n}$

Entsprechende Regeln für die Addition oder Subtraktion von Potenzen **gibt es nicht**.

Beispiele

1. $4 \cdot 4^2 = 4^{1+2} = 4^3 = 64$
2. $10^5 : 10^7 = 10^{5-7} = 10^{-2} = \frac{1}{10^2} = \frac{1}{100} = 0{,}01$
3. $2{,}5^4 \cdot 4^4 = (2{,}5 \cdot 4)^4 = 10^4 = 10\,000$
4. $\frac{16{,}4^3}{8{,}2^3} = \left(\frac{16{,}4}{8{,}2}\right)^3 = 2^3 = 8$
5. $(2^5)^2 = 2^{5 \cdot 2} = 2^{10} = 1\,024$

Merke

Potenzen mit negativer Basis

$(-a)^6 = +a^6$, weil $\underbrace{(-a)\cdot(-a)}_{+}\cdot\underbrace{(-a)\cdot(-a)}_{+}\cdot\underbrace{(-a)\cdot(-a)}_{+} = +a^6$

↑ gerade Zahl ↑ positives Ergebnis

$(-a)^5 = -a^5$, weil $\underbrace{(-a)\cdot(-a)}_{+}\cdot\underbrace{(-a)\cdot(-a)}_{+}\cdot\underbrace{(-a)}_{-} = -a^5$

↑ ungerade Zahl ↑ negatives Ergebnis

Beachte: $-a^4 = -(a^4)$, weil $-a \cdot a \cdot a \cdot a = -a^4$

↑ Keine Klammer: Exponent bezieht sich nicht auf das Vorzeichen

Beispiele

1. $(-2)^4 = 16$, denn $(-2)\cdot(-2) \cdot (-2)\cdot(-2) = +16$
2. $(-2)^5 = -32$, denn $(-2)\cdot(-2) \cdot (-2)\cdot(-2) \cdot (-2) = -32$
3. $-2^4 = -16$, denn $-2\cdot 2\cdot 2\cdot 2 = -16$

Aufgaben

66 Finde die kleinste und die größte Zahl.

10^3 $(-3)^3$ 2^{-3} 3^{-2} 2^{10} 10^{-2}

67 <, > oder =, welches Zeichen passt?

a) $2^5 \square 5^2$

b) $(-4)^1 \square (-4)^0$

c) $4{,}5^2 \cdot 2^2 \square 81$

d) $\frac{3^2}{4^2} \square \frac{4^2}{3^2}$

e) $7^{-2} \square (-2)^7$

f) $6^{-2} \square (-2)^6$

g) $8^{-1} \square 8$

h) $0{,}5^3 \square \frac{1}{8}$

68 Vereinfache und berechne.

a) $8^{-3} \cdot 8^4$

b) $\frac{3^6}{3^3}$

c) $9 \cdot 1{,}5^{-2} \cdot 2^{-2}$

d) $(3xy^2)^3$

*e) $\frac{5^{12}}{5^{10}} \cdot (-6+8)^2$

*f) $\frac{(x+1)^3}{x^2+2x+1}$

*g) $\left(-\frac{4}{3}\right)^3 \cdot 3^3 + 3^2$

*h) $(5^2 + 5^2 \cdot 2^2) : 5^2$

***69** Wahr oder falsch? Begründe.

Aussage	wahr	falsch	Begründung
$-3^4 = 81$	☐	☐	
Es gibt Zahlen, die beim Potenzieren kleiner werden.	☐	☐	
$(4^0) = 0$	☐	☐	
$7 - 7^2 = 0$	☐	☐	
$(a^4b^3)^3 = a^{12}b^9$	☐	☐	
$x^n : x^1 = x^n$	☐	☐	

Merke

Zehnerpotenzen

Zehnerpotenzen haben die **Basis 10**.
Beispiele:

$10^6 = 1\,000\,000$ oder $10^{-4} = \frac{1}{10^4} = \frac{1}{10\,000} = 0{,}0001$

Sehr große Zahlen bzw. sehr kleine Zahlen werden oft in wissenschaftlicher Schreibweise als Produkt aus einer einstelligen Dezimalzahl und einer Zehnerpotenz mit positivem bzw. negativem Exponenten geschrieben (Normdarstellung einer Zahl).

Beispiele

1. $84\,000\,000 = 8{,}4 \cdot 10^7$
2. $0{,}0000304 = 3{,}04 \cdot 10^{-5}$
3. Masse der Erde: $m = 5{,}98 \cdot 10^{24}$ kg
4. Masse eines Elektrons: $m = 9{,}11 \cdot 10^{-31}$ kg
5. $400\,000\,000 \cdot 0{,}000000125 = 4 \cdot 10^8 \cdot 1{,}25 \cdot 10^{-7} = 4 \cdot 1{,}25 \cdot 10^8 \cdot 10^{-7} = 5 \cdot 10^1 = 50$

Aufgaben

70 Schreibe mithilfe von Zehnerpotenzen.

a) 120 000 000

b) 0,000051

c) 70 Milliarden

d) 4 Zehntausendstel

71 Nach der Eingabe $(-0{,}3)^5$ zeigt dein Taschenrechner als Ergebnis an: $-2{,}43^{-03}$.
Welche Zahl ist damit gemeint?

72 In Deutschland leben rund 82 Millionen Einwohner auf einer Fläche von 357 000 km^2.
Berechne die Bevölkerungsdichte $\left(\frac{E}{km^2}\right)$.

***73** Die mittlere Entfernung der Erde von der Sonne beträgt rund $1{,}50 \cdot 10^8$ km.
Wie viele Minuten benötigt ein Lichtstrahl, um zur Erde zu gelangen, wenn die Lichtgeschwindigkeit $3 \cdot 10^8$ Meter pro Sekunde beträgt?

Merke

Wurzeln

Die **n-te Wurzel** aus einer positiven Zahl a ist die positive Zahl b, für die gilt: $b^n = a$

Wurzelexponent → $\sqrt[n]{a} = b$
↑
Radikand

Beispiele

1. $\sqrt[3]{64} = 4$, denn $4^3 = 64$
2. $\sqrt{81} = 9$, denn $9^2 = 81$

Merke

Rationale Exponenten

Eine Wurzel kann man auch als Potenz mit **rationalem Exponenten** schreiben.

Es gilt: $\sqrt[n]{a^m} = a^{\frac{m}{n}}, \quad n \neq 0$

Die Regeln für das Rechnen mit Potenzen gelten auch für Wurzeln.

Beispiele

1. $5^{\frac{2}{3}} = \sqrt[3]{5^2} = \sqrt[3]{25} \approx 2{,}92$
2. $0{,}49^{\frac{1}{2}} = \sqrt{0{,}49} = 0{,}7$
3. $\sqrt{1{,}6} \cdot \sqrt{10} = \sqrt{1{,}6 \cdot 10} = \sqrt{16} = 4$

Aufgabe

***74** Berechne.

a) $64^{\frac{1}{3}}$

b) $(\sqrt{14})^2$

c) $\sqrt[3]{x} \cdot \sqrt[3]{x} \cdot \sqrt[3]{x}$

d) $\sqrt{72} : \sqrt{2}$

e) $10^{\frac{2}{3}}$

f) $10^{\frac{3}{2}}$

2 Lineare Funktionen – Lineare Gleichungssysteme

2.1 Allgemeine Funktion

Merke

Funktion

Eine Funktion ist eine eindeutige Zuordnung. Durch eine Zuordnungsvorschrift wird **jeder** Zahl x **genau eine** Zahl y zugeordnet.

Eine Funktion kann dargestellt werden durch
- eine Textvorschrift
- eine Funktionsgleichung
- eine Wertetabelle
- Punkte oder einen Graphen im Koordinatensystem

Beispiele

1. **Textvorschrift**
Ordne jeder rationalen Zahl das Doppelte zu.
Funktionsgleichung
$y = 2 \cdot x$
Andere Schreibweisen:
$f(x) = 2 \cdot x$
$x \mapsto 2x$

2. **Textvorschrift**
Jeder ganzen Zahl wird ihre um 1 verminderte Quadratzahl zugeordnet.
Funktionsgleichung
$y = x^2 - 1$
Andere Schreibweisen:
$f(x) = x^2 - 1$
$x \mapsto x^2 - 1$

Wertetabellen

x	–4	–3	–2	–1	0	1	2	3	4
y	–8	–6	–4	–2	0	2	4	6	8

x	–4	–3	–2	–1	0	1	2	3	4
y	15	8	3	0	–1	0	3	8	15

Man setzt eine Zahl für die Variable x ein und berechnet die zugeordnete Zahl y.
Z. B. für $x = -4$:
$y = 2 \cdot (-4) = -8$ $\qquad$ $y = (-4)^2 - 1 = +15$

Z. B. für $x = 0$:
$y = 2 \cdot 0 = 0$ $\qquad$ $y = 0^2 - 1 = -1$

Graphen

Die Punktepaare werden in ein Koordinatensystem gezeichnet und verbunden.

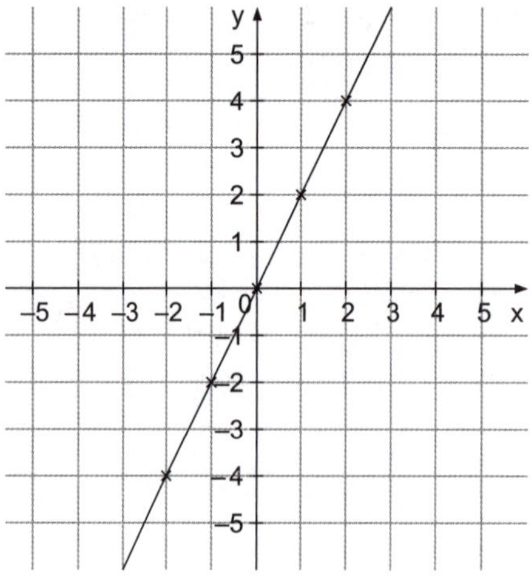

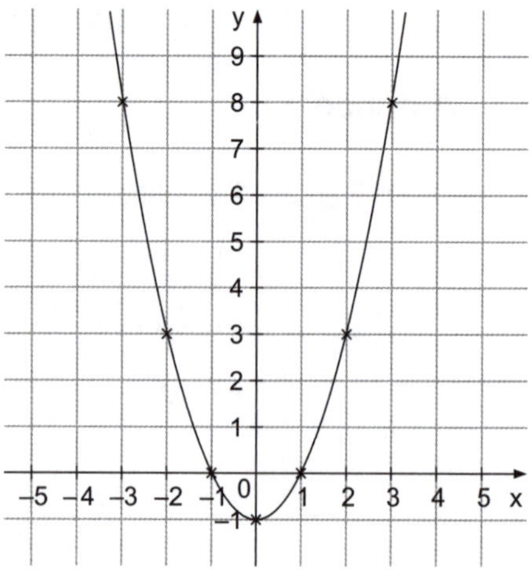

Aufgaben

75 Handelt es sich um eine Funktion? Begründe.

a)

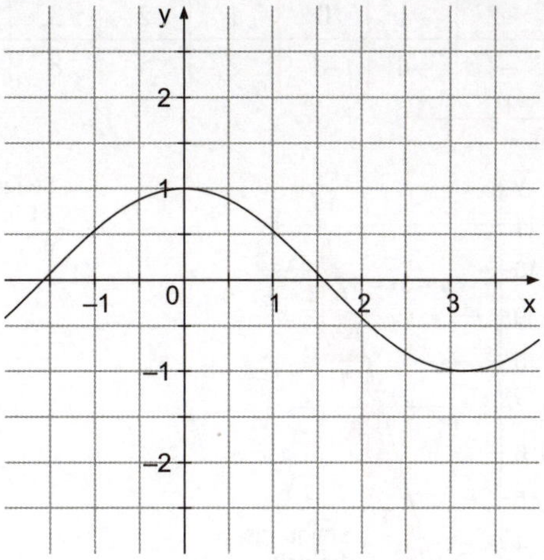

b)

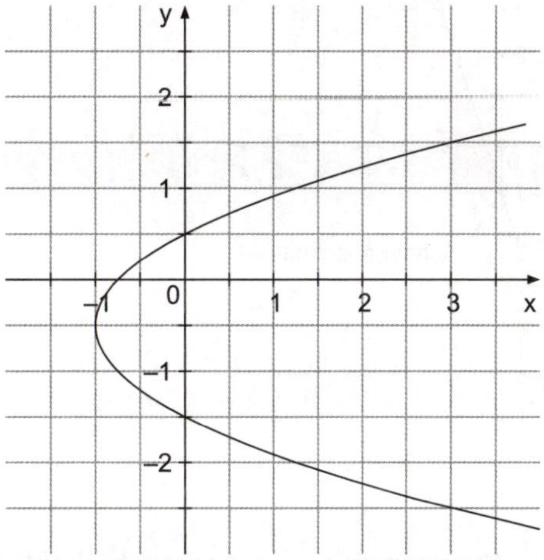

c)

Alter [Jahre]	1	5	10	15	20	23
Größe [cm]	75	99	144	165	167	167

d) Durchmesser eines Kreises $\mapsto$ Flächeninhalt eines Kreises

76 Lege Wertetabellen an und zeichne die Graphen der Funktionen $y = \frac{1}{2}x + 1$ und $y = \frac{1}{2}x^2 - 2$ im Bereich $-4 < x < +4$ in ein Koordinatensystem.
Wie lauten die Koordinaten der Schnittpunkte?

2.2 Lineare Funktionen

Merke

Lineare Funktionen

Funktionen mit der Funktionsgleichung $y = m \cdot x + n$ heißen **lineare Funktionen**.

↙ ↘

Steigung y-Achsenabschnitt
(= Schnittpunkt mit der y-Achse)

Der Graph einer linearen Funktion ist immer eine **Gerade**.

Beispiele

1. $y = 3 \cdot x - 1$ Steigung: $m = 3$; Achsenabschnitt: $n = -1$

Wertetabelle

+1 +1 +1 Achsenabschnitt

x	−4	−3	−2	−1	0	1	2	3	4
y	−13	−10	−7	−4	−1	2	5	8	11

+3 +3 +3

Steigt der x-Wert um 1, so steigt der y-Wert um 3.

Graph

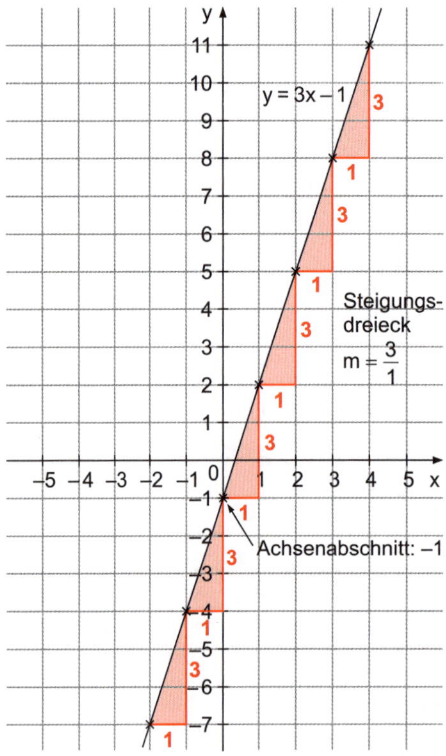

Steigungsdreieck:
+1 in x-Richtung und +3 in y-Richtung
d. h. 1 LE nach rechts, 3 LE nach oben

2. $y = -\frac{1}{2}x + 4$ Steigung: $m = -\frac{1}{2}$; Achsenabschnitt: $n = +4$

Wertetabelle

+1 +1 +1 Achsenabschnitt

x	−4	−3	−2	−1	0	1	2	3	4
y	6	5,5	5	4,5	4	3,5	3	2,5	2

$-\frac{1}{2}$ $-\frac{1}{2}$ $-\frac{1}{2}$

Steigt der x-Wert um 1, so fällt der y-Wert um $\frac{1}{2}$.
Steigt der x-Wert um 2, so fällt der y-Wert um 1.

Graph

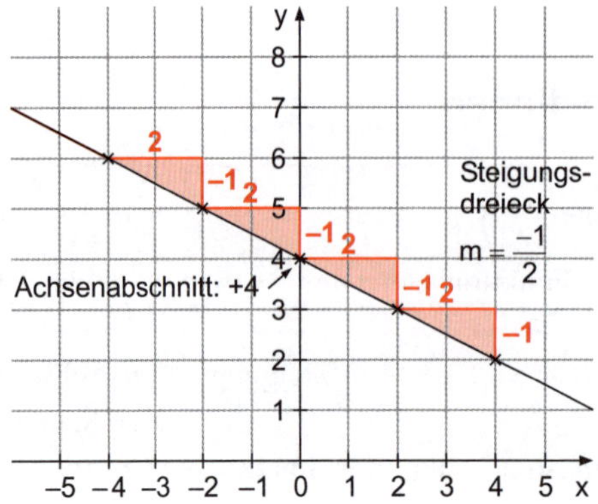

Steigungsdreieck:
+2 in x-Richtung, −1 in y-Richtung
d. h. 2 LE nach rechts, 1 LE nach unten

Zeichnen von Graphen

Um eine Gerade zu zeichnen, braucht man keine vollständige Wertetabelle. Es reichen zwei Punkte.

Merke

Zeichnen von Geraden

Möglichkeit 1
mithilfe von 2 Punkten.
- 2 Wertepaare bestimmen
- Punkte in das Koordinatensystem einzeichnen
- Punkte durch eine Gerade verbinden

Möglichkeit 2
mithilfe des Achsenabschnitts und des Steigungsdreiecks.
- Achsenabschnitt auf der y-Achse markieren
- Von diesem Punkt aus das Steigungsdreieck einzeichnen
- Beide Punkte durch eine Gerade verbinden

Beispiele

1. a) Zeichne den Graphen g: $y = \frac{2}{3}x - 3$.

Lösung:

Möglichkeit 1:
- 2 Wertepaare bestimmen, z. B.

x	0	6
y	–3	1

- (0|–3) und (6|1) einzeichnen und verbinden

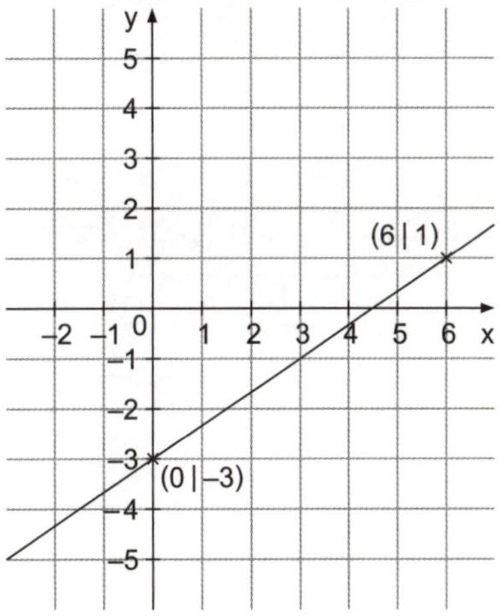

Möglichkeit 2:
- –3 auf der y-Achse markieren
- Steigungsdreieck für $\frac{2}{3}$ bedeutet „3 LE nach rechts, 2 LE nach oben“, Punkt markieren
- Punkte verbinden

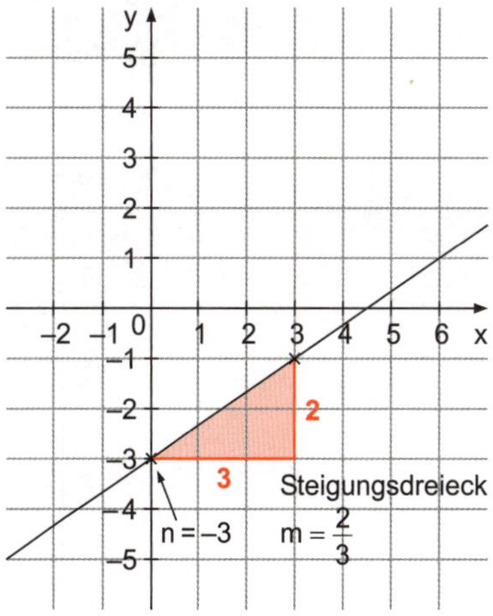

b) Liegen die Punkte P(24|15) und Q(–9|–9) auf g?

Lösung:

Da die Zeichnung nicht ausreichend groß ist, muss dies berechnet werden.

$y = \frac{2}{3}x - 3$

$15 \overset{?}{=} \frac{2}{3} \cdot 24 - 3$

$15 \neq 13$

P liegt nicht auf g.

$y = \frac{2}{3}x - 3$

$-9 \overset{?}{=} \frac{2}{3} \cdot (-9) - 3$

$-9 = -9$

Q liegt auf g.

2. Bestimme die Funktionsgleichung der Geraden g, die durch die Punkte A(–2 | 3) und B(2 | 0) geht.

Lösung:

- Graph zeichnen
- Achsenabschnitt ablesen: $n = 1{,}5$
- Steigungsdreieck einzeichnen: 4 LE nach rechts und 3 LE nach unten:

$m = -\frac{3}{4}$

Funktionsgleichung:

$y = -\frac{3}{4}x + 1{,}5$

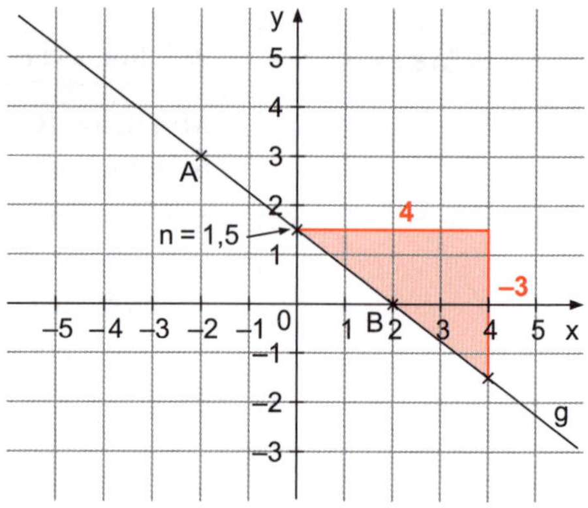

3. Ein Stromanbieter verlangt pro verbrauchter Kilowattstunde 0,2 €. Dazu kommt im Monat eine Grundgebühr von 8 €. Es wird ein Zeitraum von 1 Monat betrachtet.
   a) Wie lautet die zugehörige Funktionsgleichung?
   b) Zeichne den Graphen in ein geeignetes Koordinatensystem.
   c) Herr Müller bezahlt für einen Monat genau 60 €.
   Wie viele Kilowattstunden Strom hat er in dem Monat verbraucht?

Lösung:

a) x entspricht „Anzahl der verbrauchten Kilowattstunden"
y entspricht „Gesamtstromkosten im Monat in €"
Damit ergibt sich als Funktionsgleichung: $y = 0{,}2 \cdot x + 8$

b)

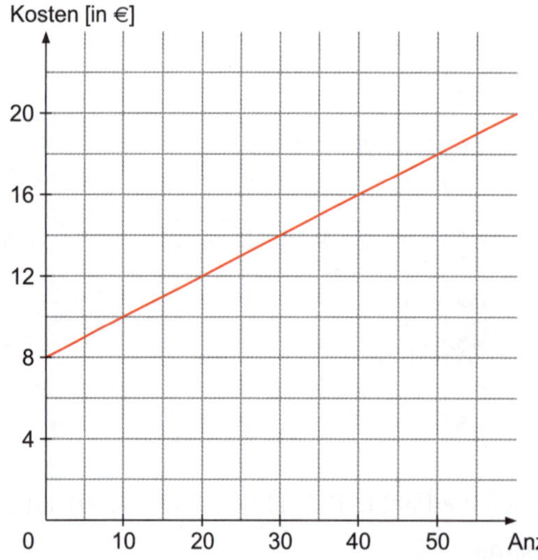

c) $y = 60$ einsetzen und nach x auflösen:

$60 = 0{,}2x + 8 \quad |-8$

$52 = 0{,}2x \quad |:0{,}2$

$x = 260$

In dem Monat hat Herr Müller 260 Kilowattstunden Strom verbraucht.

Merke

Graphen linearer Funktionen

Ist die **Steigung**

m < 0, so erhält man **fallende Geraden**.

m = 0, so erhält man **Parallelen zur x-Achse**.

m > 0, so erhält man **steigende Geraden**.

Ist der **Achsenabschnitt**

n = 0, so erhält man Geraden durch den Ursprung (0 | 0): **Ursprungsgeraden**

Beispiele

1. $m < 0$: fallende Geraden

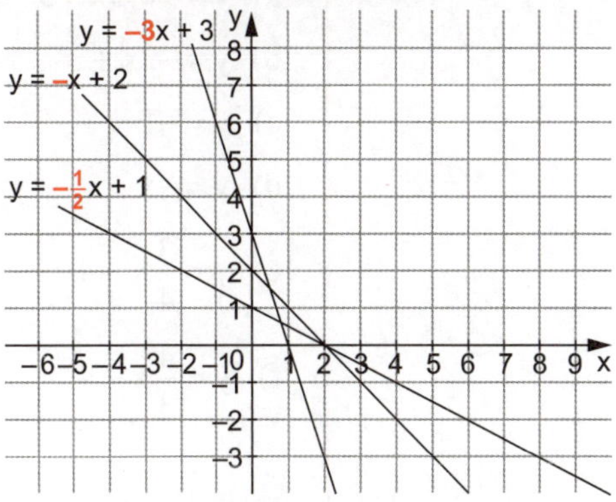

2. $m = 0$: Parallelen zur x-Achse

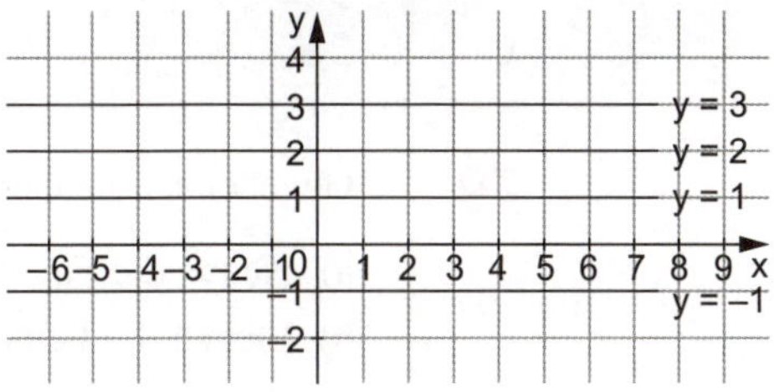

3. $m > 0$: steigende Geraden

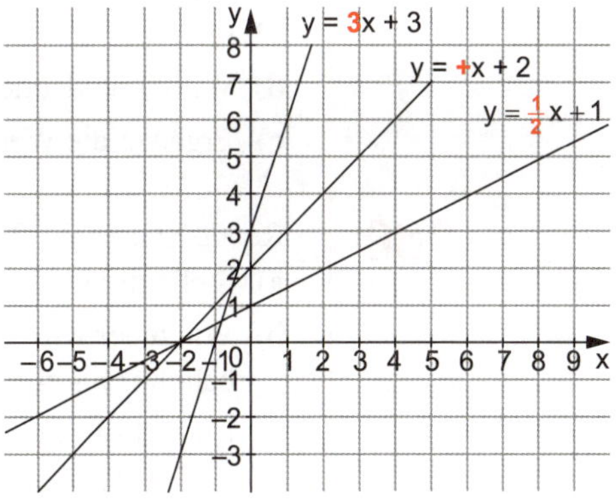

4. $n = 0$: Ursprungsgeraden

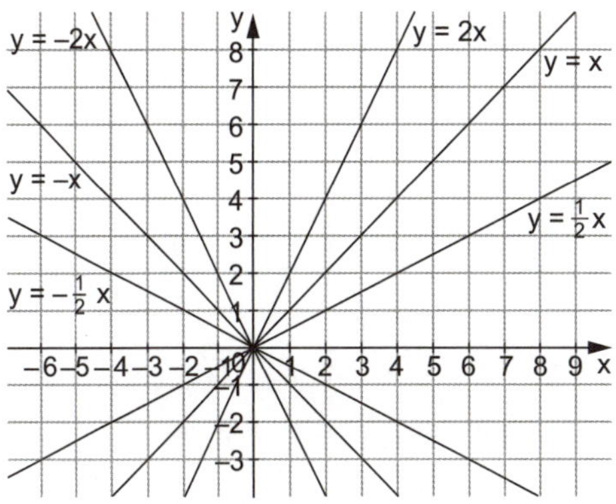

Aufgaben

77 In welchem Punkt schneiden sich die Graphen?

I $y = 4x + 3$

II $y = -x - 2$

78 Ordne die Graphen den Funktionsgleichungen zu.

a) $y = -0{,}5x + 3$

b) $y = -2x + 3$

c) $y = -1$

d) $y = -x$

e) $y = \frac{3}{4}x - 4$

f) $y = \frac{4}{3}x - 4$

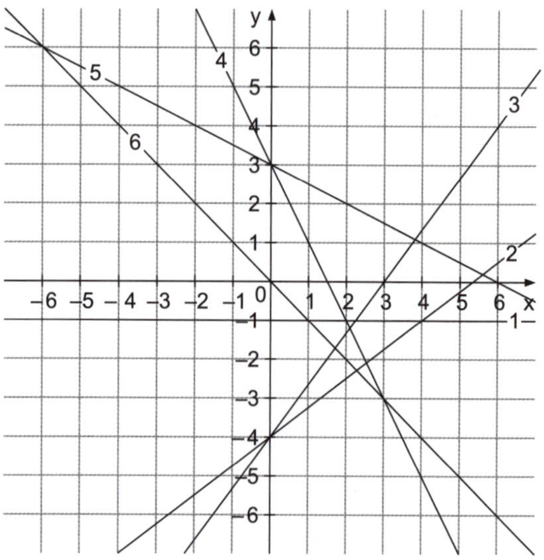

79 Gegeben ist die Gerade g: $y = -\frac{1}{3}x + 6$.

a) Nenne die Funktionsgleichung einer Geraden, die parallel zu g verläuft.

b) Liegen die Punkte A(6|4) und B(–24|13) auf der Geraden g?

c) Wie heißt die Funktionsgleichung der Geraden, die senkrecht zu g verläuft und den gleichen Achsenabschnitt hat?

d) Wo schneidet der Graph die x-Achse?

e) Ergänze die Wertepaare: Die Punkte P(–10|…) und Q(…|8) liegen auf g.

***80** Rechts stehen die Taxitarife von Musterstadt:

a) Stelle die Funktionsgleichungen auf.

b) Wie teuer wird die Fahrt vom Hauptbahnhof bis zum Busbahnhof (7 km)?

c) Ein Fahrgast gibt dem Taxifahrer 1,40 € Trinkgeld und bezahlt genau 23 €. Wie lang war die Fahrstrecke?

Grundbetrag	2,40 EUR
Kilometerpreis ≤ 10 km	1,68 EUR
> 10 km	1,28 EUR

2.3 Lineare Gleichungssysteme

Merke

Lineare Gleichung – Lineares Gleichungssystem

Eine Gleichung, die sich auf die Form $ax + by = c$ bringen lässt, heißt **lineare Gleichung**. Löst man sie nach y auf, so erhält man eine lineare Funktionsgleichung $y = mx + n$.

Zwei lineare Gleichungen zusammen bilden ein lineares Gleichungssystem. Man kann ein lineares Gleichungssystem grafisch oder rechnerisch lösen.

Beispiel

I $x - 3y = -6$
II $3x - 2y = 10$

Gesucht sind Zahlen für die Variablen x und y, die **beide Gleichungen** erfüllen.

Grafische Lösung

Merke

Grafisches Lösungsverfahren

- Löse beide Gleichungen nach y auf. Du erhältst Funktionsgleichungen.
- Zeichne die Geraden in ein Koordinatensystem.
- Lies die Koordinaten des Schnittpunktes ab, das sind die Lösungen für x und y.
- Mache die Probe, indem du x und y in beide Ausgangsgleichungen einsetzt.

Beispiel

I $x - 3y = -6$
II $3x - 2y = 10$

- I und II nach y auflösen:

I $x - 3y = -6 \quad | -x$
$-3y = -x - 6 \quad | :(-3)$
$y = \frac{1}{3}x + 2$

II $3x - 2y = 10 \quad | -3x$
$-2y = -3x + 10 \quad | :(-2)$
$y = \frac{3}{2}x - 5$

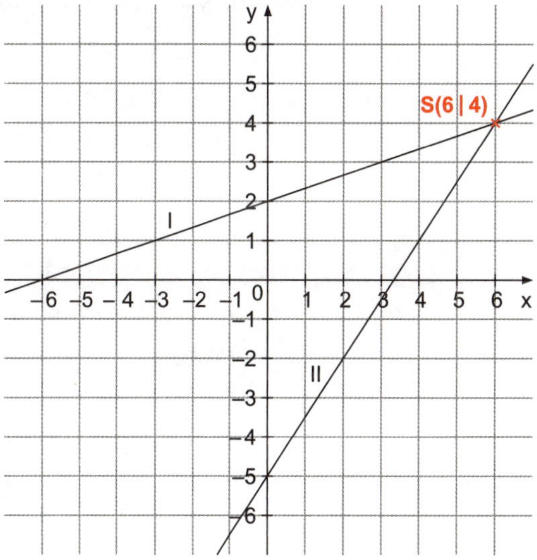

- Graphen in das Koordinatensystem einzeichnen.
- Der Schnittpunkt ist S(6|4), d. h. die Lösungen des Gleichungssystems sind $x = 6$ und $y = 4$.
- Probe:

für I
$x - 3y = -6$
$6 - 3 \cdot 4 \stackrel{?}{=} -6$
$-6 = -6$

für II
$3x - 2y = 10$
$3 \cdot 6 - 2 \cdot 4 \stackrel{?}{=} 10$
$18 - 8 \stackrel{?}{=} 10$
$10 = 10$

$L = \{(6|4)\}$

Rechnerische Lösungsverfahren

Merke

Gleichsetzungsverfahren

- **Löse beide Gleichungen nach derselben Variablen auf.**
- **Setze die beiden erhaltenen Terme gleich.**
- Löse die Gleichung, die nur noch eine Variable enthält.
- Setze die Lösung in eine der Ausgangsgleichungen ein und berechne die andere Variable.
- Mache die Probe, indem du x und y in beide Ausgangsgleichungen einsetzt.

Beispiel

I $-x+4y=-9{,}5$

II $2x-5y=13$

Lösung:

Beide Gleichungen nach x auflösen (nach y wäre auch möglich, aber die Terme wären „komplizierter").

I $-x+4y=-9{,}5 \quad |-4y$

$-x=-9{,}5-4y \quad |:(-1)$

$x=9{,}5+4y$

II $2x-5y=13 \quad |+5y$

$2x=13+5y \quad |:2$

$x=6{,}5+2{,}5y$

Terme gleichsetzen I = II:

$9{,}5+4y=6{,}5+2{,}5y \quad |-2{,}5y-9{,}5$

$1{,}5y=-3 \quad |:1{,}5$

$y=-2$

y = –2 einsetzen in I:

Einsetzen in II wäre auch möglich.

$-x+4\cdot(-2)=-9{,}5$

$-x-8=-9{,}5 \quad |+8$

$-x=-1{,}5 \quad |:(-1)$

$x=1{,}5$

Probe:

für I

$-1{,}5+4\cdot(-2)\overset{?}{=}-9{,}5$

$-1{,}5-8\overset{?}{=}-9{,}5$

$-9{,}5=-9{,}5$

für II

$2\cdot 1{,}5-5\cdot(-2)\overset{?}{=}13$

$3+10\overset{?}{=}13$

$13=13$

$L=\{(1{,}5\,|\,-2)\}$

Merke

Einsetzungsverfahren

- **Löse eine der Gleichungen nach einer Variablen auf.**
- **Setze den Term für diese Variable in die andere Gleichung ein.**
- Löse die erhaltene Gleichung, die nur noch eine Variable enthält.
- Setze die Lösung in eine der Ausgangsgleichungen ein und berechne die andere Variable.
- Mache die Probe, indem du x und y in beide Ausgangsgleichungen einsetzt.

Beispiel

I $-10x + 3y = 40$
II $6x + y = 4$

Lösung:

II $6x + y = 4 \quad |-6x$
$y = 4 - 6x$

Gleichung II nach y auflösen (so ist nur ein Umformungsschritt notwendig).

Term II in I einsetzen:

II in I $-10x + 3(4 - 6x) = 40$
$-10x + 12 - 18x = 40$
$-28x + 12 = 40 \quad |-12$
$-28x = 28 \quad |:(-28)$
$x = -1$

$x = -1$ einsetzen in II:

$6 \cdot (-1) + y = 4 \quad |+6$
$y = 10$

Probe:

für I
$-10 \cdot (-1) + 3 \cdot 10 \stackrel{?}{=} 40$
$10 + 30 \stackrel{?}{=} 40$
$40 = 40$

für II
$6 \cdot (-1) + 10 \stackrel{?}{=} 4$
$-6 + 10 \stackrel{?}{=} 4$
$4 = 4$

$L = \{(-1 \mid 10)\}$

Merke

Additionsverfahren

- **Multipliziere die Gleichungen mit einer Zahl, sodass bei der Addition beider Gleichungen eine Variable wegfällt.**
- **Addiere die beiden Gleichungen.**
- Löse die erhaltene Gleichung, die nur noch eine Variable enthält.
- Setze die Lösung in eine der Ausgangsgleichungen ein und berechne die andere Variable.
- Mache die Probe, indem du x und y in beide Ausgangsgleichungen einsetzt.

Beispiel

$$\begin{array}{ll} \text{I} & 7x-3y=-17 \\ \text{II} & 8x-4y=-16 \end{array}$$

Lösung:

1. Möglichkeit:

Variable x fällt nach dem Addieren weg.

$$\begin{array}{lrl} \text{I} & 7x-3y=-17 & |\cdot 8 \\ \text{II} & 8x-4y=-16 & |\cdot(-7) \end{array}$$

$$\left.\begin{array}{lr} \text{I} & 56x-24y=-136 \\ \text{II} & -56x+28y=112 \end{array}\right\}+$$

$$\begin{array}{lrl} \text{I}+\text{II} & 4y=-24 & |:4 \\ & y=-6 & \end{array}$$

y = –6 einsetzen in I:

$$\begin{array}{rl} 7x-3\cdot(-6)=-17 & \\ 7x+18=-17 & |-18 \\ 7x=-35 & |:7 \\ x=-5 & \end{array}$$

2. Möglichkeit:

Variable y fällt nach dem Addieren weg.

$$\begin{array}{lrl} \text{I} & 7x-3y=-17 & |\cdot 4 \\ \text{II} & 8x-4y=-16 & |\cdot(-3) \end{array}$$

$$\left.\begin{array}{lr} \text{I} & 28x-12y=-68 \\ \text{II} & -24x+12y=48 \end{array}\right\}+$$

$$\begin{array}{lrl} \text{I}+\text{II} & 4x=-20 & |:4 \\ & x=-5 & \end{array}$$

x = –5 einsetzen in I:

$$\begin{array}{rl} 7\cdot(-5)-3y=-17 & \\ -35-3y=-17 & |+35 \\ -3y=18 & |:(-3) \\ y=-6 & \end{array}$$

Probe:

für I

$$\begin{aligned} 7\cdot(-5)-3\cdot(-6) &\overset{?}{=}-17 \\ -35+18 &\overset{?}{=}-17 \\ -17 &=-17 \end{aligned}$$

für II

$$\begin{aligned} 8\cdot(-5)-4\cdot(-6) &\overset{?}{=}-16 \\ -40+24 &\overset{?}{=}-16 \\ -16 &=-16 \end{aligned}$$

$L=\{(-5\,|\,-6)\}$

Merke

Anzahl der Lösungen eines linearen Gleichungssystems

Ein lineares Gleichungssystem hat entweder keine, eine oder unendlich viele Lösungen.

Beispiele

1. I $\quad x + 2y = 4$
   II $\quad 2x + 4y = -4$

Rechnerische Lösung:

I $\quad x + 2y = 4 \quad | \cdot (-2)$
II $\quad 2x + 4y = -4$

Additionsverfahren:

$$\left.\begin{array}{ll} \text{I} & -2x - 4y = -8 \\ \text{II} & 2x + 4y = -4 \end{array}\right\} +$$

$$\text{I} + \text{II} \qquad 0 = -12 \quad \text{(f)}$$

Das Gleichungssystem hat keine Lösung: $L = \varnothing$

Grafische Lösung:

I $\quad y = -\frac{1}{2}x + 2$

II $\quad y = -\frac{1}{2}x - 1$

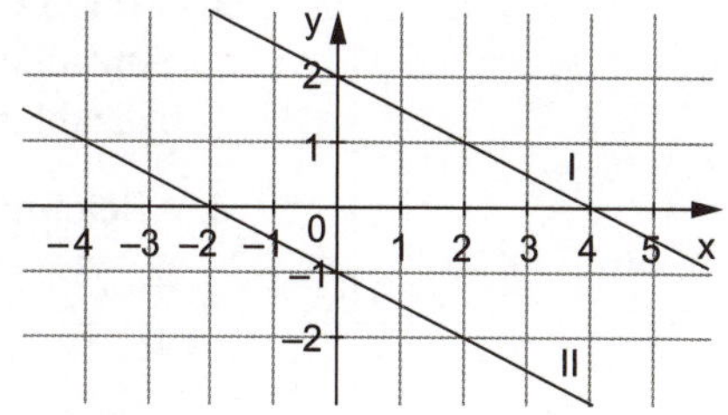

Die Geraden verlaufen parallel.

2. I $\quad x - 1{,}5y = 6$
   II $\quad -1{,}2x + 1{,}8y = -7{,}2$

Rechnerische Lösung:

Einsetzungsverfahren:

I $\quad x = 6 + 1{,}5y$
I in II $\quad -1{,}2(6 + 1{,}5y) + 1{,}8y = -7{,}2$
$\quad -7{,}2 - 1{,}8y + 1{,}8y = -7{,}2$
$\quad -7{,}2 = -7{,}2 \quad$ (w)

Das Gleichungssystem hat unendlich viele Lösungen: $L = \mathbb{R}$

Grafische Lösung:

I $\quad y = \frac{2}{3}x - 4$

II $\quad y = \frac{2}{3}x - 4$

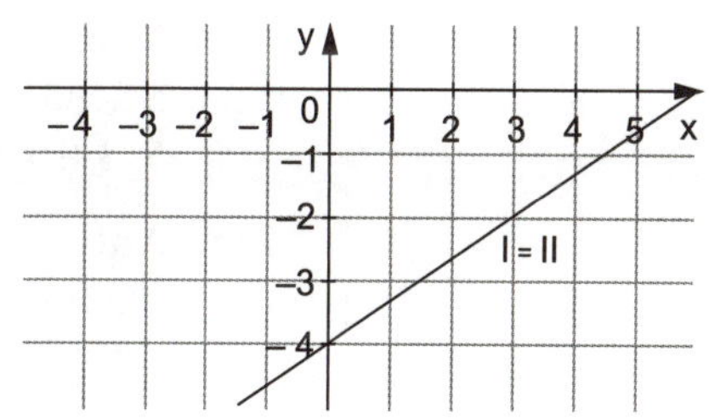

Die Geraden liegen aufeinander.

3. I $\quad y = x + 2$
   II $\quad 4x - 1 = y$

Rechnerische Lösung:

Gleichsetzungsverfahren:

I = II $\quad x + 2 = 4x - 1 \quad | +1$
$\quad x + 3 = 4x \quad | -x \quad | :3$
$\quad x = 1$

$x = 1$ in I:
$y = 1 + 2 = 3$

Das Gleichungssystem hat genau eine Lösung: $L = \{(1 | 3)\}$

Grafische Lösung:

I $\quad y = x + 2$

II $\quad y = 4x - 1$

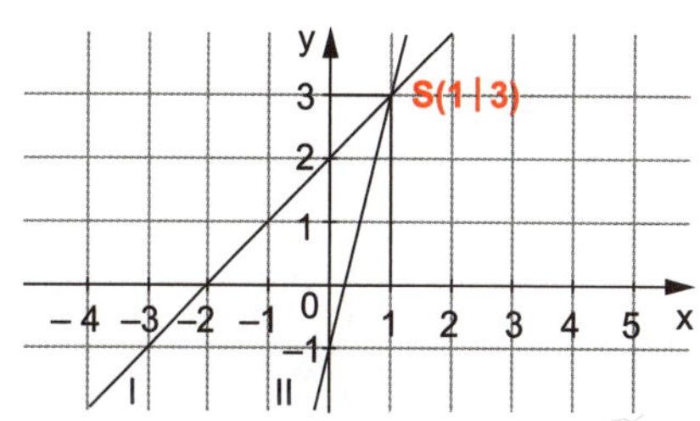

Die Geraden schneiden sich.

Merke

Lösen von Textgleichungen mit zwei Unbekannten

1. Schritt: Festlegen der Variablen x und y
2. Schritt: Gleichungen I und II aufstellen
3. Schritt: Gleichungssystem nach einem geeigneten Verfahren lösen
4. Schritt: Probe am Text
5. Schritt: Antwortsatz

Beispiel

Der Eintritt für eine Schultheatervorstellung kostet für Schüler 3 € und für Erwachsene 4 €. Steffi bezahlt im Vorverkauf 43 € und erhält dafür 12 Eintrittskarten.

Lösung:

1. Festlegen der Variablen x und y:

Anzahl der Schülerkarten: x
Anzahl der Erwachsenenkarten: y

2. Gleichungen I und II aufstellen:

I $3 \cdot x + 4 \cdot y = 43$ — Preis der Karten

II $x + y = 12$ — Anzahl der Karten

3. Gleichungssystem nach einem geeigneten Verfahren lösen:

II $x = 12 - y$ — Hier bietet sich das Einsetzungsverfahren an, weil man II bequem nach x oder y umstellen kann.

II in I $3(12 - y) + 4y = 43$

$36 - 3y + 4y = 43$

$y = 7$

y = 7 in II:

$x + 7 = 12 \quad | -7$

$x = 5$

4. Probe am Text:

5 Schülerkarten und 7 Erwachsenenkarten sind insgesamt 12 Karten, sie kosten $5 \cdot 3\,€ + 7 \cdot 4\,€$, also 43 €.

5. Antwortsatz:

Steffi kaufte 5 Karten für Schüler und 7 Karten für Erwachsene.

Aufgaben

81 Überprüfe, ob (–5 | 4) die Lösung der beiden Gleichungen ist.

I $\frac{4}{5}x + \frac{1}{4}y = -3$

II $-y = -x + 1$

82 Löse die Gleichungssysteme mit einem geeigneten Verfahren.

a) I $y = -\frac{1}{2}x + 1$
II $y = \frac{3}{4}x - 4$

b) I $6x - 6y = 108$
II $7x + 2y = 27$

*c) I $0{,}75x + y = 85$
II $0{,}5x - 0{,}6y = 44$

*d) I $9x - 2y = -20$
II $-9y - 2x = -5$

83 An einer Kinokasse bezahlt Familie Scholz (Vater, Mutter und 4 Kinder) insgesamt 30,40 €. Familie Lehmann löst einen Geschenkgutschein über 20 € ein und bezahlt nur noch 8,80 € für drei Erwachsene und zwei Kinder.

a) Wie viel kostet eine Kinokarte für einen Erwachsenen, wie viel für ein Kind?

*b) Familie Meier bezahlt für 7 Personen 32 €. Wie viele Kinder waren dabei?

84 Finde die Gleichungssysteme, mit denen du folgende Zahlenrätsel lösen kannst.

a) Die Summe zweier ganzer Zahlen ergibt –1. Die Differenz beider Zahlen ist 7.

b) Addiert man zum Dreifachen einer Zahl eine zweite Zahl, so erhält man 13. Subtrahiert man von der ersten Zahl das Doppelte der zweiten Zahl, erhält man 23.

*c) Das Doppelte der ersten Zahl ist um 2 kleiner als die zweite Zahl. Die Hälfte der Summe aus beiden Zahlen ist um 7 größer als die erste Zahl.

***85** Beim Sonntagsspaziergang rund um den Grunewaldsee sieht Robert viele Hunde und viele Menschen. Er zählt insgesamt 65 Köpfe und 178 Beine.
Wie viele Hunde und wie viele Menschen sind Robert begegnet?

***86** Xaver ist jetzt 7 Jahre älter als Yvonne. Vor sechs Jahren war Xaver doppelt so alt wie Yvonne. Wie alt sind beide jetzt?
Welches Gleichungssystem passt zur Aufgabe? Löse es.
Alter von Xaver: x
Alter von Yvonne: y

a) I $x + 7 = y$
II $2x - 6 = y - 6$

b) I $x = y + 7$
II $(x - 6) \cdot 2 = y$

c) I $x = y + 7$
II $x - 6 = 2(y - 6)$

***87** Im Chemieunterricht braucht man für einen Versuch genau 100 *mℓ* 20 %ige Essigsäure. Im Vorrat findet Romina aber nur 40 %ige und 15 %ige Essigsäure. Ihre Lehrerin sagt: „Dann misch doch einfach die beiden Sorten, nimm x *mℓ* 40 %ige und y *mℓ* 15 %ige!“

***88** Weise nach, dass das Gleichungssystem keine Lösung besitzt.

I $3x - 2y = 10$

II $4y = 6x - 4$

3 Quadratische Funktionen und Gleichungen

3.1 Quadratische Funktionen

Merke

Quadratische Funktion

Funktionen mit der Funktionsgleichung $y = ax^2 + bx + c$ heißen **quadratische Funktionen** ($a, b, c \in \mathbb{R}$ und $a \neq 0$).
Der Graph einer quadratischen Funktion ist eine **Parabel**.

Die quadratische Funktion $y = x^2$

Merke

Der Graph der Funktion $y = x^2$ ist die **Normalparabel**. Sie ist symmetrisch zur y-Achse, der Scheitelpunkt $S(0|0)$ liegt im Koordinatenursprung.

Wertetabelle

x	–5	–4	–3	–2	–1	0	1	2	3	4	5
y	25	16	9	4	1	0	1	4	9	16	25

Graph

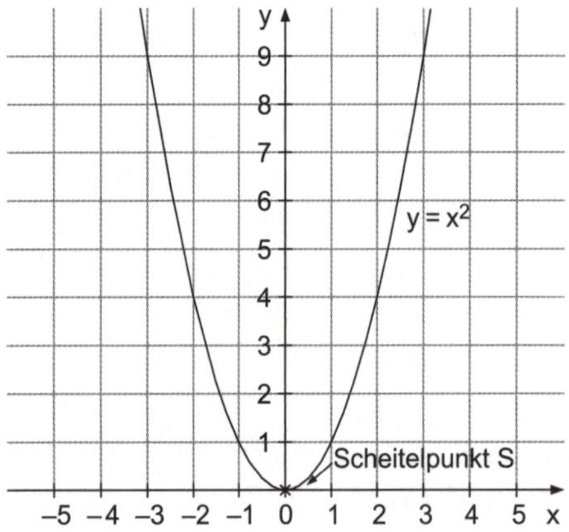

Streckung der Normalparabel

Merke

Quadratische Funktionen der Form $y = a \cdot x^2$

- Die Graphen der Funktionen $y = a \cdot x^2$ sind Parabeln, die durch Streckung ($a > 1$ oder $a < -1$) oder Stauchung ($a < 1$ oder $a > -1$) und gegebenenfalls Spiegelung ($a < 0$) an der x-Achse aus der Normalparabel mit dem **Streckfaktor a** entstehen.
- Ist $a > 1$ oder $a < -1$, so wird die Normalparabel „enger". Ist $a < 1$ oder $a > -1$, so wird sie „weiter".
- Für **positive Werte** von a ist die Parabel **nach oben geöffnet**.
- Für **negative Werte** von a ist die Parabel **nach unten geöffnet**.

Beispiele

$y = ax^2$

$a = 2 \qquad f_1\colon y = 2x^2$

$a = \frac{1}{2} \qquad f_2\colon y = \frac{1}{2}x^2$

$a = -\frac{1}{3} \qquad f_3\colon y = -\frac{1}{3}x^2$

$a = -3 \qquad f_4\colon y = -3x^2$

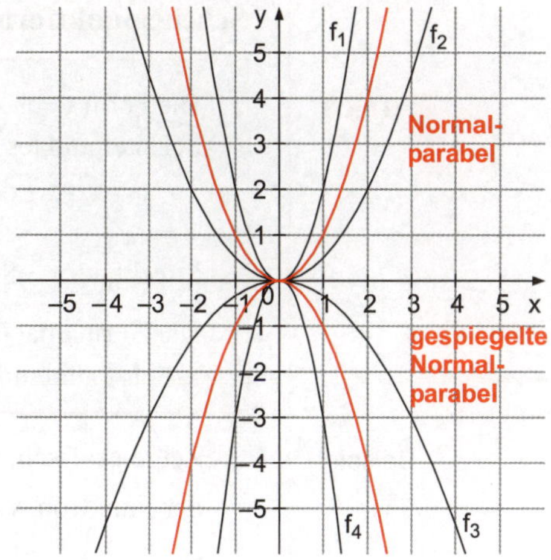

Verschiebung der Normalparabel längs der Koordinatenachsen

Funktion	Beschreibung	Beispiel
$y = x^2 + \mathbf{n}$	Die Normalparabel verschiebt sich um n Einheiten längs der y-Achse. Scheitelpunkt S(0 | n)	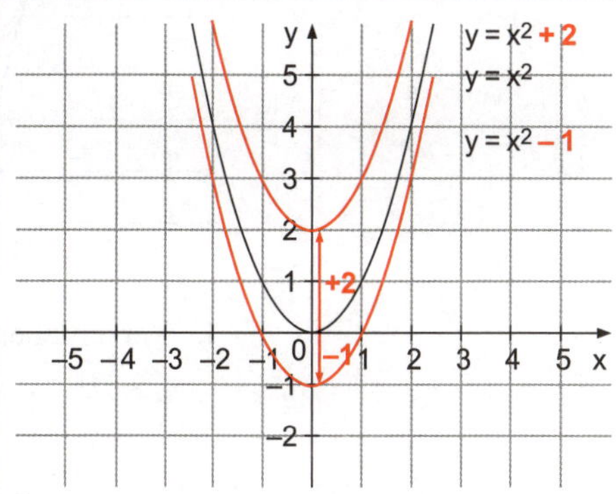
$y = (x - \mathbf{m})^2$	Die Normalparabel verschiebt sich um m Einheiten längs der x-Achse. Scheitelpunkt S(m | 0)	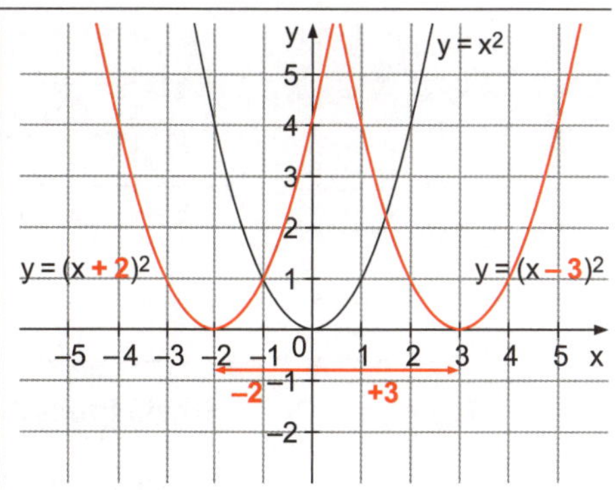
$y = (x - \mathbf{m})^2 + \mathbf{n}$	Die Normalparabel verschiebt sich um m Einheiten längs der x-Achse und um n Einheiten längs der y-Achse. Scheitelpunkt S(m | n)	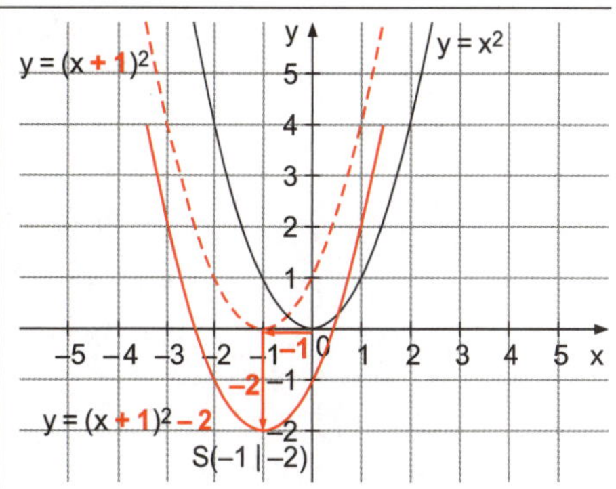

Scheitelpunktform einer quadratischen Funktion

Merke

Die Form $y = a \cdot (x+d)^2 + e$ heißt **Scheitelpunktform**, weil man die Koordinaten des Scheitelpunktes direkt ablesen kann.

$y = a \cdot (x+d)^2 + e$

↙ ↘↙

Streckfaktor Scheitelpunkt $S(-d\,|\,e)$

Die Normalparabel wird mit dem **Streckfaktor a** gestreckt, um $-d$ Einheiten längs der x-Achse und um e Einheiten längs der y-Achse verschoben.

Beispiel

Zeige grafisch, wie durch Streckung und Verschiebung der Normalparabel der Graph der Funktion $y = \frac{1}{4}(x+3)^2 + 1$ entsteht.

Lösung:

1. Normalparabel

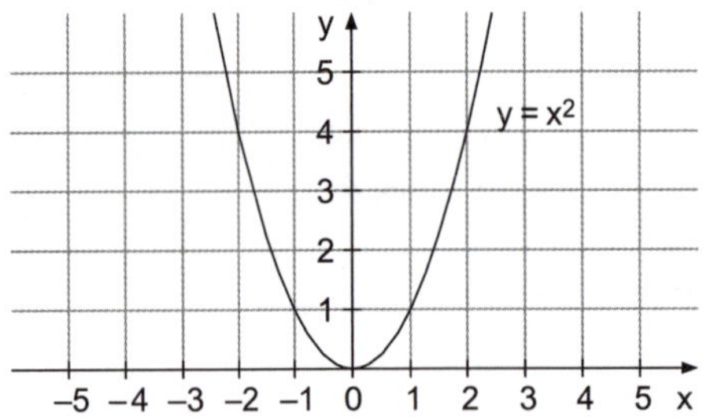

2. Strecken mit $a = \frac{1}{4}$

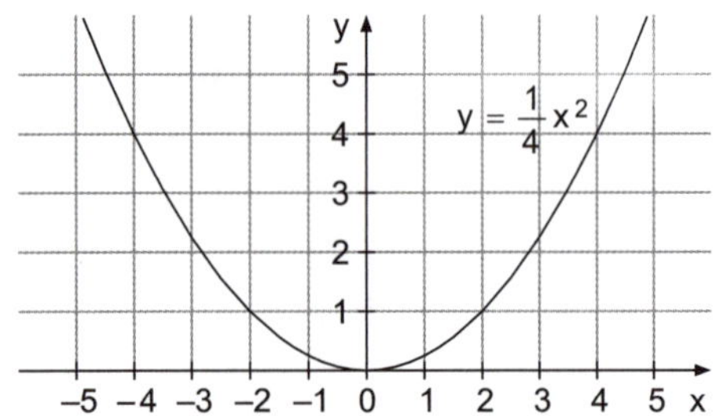

3. Verschieben längs der x-Achse um –3

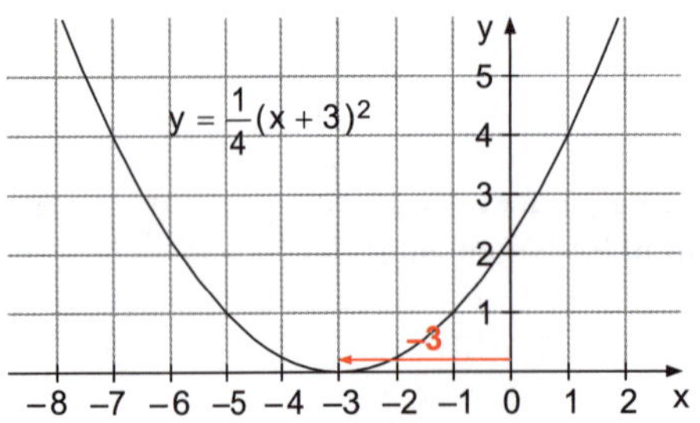

4. Verschieben längs der y-Achse um +1

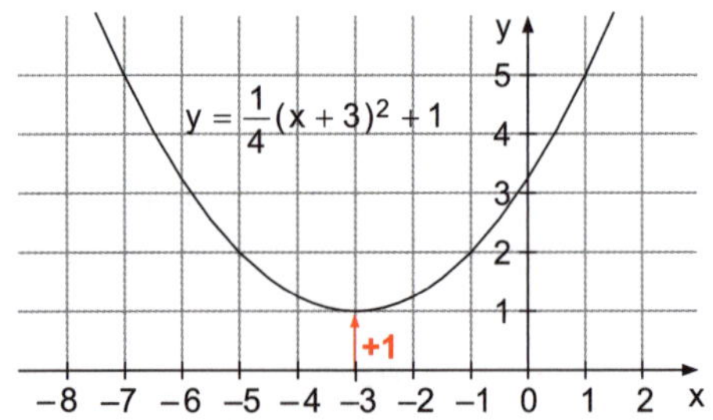

Merke

Scheitelpunktform und allgemeine Form

Eine quadratische Funktion kann in der allgemeinen Form $y = ax^2 + bx + c$ oder in der Scheitelpunktform $y = a \cdot (x+d)^2 + e$ angegeben werden.

Beispiele

1. Die Scheitelpunktform wird in die allgemeine Form umgewandelt.

$y = 3 \cdot (x-5)^2 - 2$ Streckfaktor $a = 3$; Scheitelpunkt $S(5\,|\,-2)$

$y = 3(x^2 - 10x + 25) - 2$

$y = 3x^2 - 30x + 75 - 2$

$y = 3x^2 - 30x + 73$

2. Die allgemeine Form wird in die Scheitelpunktform umgewandelt.

$y = \frac{1}{2}x^2 - 4x + 5$ Streckfaktor ausklammern

$y = \frac{1}{2}(x^2 - 8x + 10)$

$y = \frac{1}{2}\left(x^2 - 8x + \left(\frac{8}{2}\right)^2 - \left(\frac{8}{2}\right)^2 + 10\right)$ Quadratische Ergänzung

$y = \frac{1}{2}(\underbrace{x^2 - 8x + 16}_{\text{Binom}} - 16 + 10)$

$y = \frac{1}{2}[(x-4)^2 \quad - 6]$ Ausmultiplizieren

$y = \frac{1}{2} \cdot (x-4)^2 - 3$

Scheitelpunkt $S(4|-3)$

Merke

Man kann den Scheitelpunkt einer quadratischen Funktion in der allgemeinen Form auch durch Formeln bestimmen.

Funktion: $y = ax^2 + bx + c$ Scheitelpunkt $S(x_S|y_S)$

Scheitelkoordinaten $x_S = -\frac{b}{2a}$ $y_S = c - \frac{b^2}{4a}$

Beispiele

1. Bestimme den Scheitelpunkt des Graphen der Funktion $y = -2x^2 + 4x + 2$.

Lösung:

Es gibt 3 unterschiedliche Verfahren.

- Scheitelkoordinaten rechnerisch bestimmen ($a = -2$; $b = 4$; $c = 2$):

$x_S = -\frac{b}{2a}$ $y_S = c - \frac{b^2}{4a}$

$x_S = -\frac{4}{2 \cdot (-2)}$ $y_S = 2 - \frac{4^2}{4 \cdot (-2)}$

$x_S = -\frac{4}{-4}$ $y_S = 2 - \frac{16}{-8}$

$x_S = 1$ $y_S = 2 + 2$

$y_S = 4$

$S(1|4)$

oder

- Allgemeine Form in die Scheitelpunktform umwandeln

$y = -2x^2 + 4x + 2$ Streckfaktor ausklammern

$y = -2(x^2 - 2x - 1)$

$y = -2\left(x^2 - 2x + \left(\frac{2}{2}\right)^2 - \left(\frac{2}{2}\right)^2 - 1\right)$ Quadratische Ergänzung

$y = -2(x^2 - 2x + 1 - 1 - 1)$

$y = -2[(x-1)^2 - 2]$ Ausmultiplizieren

$y = -2 \cdot (x-1)^2 + 4$

$S(1|4)$

oder

- Zeichnerische Lösung

Wertetabelle

x	–5	–4	–3	–2	–1	0	1	2	3	4	5
y	–68	–46	–28	–14	–4	2	4	2	–4	–14	–28

Graph

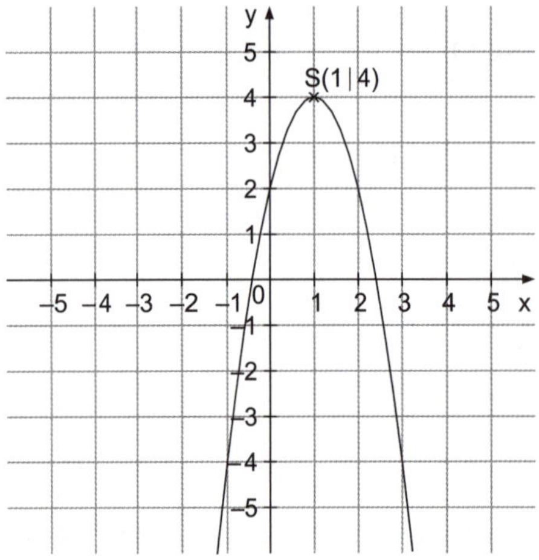

2. Im botanischen Garten werden an heißen Sommertagen Beregnungsanlagen eingeschaltet, die viele Pflanzen vor dem Austrocknen schützen. Ein Wasserbogen, der aus einer feinen Düse am Boden austritt, beschreibt annähernd eine Parabel mit der Funktionsgleichung $y = -0{,}05x^2 + 0{,}5x$ (x ist die Weite und y die Höhe des Wasserbogens in Meter).

a) Stelle die Bahn des Wasserbogens im Koordinatensystem dar ($0 \leq x \leq 11$). Lege vorher eine Wertetabelle an.

b) Lies aus deiner Zeichnung ab, welche maximale Höhe der Wasserstrahl erreicht. Überprüfe das Ergebnis rechnerisch.

c) Wie weit reicht ein Wasserbogen? Wird eine Pflanze in 12 m Entfernung noch mit Wasser versorgt?

Lösung:

Wertetabelle

a)

x	0	1	2	3	4	5	6	7	8	9	10	11
y	0	0,45	0,8	1,05	1,2	1,25	1,2	1,05	0,8	0,45	0	–0,55

Graph

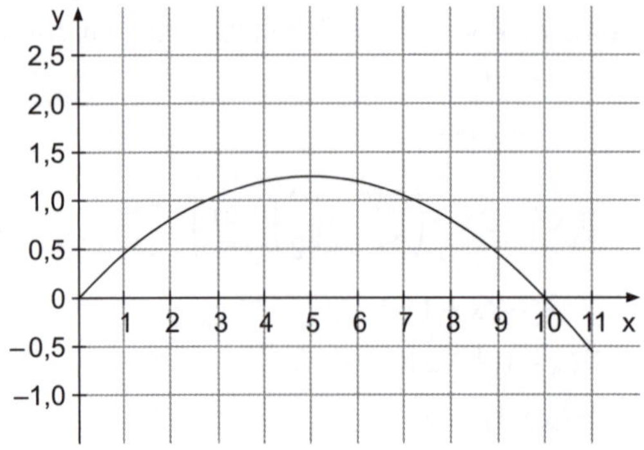

b) Aus der Zeichnung liest man eine maximale Höhe von ca. 1,25 m ab.

Rechnerische Lösung:

Gesucht ist der höchste Punkt des Graphen, also der Scheitelpunkt.
Zur Berechnung gibt es zwei Verfahren.

Scheitelpunktform: **oder** Formeln:

Scheitelpunktform:

$$y = -0{,}05x^2 + 0{,}5x$$

$$y = -0{,}05(x^2 - 10x)$$

$$y = -0{,}05\left(x^2 - 10x + \left(\frac{10}{2}\right)^2 - \left(\frac{10}{2}\right)^2\right)$$

$$y = -0{,}05(x^2 - 10x + 25 - 25)$$

$$y = -0{,}05[(x-5)^2 - 25]$$

$$y = -0{,}05 \cdot (x-5)^2 + 1{,}25$$

$S(5\,|\,1{,}25)$

Formeln:

$$x_S = -\frac{b}{2a}$$

$$x_S = -\frac{0{,}5}{2 \cdot (-0{,}05)}$$

$$x_S = -\frac{0{,}5}{-0{,}1} = 5$$

$$y_S = c - \frac{b^2}{4a}$$

$$y_S = 0 - \frac{0{,}5^2}{4 \cdot (-0{,}05)}$$

$$y_S = -\frac{0{,}25}{-0{,}2} = 1{,}25$$

$S(5\,|\,1{,}25)$

Der höchste Punkt ist $S(5\,|\,1{,}25)$, d. h. die maximale Höhe beträgt 1,25 m.

c) Der Wertetabelle oder dem Graphen in Teilaufgabe a entnimmt man, dass der Wasserbogen in 10 m Entfernung auf dem Erdboden auftrifft. Eine Pflanze in 12 m Entfernung wird demnach nicht mehr mit Wasser versorgt.

Aufgaben

89 Die Normalparabel wird im Koordinatensystem um 5 LE nach links, danach um 2 LE nach oben verschoben.

a) Welche Koordinaten hat der Scheitelpunkt?
(Tipp: Skizziere die Verschiebung der Normalparabel.)

*b) Wie heißt die Funktionsgleichung in Scheitelpunktform und in allgemeiner Form?

90 Gegeben ist die quadratische Funktion $y = -\frac{1}{3}x^2 + 2x + 3$.

a) Zeichne den Graphen im Bereich $-2 < x < 8$.

b) Überprüfe rechnerisch, ob die Punkte $P(4\,|\,5{,}8)$ und $Q(-9\,|\,-42)$ auf dem Graphen liegen.

c) Lies die Koordinaten des Scheitelpunktes ab.

***91** Gib den Scheitelpunkt und die Funktionsgleichung der unten abgebildeten, verschobenen Normalparabeln in der Scheitelpunktform und in der allgemeinen Form an.

a)

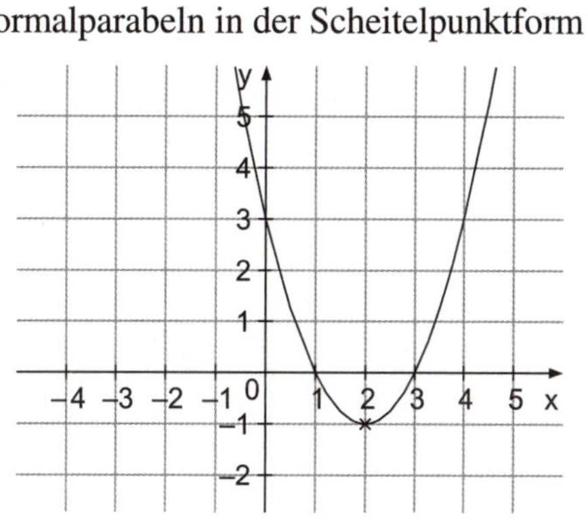

b)

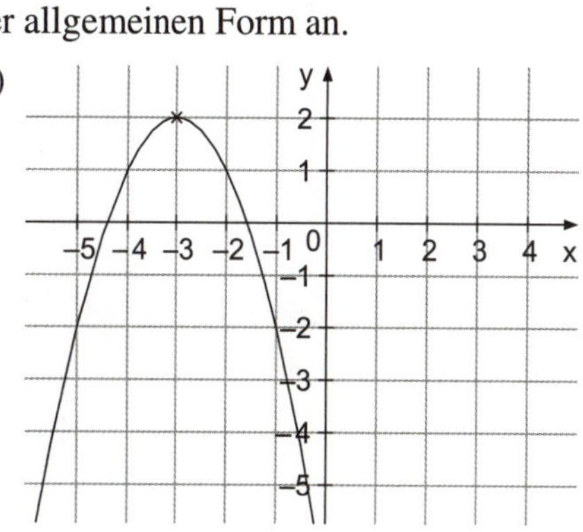

***92** Ein Golfspieler schlägt ab. Die Bahn des Golfballs kann annähernd mit der Funktion $y = -\frac{1}{125}x^2 + \frac{4}{5}x$ beschrieben werden.

y: Höhe des Balles in m; x: Weite des Balles in m

a) Zeichne den Graphen mithilfe der Wertetabelle.

x	0	10	20	30	40	50
y						

x	60	70	80	90	100	110
y						

b) Wie weit fliegt der Golfball?

c) Welche größte Höhe erreicht der Golfball?

d) 17 m hinter dem Abschlag steht zwischen Abschlag und Loch ein 11 m hoher Baum. Wie hoch fliegt der Golfball über den Baum?

***93** Welcher Graph gehört zu welcher Funktionsgleichung?

a) $y = -x^2 + 4$

b) $y = (x - 2)^2$

c) $y = (x + 4)^2 - 2$

d) $y = 4x^2 - 2$

e) $y = -2x^2 - 4$

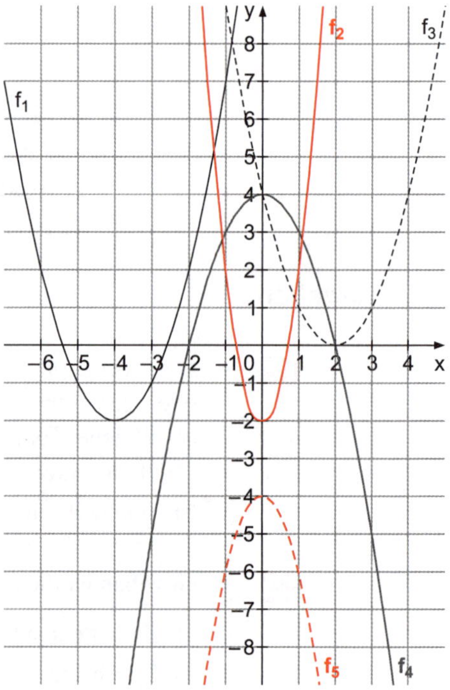

Nullstellen einer quadratischen Funktion

Merke

- Die Punkte, an denen der Graph einer Funktion die x-Achse schneidet, bezeichnet man als Nullstelle der Funktion.
- Die y-Koordinate einer Nullstelle ist immer 0.
- Eine quadratische Funktion kann zwei, eine oder keine Nullstelle besitzen.

Beispiele

1. Wie viele Nullstellen haben die folgenden Funktionen?

   $f_1: y = \frac{1}{2}x^2 - x + 2{,}5$

   $f_2: y = 1{,}5x^2 - 9x + 13{,}5$

   $f_3: y = x^2 - 14x + 47$

   Lösung:

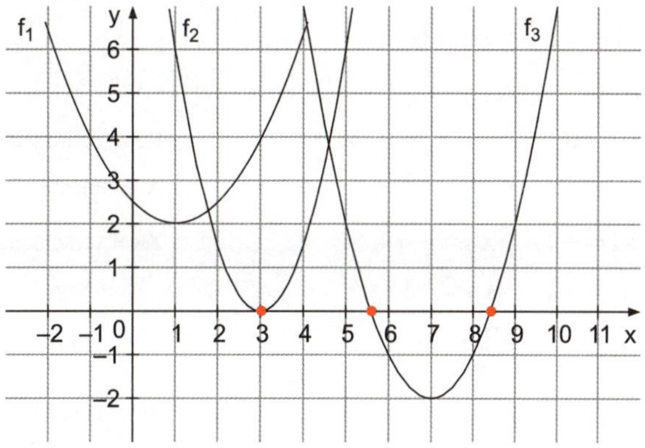

2. Berechne die Nullstellen der Funktion $y = x^2 - 3x - 4$.

   Lösung:

   Die y-Koordinate ist 0: $0 = x^2 - 3x - 4$

   Die Nullstellenberechnung führt auf eine **quadratische Gleichung**.

   Man löst eine quadratische Gleichung mithilfe von speziellen Lösungsverfahren (z. B. pq-Formel), die im folgenden Abschnitt behandelt werden.

3.2 Quadratische Gleichungen

Quadratische Gleichungen

Gleichungen der Form $\mathbf{ax^2 + bx + c = 0}$ (wobei a, b, c reelle Zahlen sind und $a \neq 0$) nennen wir **quadratische Gleichungen**.

Mittels Division durch a kann jede quadratische Gleichung auf die **Normalform** $\mathbf{x^2 + px + q = 0}$ gebracht werden.

Zunächst werden zwei Sonderfälle quadratischer Gleichungen betrachtet.

Reinquadratische Gleichungen $x^2 - q = 0$

Reinquadratische Gleichungen

Quadratische Gleichungen mit $p = 0$ und der Form $\mathbf{x^2 - q = 0}$ heißen **reinquadratische Gleichungen**.

Folgende Fälle sind zu unterscheiden:

$q > 0$: Es gibt genau zwei Lösungen, nämlich $x_1 = -\sqrt{q}$ und $x_2 = \sqrt{q}$.

$q = 0$: Es gibt genau eine Lösung, nämlich $x = 0$.

$q < 0$: Es gibt keine reellen Lösungen.

Beispiel

Löse folgende reinquadratische Gleichungen.

a) $x^2 - 4 = 0$

b) $3x^2 + 21 = 0$

c) $(x+4)^2 - 2x = 6x + 16$

Lösung:

a) $x^2 - 4 = 0$ — Reinquadratische Gleichung

$x^2 = 4$ — Äquivalente Umformung

$x_1 = +\sqrt{4} \quad x_2 = -\sqrt{4}$ — Zwei verschiedene x-Werte erfüllen die Gleichung.

$x_1 = +2 \quad x_2 = -2$

$L = \{-2; +2\}$ — Lösungsmenge

b) $3x^2 + 21 = 0$ — Reinquadratische Gleichung

$x^2 = -7$ — Äquivalente Umformung

$L = \varnothing$ — Keine Lösung, weil es keinen reellen Wert für x gibt, der die Gleichung erfüllt.

c) $(x+4)^2 - 2x = 6x + 16$ — Klammer auflösen

$x^2 + 8x + 16 - 2x = 6x + 16$ — Äquivalente Umformung

$x^2 = 0$

$x = 0$ — Nur $x = 0$ erfüllt die gegebene Gleichung.

$L = \{0\}$ — Es gibt nur eine Lösung.

Aufgaben

***94** Löse die Gleichungen ($\mathbb{G} = \mathbb{R}$).

a) $2x^2 - 98 = 0$

b) $3x^2 - \frac{108}{169} = 0$

c) $(x-2)^2 + 12x = -3x^2 + (x+4)^2$

d) $5x^2 + 45 = 0$

***95** Gib jeweils zu den angegebenen Lösungsmengen eine zugehörige reinquadratische Gleichung an ($\mathbb{G} = \mathbb{R}$):

a) $L = \{-3; +3\}$

b) $L = \left\{-\frac{3}{4}; +\frac{3}{4}\right\}$

***96** Löse die folgenden Gleichungen mithilfe des Taschenrechners:

a) $3x^2 - 16{,}5265 = 0$

b) $2{,}5x^2 - (8{,}75)^3 = 0$

Quadratische Gleichungen $x^2 + px = 0$

Merke

Quadratische Gleichungen $x^2 + px = 0$

Eine quadratische Gleichung der Form $x^2 + px = 0$ löst man durch Ausklammern von x:
$x^2 + px = 0 \quad \Leftrightarrow \quad x(x+p) = 0$
Da ein Produkt immer genau dann null ist, wenn (mindestens) ein Faktor null ist, erhält man die beiden Lösungen $x_1 = 0$ und $x_2 = -p$.

Beispiel

Löse folgende quadratische Gleichungen der Form $x^2 + px = 0$.

a) $x^2 + 3x = 0$

b) $x^2 - 5x = 0$

Lösung:

a) $x^2 + 3x = 0$

$x(x+3) = 0$ — Ausklammern von x

$x_1 = 0 \quad x_2 = -3$ — Jeder der beiden Faktoren wird gleich null gesetzt.

$L = \{-3; 0\}$ — Lösungsmenge

b) $x^2 - 5x = 0$

$x(x-5) = 0$ — Ausklammern von x

$x_1 = 0 \quad x_2 = 5$ — Jeder der beiden Faktoren wird gleich null gesetzt.

$L = \{0; 5\}$ — Lösungsmenge

Aufgabe

***97** Löse die folgenden Gleichungen.

a) $x^2 - \frac{3}{4}x = 0$

b) $2x^2 - 5x = 0$

c) $-3x^2 + 9x = 0$

Die allgemeine quadratische Gleichung $x^2 + px + q = 0$

Merke

Lösung der allgemeinen quadratischen Gleichung $x^2 + px + q = 0$

Die allgemeine quadratische Gleichung $x^2 + px + q = 0$ löst man mit der Lösungsformel:

$$x_{1/2} = -\frac{p}{2} \pm \sqrt{\left(\frac{p}{2}\right)^2 - q}$$

Der Ausdruck unter dem Wurzelzeichen $\left(\frac{p}{2}\right)^2 - q$ heißt **Diskriminante D**.

Folgende Fälle sind zu unterscheiden:

$D > 0$: Es gibt 2 verschiedene Lösungen.

$D = 0$: Es gibt genau eine Lösung, $x_1 = x_2 = -\frac{p}{2}$.

$D < 0$: Es gibt keine Lösung, da man aus einer negativen Zahl keine Wurzel ziehen kann.

Eine solche quadratische Gleichung kann man auch mithilfe quadratischer Ergänzung lösen.

Beispiele

Gib jeweils die Lösungsmenge der quadratischen Gleichungen an:

1. $x^2+2x-8=0$ allgemeine quadratische Gleichung mit (p=2; q=−8):

$$x_{1/2}=\frac{-2}{2}\pm\sqrt{\left(\frac{2}{2}\right)^2-(-8)}$$

$$x_{1/2}=-1\pm\sqrt{9}$$

$$x_1=-1+3 \qquad x_2=-1-3$$

$$x_1=2 \qquad x_2=-4$$

$$L=\{-4;2\}$$

oder

Lösung mithilfe quadratischer Ergänzung:

$$x^2+2x-8=0$$

$$x^2+2x+1-1-8=0$$ quadratische Ergänzung

$$(x+1)^2-9=0 \quad |+9$$

$$(x+1)^2=9$$

$$x_1+1=3 \qquad x_2+1=-3$$

$$x_1=2 \qquad x_2=-4$$

$$L=\{-4;2\}$$

2. $9x^2-19x-10=2\cdot(x^2+4x+4)+x\cdot(x-15)$ Klammern auflösen

$$9x^2-19x-10=2x^2+8x+8+x^2-15x$$ Äquivalenzumformungen

$$6x^2-12x-18=0 \quad |:6$$ Äquivalenzumformungen

$$x^2-2x-3=0$$ Quadratische Gleichung (Normalform) mit $p=-2; q=-3$

$$x_{1/2}=-\frac{-2}{2}\pm\sqrt{\left(\frac{2}{2}\right)^2+3}$$ Werte für p und q ersetzen

$$x_{1/2}=1\pm\sqrt{4}$$

$$x_{1/2}=1\pm 2$$

$$x_1=3 \quad x_2=-1$$

$$L=\{-1;3\}$$

3. $-\frac{1}{3}x^2-2x-3=0 \quad |\cdot(-3)$ Äquivalenzumformungen

$$x^2+6x+9=0$$ Quadratische Gleichung (Normalform) mit $p=6; q=9$

$$x_{1/2}=-\frac{6}{2}\pm\sqrt{\left(\frac{6}{2}\right)^2-9}$$ Werte für p und q einsetzen

$$x_{1/2}=-3\pm\sqrt{0}$$

$$x=-3$$

$$L=\{-3\}$$

4. $3x^2 - 6x + 5 = 0 \quad |:3$

$x^2 - 2x + \frac{5}{3} = 0$ — Quadratische Gleichung (Normalform) mit $p = -2$; $q = \frac{5}{3}$

$x_{1/2} = -\frac{-2}{2} \pm \sqrt{1 - \frac{5}{3}}$ — Werte für p und q einsetzen

$x_{1/2} = 1 \pm \sqrt{-\frac{2}{3}}$ — Die quadratische Gleichung hat keine Lösung.

Lösungsmenge: $L = \varnothing$

Aufgaben

98 Löse folgende quadratischen Gleichungen ($G = \mathbb{R}$).

a) $2x^2 + 6x - 20 = 0$

b) $x^2 - 2x - 15 = 0$

*c) $\frac{1}{2}x^2 + 12{,}5x + 50 = 0$

*d) $4x^2 = 12 + 8x$

*e) $16x^2 + 25 = 40x$

*f) $-6x^2 - 9x + 6 = 0$

99 Berechne die Nullstellen der quadratischen Funktion.

a) $y = x^2 - 3x - 4$

b) $y = \frac{1}{2}x^2 - 8x + 7{,}5$

***100** Die Kuppel auf dem Reichstag hat eine Höhe von 23 m. Der Längsschnitt gleicht annähernd einer Parabel mit der Gleichung $y = -0{,}0575x^2 + 23$.

a) Skizziere die Parabel in einem Koordinatensystem.

b) Berechne den unteren Durchmesser der Kuppel.

***101** Die Länge ℓ eines rechteckigen Grundstücks ist um 20 m größer als dessen Breite b. Die Länge wird um 5 m verkürzt und zugleich die Breite verdoppelt. Der Flächeninhalt des so entstandenen Grundstücks ist um 936 m^2 größer als der des ursprünglichen Grundstücks. Wie groß sind Länge und Breite des ursprünglichen Grundstücks?

Der Satz von Vieta

Merke

Satz von Vieta

x_1 und x_2 sind genau dann die Lösungen der quadratischen Gleichung $\mathbf{x^2 + px + q = 0}$, wenn die beiden folgenden Gleichungen erfüllt sind:

$\mathbf{x_1 + x_2 = -p}$ und $\mathbf{x_1 \cdot x_2 = q}$

Beispiele

1. Bestimme die Lösungen der quadratischen Gleichung $x^2 + 4x + 3 = 0$ mithilfe des Satzes von Vieta.

   Lösung:

   Für die Lösungen x_1, x_2 gelten nach dem Satz von Vieta:

   $x_1 + x_2 = -4$ (1) und $x_1 \cdot x_2 = 3$ (2)

   Aus der Gleichung (2) sieht man, dass ganzzahlige Lösungen x_1, x_2 Teiler von 3 sein müssen. Mögliche Lösungen sind also ± 1 und ± 3.
   Da $x_1 + x_2$ negativ ist, empfiehlt sich also die Wahl $x_1 = -1$ und $x_2 = -3$.
   Damit erhält man $x_1 + x_2 = -1 + (-3) = -4$ und $x_1 \cdot x_2 = (-1) \cdot (-3) = 3$.
   Somit sind $x_1 = -1$ und $x_2 = -3$ tatsächlich die Lösungen von $x^2 + 4x + 3 = 0$.

2. Gib eine quadratische Gleichung der Form $x^2 + px + q = 0$ mit den Lösungen –5 und 2 an.

   Lösung:

   $-p = -5 + 2 = -3$, also $p = 3$;
   $q = (-5) \cdot 2 = -10$
   Daher ist $x^2 + 3x - 10 = 0$ eine quadratische Gleichung mit den Lösungen –5 und 2.

Aufgaben

****102** Überprüfe mithilfe des Satzes von Vieta, ob die gegebenen Werte x_1 und x_2 tatsächlich die zugehörige quadratische Gleichung erfüllen.

a) $x_1 = 1$ und $x_2 = 3$ sind Lösungen der quadratischen Gleichungen $x^2 - 4x + 3 = 0$.

b) $x_1 = -1$ und $x_2 = 5$ sind Lösungen der quadratischen Gleichungen $4x^2 - 16x - 20 = 0$.

****103** Ermittle die Lösungen folgender quadratischer Gleichungen mithilfe des Satzes von Vieta:

a) $x^2 - 7x + 6 = 0$

b) $x^2 + 9x + 20 = 0$

c) $x^2 + 8x - 20 = 0$

d) $x^2 - x - 6 = 0$

****104** Gib eine quadratische Gleichung der Form $x^2 + px + q = 0$ mit den folgenden Lösungen an:

a) $x_1 = 2$; $x_2 = -6$

b) $x_1 = -4$; $x_2 = 7{,}5$

4 Ähnlichkeit und Strahlensätze

4.1 Maßstab

Merke

Maßstab

Der **Maßstab k** einer Zeichnung oder Landkarte gibt das **Verhältnis von Bildgröße** (Länge in der Zeichnung) **zu Originalgröße** (Länge in Wirklichkeit) an. Bildgröße und Originalgröße müssen dieselbe Einheit haben.

$$\text{Maßstab } k = \text{Bild} : \text{Original} = \frac{\text{Bild}}{\text{Original}}$$

Der Maßstab k kann auch als Quotient oder Dezimalbruch angegeben werden.

Für den Maßstab k gilt:
$0 < k < 1$: maßstäbliche Verkleinerung
$k = 1$: identische Abbildung
$k > 1$: maßstäbliche Vergrößerung

Beispiele

1. a) Maßstab 1 : 2 500
   Verkleinerung: 1 cm im Bild ≙ 2 500 cm in Wirklichkeit
   Der Maßstab kann auch als Bruch oder Dezimalbruch angegeben werden:
   $$k = 1 : 2\,500 = \frac{1}{2\,500} = 0{,}0004$$
   b) Maßstab 3 : 2
   Vergrößerung: 3 cm im Bild ≙ 2 cm in Wirklichkeit
   Der Maßstab kann auch als Bruch oder Dezimalbruch angegeben werden:
   $$k = 3 : 2 = \frac{3}{2} = 1{,}5$$

2. Auf einem Stadtplan von Berlin wird ein Maßstab von 1 : 27 000 angegeben. Zwischen Theodor-Heuss-Platz und dem Berliner Dom verläuft eine gerade Straße, die auf dem Stadtplan 34 cm misst. Wie lang ist die Entfernung in Wirklichkeit?
   Lösung:
   Maßstab 1 : 27 000 bedeutet: 1 cm im Stadtplan ≙ 27 000 cm in Wirklichkeit
   Berechnung der Länge der Originalstrecke x, wenn die Länge der Bildstrecke (34 cm) und der Maßstab (1 : 27 000) gegeben sind:
   $$1 : 27\,000 = 34 : x$$
   $$\frac{1}{27\,000} = \frac{34}{x} \quad \Big| \cdot x \;\; \Big| \cdot 27\,000$$
   $$x = 34 \cdot 27\,000$$
   $$x = 918\,000$$
   Die Entfernung beträgt in Wirklichkeit 918 000 cm = 9 180 m = 9,18 km.

3. Der Maßstab einer Wanderkarte beträgt 1 : 30 000. Lucas Vater plant eine Wanderung von 12 km Länge. Luca misst auf der Wanderkarte 40 cm. Kann das stimmen?
   Lösung:
   Da die Strecken in unterschiedlichen Einheiten angegeben sind, muss zunächst umgerechnet werden: 12 km = 12 000 m = 1 200 000 cm

Berechnung der Länge der Bildstrecke x, wenn die Länge der Originalstrecke (1 200 000 cm) und der Maßstab (1 : 30 000) gegeben sind:

$$1:30\,000 = x:1\,200\,000$$

$$\frac{1}{30\,000} = \frac{x}{1\,200\,000} \qquad \Big| \cdot 1\,200\,000$$

$$\frac{1\,200\,000}{30\,000} = x$$

$$x = 40$$

Der 12 km langen Wanderstrecke entspricht eine 40 cm lange Strecke in der Karte. Lucas Messung war also richtig.

oder

Berechnung der Länge der Originalstrecke x, wenn die Länge der Bildstrecke (40 cm) und der Maßstab (1 : 30 000) gegeben sind:

$$1:30\,000 = 40:x$$

$$\frac{1}{30\,000} = \frac{40}{x} \qquad \Big| \cdot x \;\; \cdot 30\,000$$

$$x = 40 \cdot 30\,000$$

$$x = 1\,200\,000$$

Die 40 cm lange Strecke auf der Karte entspricht einer 1 200 000 cm = 12 km langen Strecke in Wirklichkeit. Lucas Messung war also richtig.

oder

Überprüfung, ob der über Bildstrecke (40 cm) und Originalstrecke (1 200 000 cm) berechnete Maßstab mit dem gegebenen Maßstab 1 : 30 000 übereinstimmt:

$$1:30\,000 \stackrel{?}{=} 40:1\,200\,000$$

$$\frac{1}{30\,000} \stackrel{?}{=} \frac{40}{1\,200\,000}$$

$$0{,}000033 = 0{,}000033$$

Lucas Messung war richtig.

Aufgaben

105 Eine 3 cm lange Strecke auf einer Karte entspricht in Wirklichkeit 6 km. Welchen Maßstab hat die Karte?

***106** Ordne den Beispielen jeweils einen der gegebenen Maßstäbe zu.

A 1 : 100 000	B 1 : 10 000	C 1 : 5 000	D 1 : 2 000
E 1 : 1 000	F 1 : 500	G 1 : 200	H 1 : 100

a) Länge einer Joggingstrecke
Original: 5 km Bild: 5 cm

b) Länge einer Tempo-30-Zone vor einer Schule
Original: 200 m Bild: 4 cm

c) Höhe des Weihnachtsbaums am Gendarmenmarkt
Original: 25 m Bild: 5 cm

d) Durchmesser des Tiergartentunnels
Original: 9 m Bild: 45 mm

4.2 Vergrößern und Verkleinern von Figuren

Maßstabsgerechte Vergrößerungen und Verkleinerungen wie zum Beispiel Wohnungsgrundrisse, Modellflugzeuge oder Overhead-Projektionen spielen im Alltag eine bedeutsame Rolle. Hierbei ändert sich die Größe der Figur, jedoch nicht die Form.
Original- und Bildfigur sind zueinander **ähnliche Figuren**. Bei ähnlichen Figuren bleiben neben Winkelgrößen und Streckenverhältnissen auch Parallelitäten und Umlaufsinn erhalten.

Ähnliche Figuren können beispielsweise durch zentrische Streckungen entstehen.

Merke

Zentrische Streckung

Die **zentrische Streckung** ist eine Abbildung, die eine **Figur** mithilfe eines **Streckungszentrums Z** und eines **Streckungsfaktors k** maßstäblich **vergrößert** oder **verkleinert**. Das Zentrum kann dafür beliebig gewählt werden.

Zu jedem Punkt P der Originalfigur erhält man folgendermaßen den zugehörigen Bildpunkt P' der Bildfigur:

- Verbinde die Punkte P und Z und miss die Länge der Strecke $\overline{ZP}$.
- Trage von Z aus die Länge der Strecke $\overline{ZP'} = \overline{ZP} \cdot k$ auf der Geraden ZP ab, um den Bildpunkt P' zu erhalten.

Beispiele

1. $k = 2$ **Vergrößerung**

   Die Strecken im Bilddreieck A'B'C' sind doppelt so lang wie die Strecken im Originaldreieck ABC.
   Die entsprechenden Winkel sind gleich groß:
   $\alpha = \alpha'; \beta = \beta'; \gamma = \gamma'$

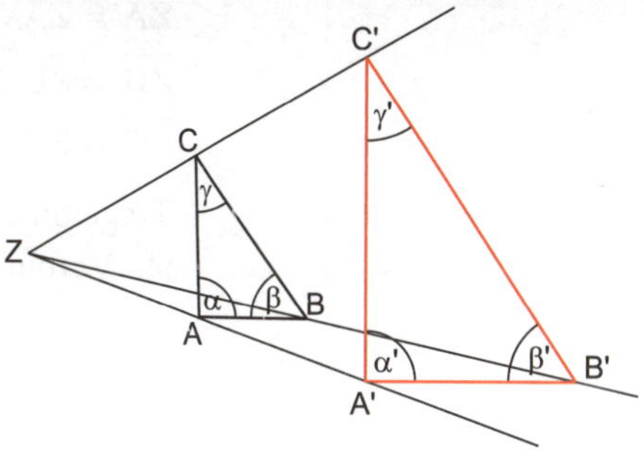

2. $k = \frac{1}{2}$ **Verkleinerung**

   Die Strecken im Bilddreieck A'B'C' sind halb so lang wie die Strecken im Originaldreieck ABC.
   Die entsprechenden Winkel sind gleich groß:
   $\alpha = \alpha'; \beta = \beta'; \gamma = \gamma'$

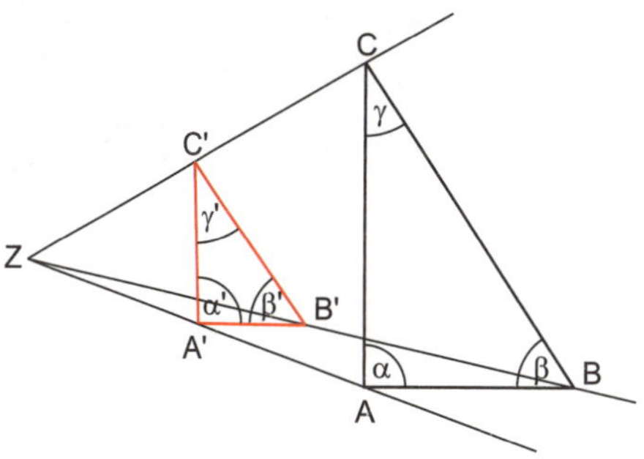

Merke

Der **Streckungsfaktor k** entspricht dem **Maßstab als Bruch bzw. in Dezimaldarstellung**:

$$k = \frac{\text{Bildgröße}}{\text{Originalgröße}}$$

Beispiele

1. Verkleinere das Dreieck ABC im Maßstab 1 : 2 mit Zentrum Z.

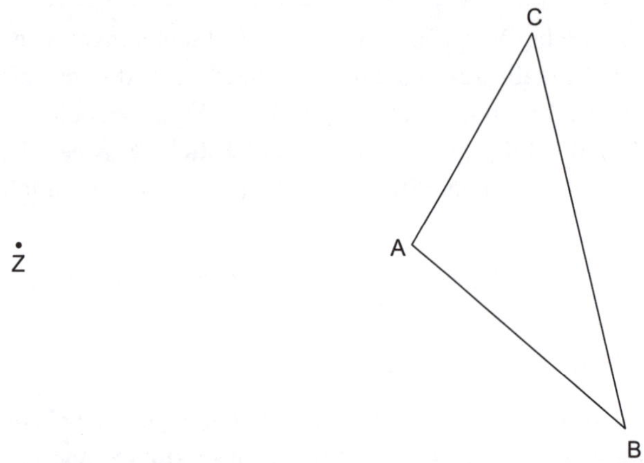

Lösung:

Streckungsfaktor: $k = 1:2 = \frac{1}{2} = 0{,}5$ (Verkleinerung)

Die Verbindungslinien zwischen Z und den Dreieckspunkten A, B, C werden gezeichnet und die Längen gemessen: $\overline{ZA} = 5$ cm; $\overline{ZB} = 8$ cm; $\overline{ZC} = 7$ cm

Berechnung der Abstände der Bildpunkte A', B' und C' zum Zentrum Z durch Multiplikation mit dem Faktor k:

$\overline{ZA'} = \overline{ZA} \cdot k = 5 \cdot 0{,}5 = 2{,}5$

$\overline{ZB'} = \overline{ZB} \cdot k = 8 \cdot 0{,}5 = 4$

$\overline{ZC'} = \overline{ZC} \cdot k = 7 \cdot 0{,}5 = 3{,}5$

Trage die Strecken $\overline{ZA'}$, $\overline{ZB'}$ und $\overline{ZC'}$ von Z aus auf den Geraden ZA, ZB und ZC ab. Verbinde dann die so erhaltenen Bildpunkte A', B' und C'.

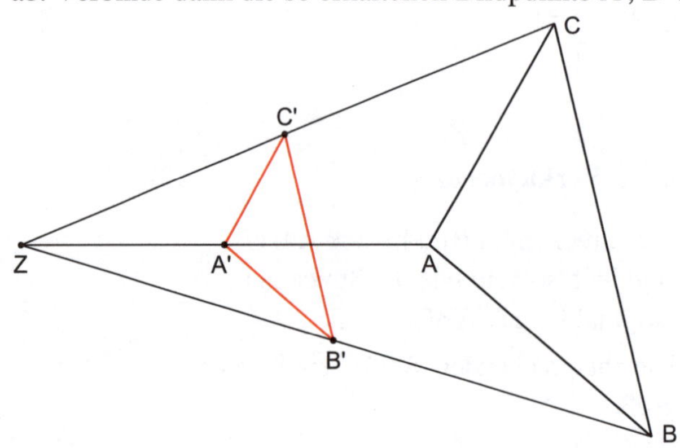

2. Vergrößere das Trapez ABCD im Maßstab 3 : 2 mit Zentrum Z = A.

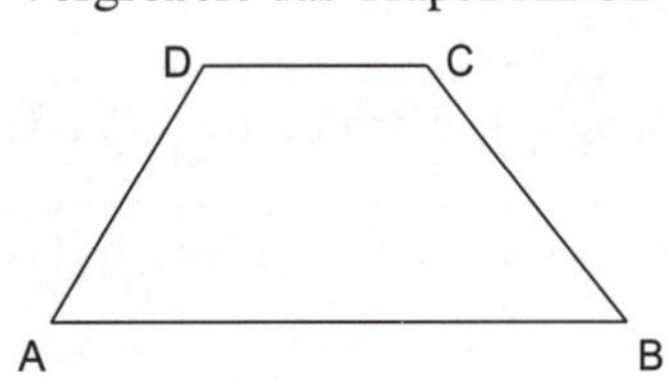

Lösung:

Streckungsfaktor: $k = 3:2 = \frac{3}{2} = 1{,}5$ (Vergrößerung)

Die Verbindungslinien zwischen A und den Punkten B, C und D werden gezeichnet und die Längen gemessen: $\overline{AB} = 4$ cm; $\overline{AC} = 3{,}1$ cm; $\overline{AD} = 2$ cm

Berechnung der Abstände der Bildpunkte zum Zentrum A:
Der Punkt A ist ein Fixpunkt und ist damit gleichzeitig A'.

$\overline{AB'} = \overline{AB} \cdot k = 4 \cdot 1{,}5 = 6$

$\overline{AC'} = \overline{AC} \cdot k = 3{,}1 \cdot 1{,}5 = 4{,}65$

$\overline{AD'} = \overline{AD} \cdot k = 2 \cdot 1{,}5 = 3$

Die Bildpunkte A', B', C' und D' werden miteinander verbunden.

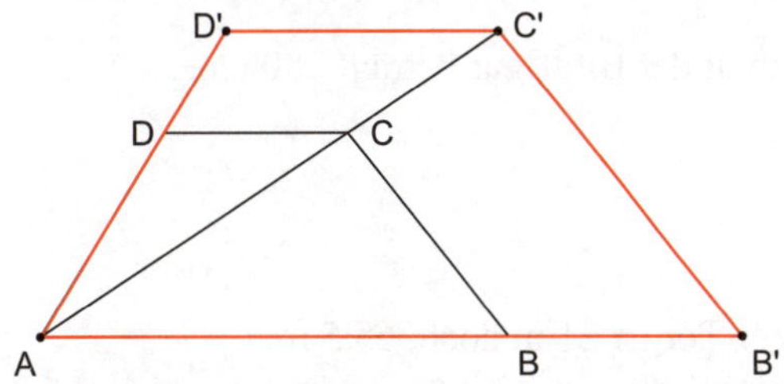

Merke

Veränderung des Flächeninhaltes bei der zentrischen Streckung

Wird eine Fläche mit dem Faktor k vergrößert oder verkleinert, so ändert sich ihr Flächeninhalt A um den Faktor k^2:
$A' = k^2 \cdot A$

Beispiel

In einem Rechteck ist die kürzere Seite 2,8 cm lang. Der Flächeninhalt beträgt 11,2 cm^2. In der Bildfigur ist die kürzere Seite 14 cm lang.
Welchen Flächeninhalt hat die Bildfigur?

Lösung:

Berechnung der fehlenden Seite b der Originalfigur:

$$A = a \cdot b$$

$$11{,}2 = 2{,}8 \cdot b \qquad |:2{,}8$$

$$\frac{11{,}2}{2{,}8} = b$$

$$b = 4$$

Berechnung des Streckungsfaktors k:

$$k = \frac{\text{Bild}}{\text{Original}}$$

$$k = \frac{14}{2{,}8}$$

$$k = 5$$

Berechnung des Flächeninhaltes A' der Bildfigur:
Der Flächeninhalt der Originalfigur A wird mit dem Faktor k^2 multipliziert.

$$A' = k^2 \cdot A$$

$$A' = 5^2 \cdot 11{,}2$$

$$A' = 280$$

Der Flächeninhalt der Bildfigur beträgt 280 cm^2.

oder

Berechnung der Seitenlänge b' der Bildfigur mithilfe von b und k:

$b' = k \cdot b$

$b' = 5 \cdot 4$

$b' = 20$

Berechnung des Flächeninhaltes A' der Bildfigur:

$A' = a' \cdot b'$

$A' = 14 \cdot 20$

$A' = 280$

Der Flächeninhalt der Bildfigur beträgt 280 cm^2.

Aufgaben

107 Das Brandenburger Tor ist 21 m hoch, 65,5 m breit, 11 m tief und wird durch eine 5 m hohe Skulptur, die Quadriga, gekrönt.
Im Kunstunterricht wird ein Modell des Brandenburger Tors im Maßstab 1 : 25 gefertigt.

a) Wo könnte das Modell aufgestellt werden? Begründe durch eine Rechnung.

A: auf einem Schultisch

B: in der Aula

C: in einer 1,50 m breiten Glasvitrine

*b) Welcher Maßstab muss gewählt werden, damit das Modell eine Höhe von 20 cm hat?

***108** Das Kupferplättchen muss im Verhältnis 2 : 5 verkleinert werden.
Konstruiere die Verkleinerung von Z aus.

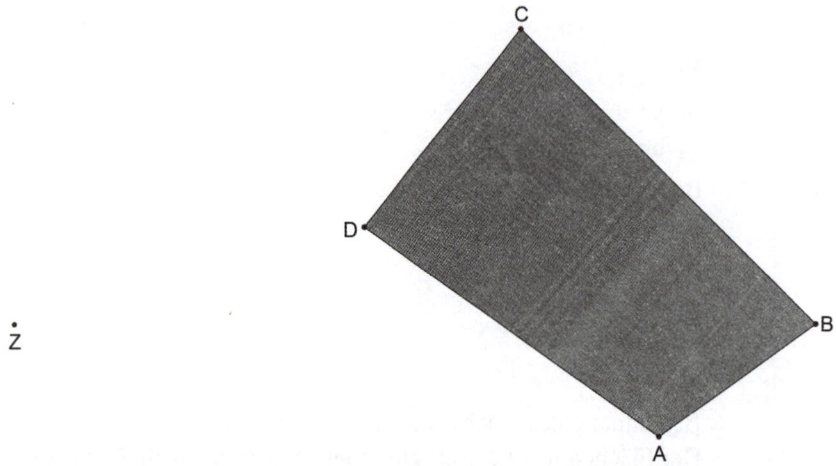

***109** Marei hat auf dem letzten Wandertag ein schönes Klassenfoto im Format 10 cm × 15 cm aufgenommen, das sie vergrößert im Klassenraum aufhängen möchte. Sie stellt auf dem Kopierer eine Vergrößerung von 200 % ein. Das bedeutet, dass die vergrößerten Seitenlängen 200 % der ursprünglichen Seitenlängen haben.

a) Sind die folgenden Aussagen mathematisch korrekt formuliert (wahr) oder nicht (falsch)? Kreuze jeweils an.

	wahr	falsch
1. Es wird mit dem Maßstab 200 : 1 vergrößert.	☐	☐
2. Eine Seite des vergrößerten Fotos ist 30 cm lang.	☐	☐
3. Die Fläche des vergrößerten Fotos ist viermal so groß wie vorher.	☐	☐
4. Das vergrößerte Foto passt in einen Bilderrahmen, der die Maße 180 mm × 300 mm hat.	☐	☐

b) Begründe **eine** deiner Entscheidungen.

4.3 Strahlensätze

Merke

Strahlensätze

Werden zwei Strahlen mit demselben Anfangspunkt von zwei parallelen Geraden geschnitten, so gelten folgende Verhältnisse:

1. Die Längen der Strecken auf dem einen Strahl verhalten sich zueinander wie die Längen der entsprechenden Strecken auf dem anderen Strahl.

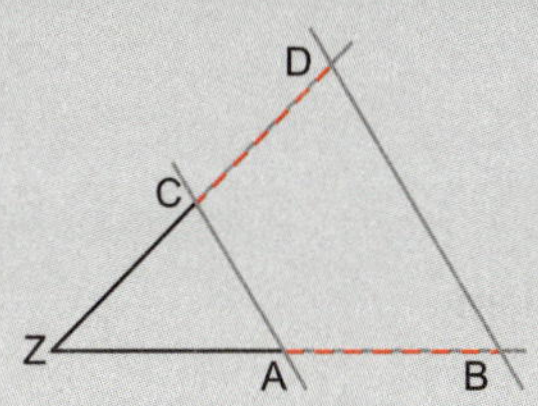

$$\frac{\overline{ZA}}{\overline{AB}} = \frac{\overline{ZC}}{\overline{CD}}$$

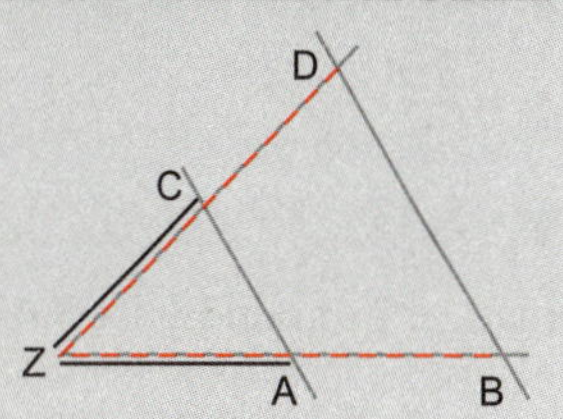

$$\frac{\overline{ZA}}{\overline{ZB}} = \frac{\overline{ZC}}{\overline{ZD}}$$

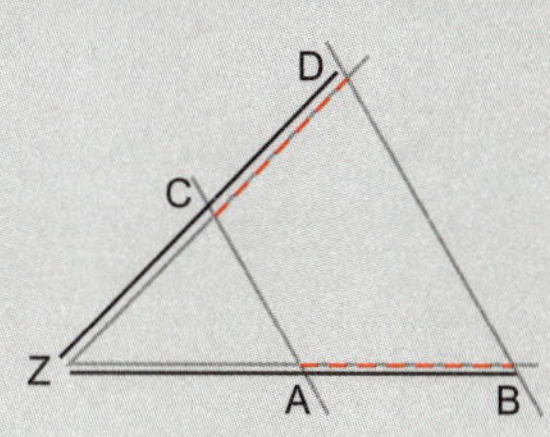

$$\frac{\overline{ZB}}{\overline{AB}} = \frac{\overline{ZD}}{\overline{CD}}$$

2. Die Längen der Strecken auf den Parallelen verhalten sich wie die Längen der entsprechenden Strecken auf einem der beiden Strahlen, ausgehend vom Anfangspunkt Z (Scheitelpunkt Z).

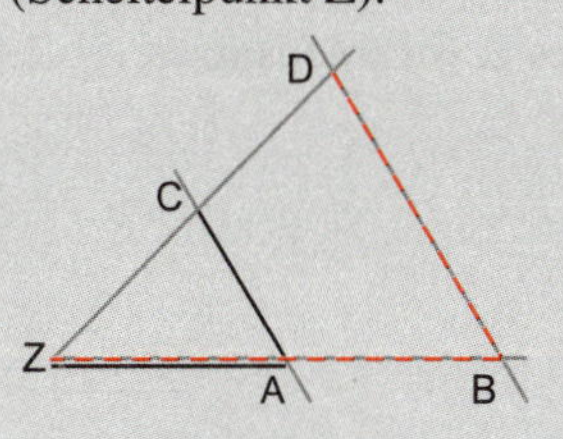

$$\frac{\overline{ZA}}{\overline{ZB}} = \frac{\overline{AC}}{\overline{BD}}$$

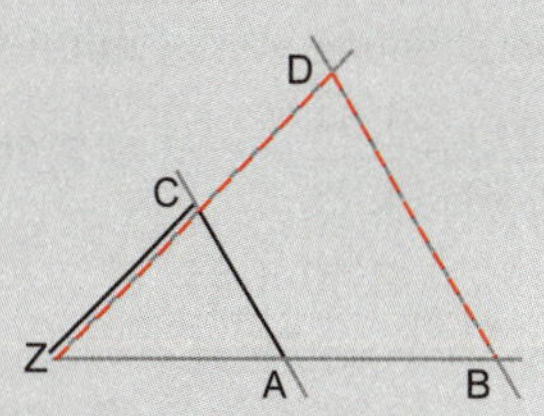

$$\frac{\overline{ZC}}{\overline{ZD}} = \frac{\overline{AC}}{\overline{BD}}$$

Beispiele

1. Berechne die Längen der beiden Strecken x und y. Alle Maße sind in cm gegeben.

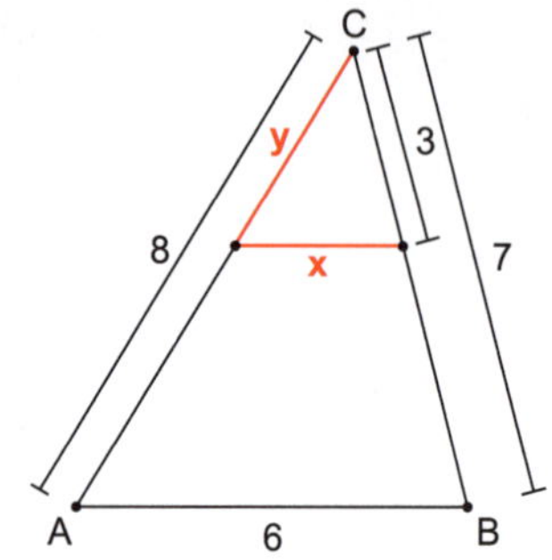

Lösung:

Berechnung von x mithilfe des 2. Strahlensatzes (mit dem Scheitelpunkt C):

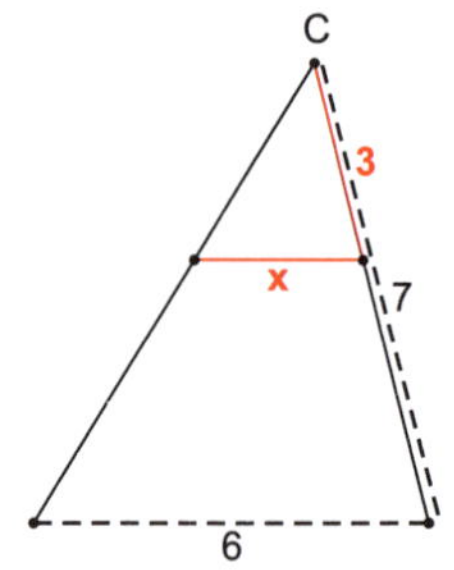

$\frac{3}{7} = \frac{x}{6} \quad |\cdot 6$

$x = \frac{3 \cdot 6}{7}$

$x \approx 2{,}57$

Berechnung von y mithilfe des 1. Strahlensatzes (mit dem Scheitelpunkt C):

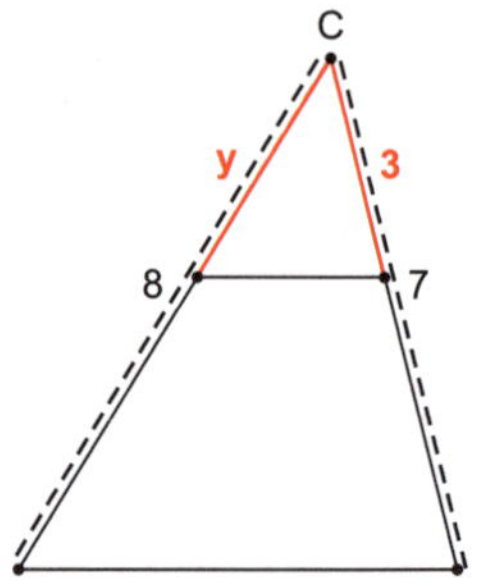

$\frac{y}{8} = \frac{3}{7} \quad |\cdot 8$

$y = \frac{3 \cdot 8}{7}$

$y \approx 3{,}43$

x ist 2,57 cm und y ist 3,43 cm lang.

2. Miriam ist 1,75 m und Jan 1,54 m groß. Miriam wirft einen Schatten von 2,50 m Länge. In welcher Entfernung muss Jan sich vor Miriam aufstellen, damit beide Schatten in einem Punkt enden?

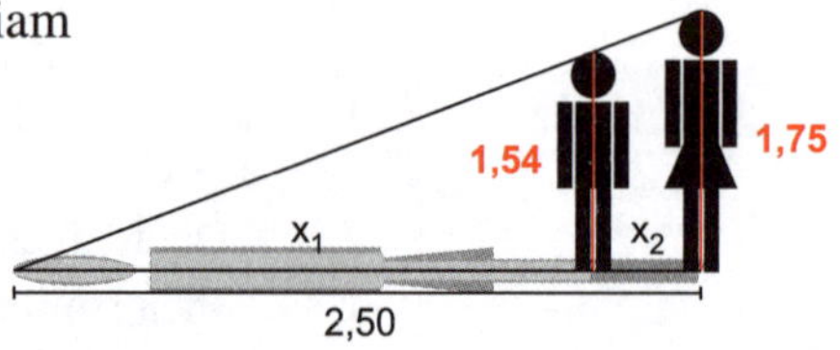

Lösung:

Berechnung von x_1 mithilfe des 2. Strahlensatzes:

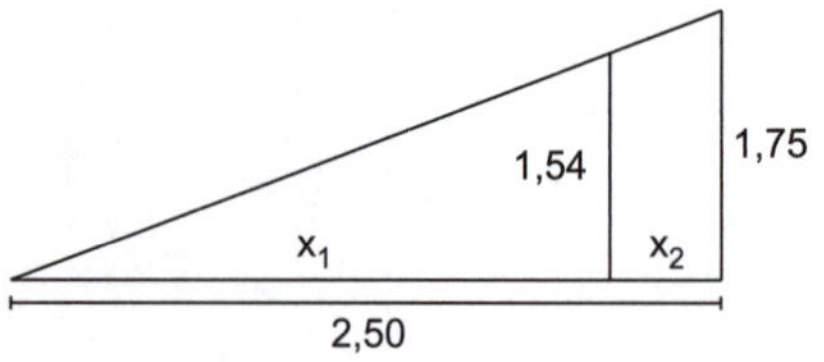

$\frac{x_1}{2{,}50} = \frac{1{,}54}{1{,}75} \quad |\cdot 2{,}50$

$x_1 = \frac{2{,}50 \cdot 1{,}54}{1{,}75}$

$x_1 = 2{,}20$

Berechnung von x_2:

$x_2 = 2{,}50 - x_1$

$x_2 = 2{,}50 - 2{,}20$

$x_2 = 0{,}30$

Jan muss sich 30 cm vor Miriam aufstellen.

Aufgaben

110 Prüfe, ob die angegebenen Maße stimmen.

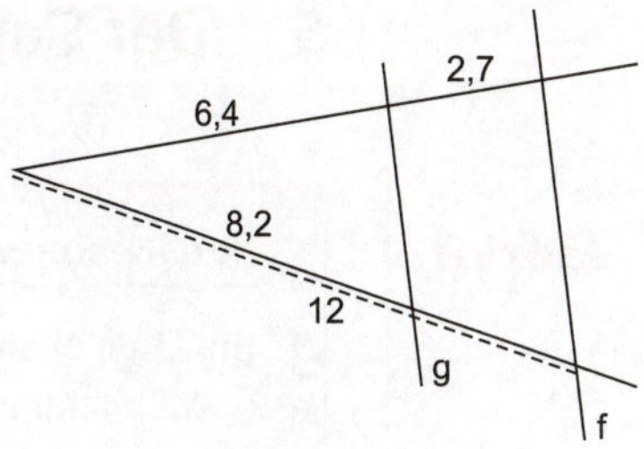

111 a) Wie lang ist der abgebildete See?

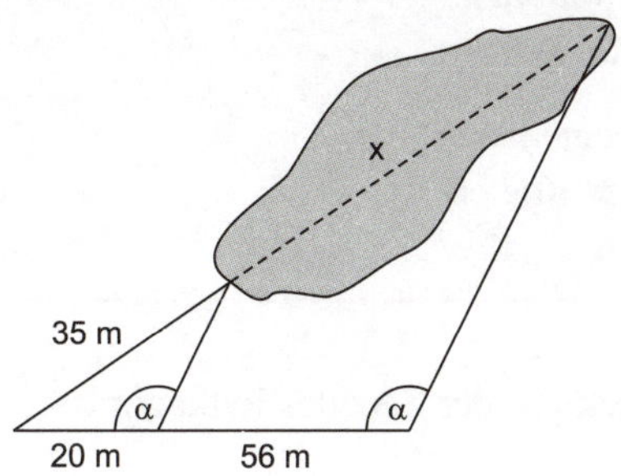

b) Wie breit ist der Fluss?

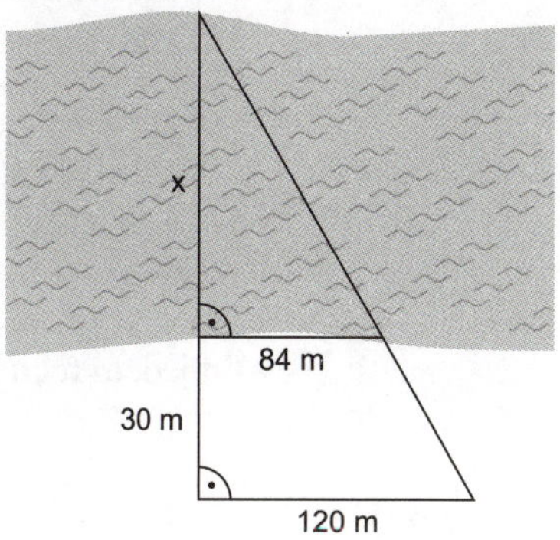

112 Berechne die Länge der Strecke x in der nebenstehenden Zeichnung, wenn gilt:
$\overline{AB} = 12$ cm; $\overline{CA} = 18$ cm

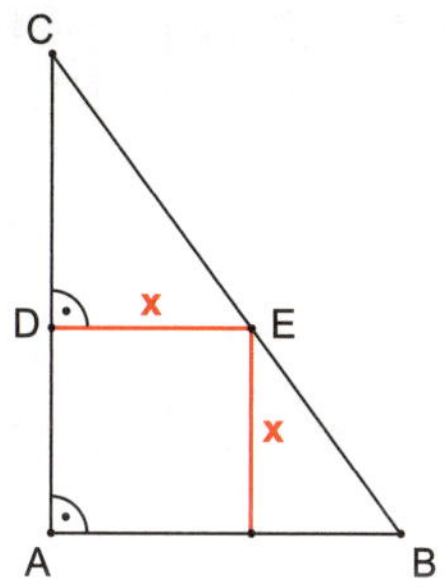

113 Tim will in die Nische einer Dachschräge, die 1,4 m hoch und am Boden 80 cm breit ist, auf halber Höhe einen Zwischenboden aus Glas einbauen. Er findet beim Glaser vier Scheiben unterschiedlicher Länge.

Glasboden

A: 30 cm B: 35 cm
C: 40 cm D: 45 cm

a) Welchen Glasboden muss er kaufen?

b) In welcher Höhe müsste er einen 50 cm langen Glasboden einsetzen?

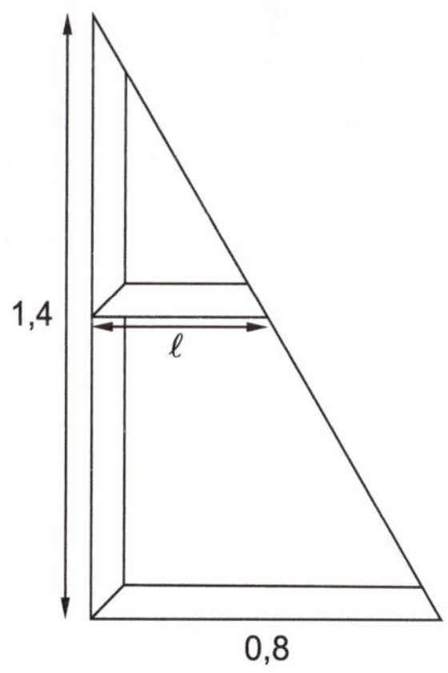

114 Ismail peilt die 69 m hohe Siegessäule über seinen 5 cm langen Daumen an. Der Daumen ist 60 cm von seinen Augen entfernt.
Wie weit ist er von der Siegessäule entfernt?

5 Der Satz des Pythagoras

Merke

Bezeichnungen im rechtwinkligen Dreieck

Ein Dreieck mit einem rechten Winkel (=90°) heißt **rechtwinkliges Dreieck**.

Die Dreiecksseite, die dem rechten Winkel gegenüberliegt, heißt **Hypotenuse**. Die Hypotenuse ist die **längste Seite**.

Die beiden Seiten, die den rechten Winkel einschließen, werden als **Katheten** bezeichnet.

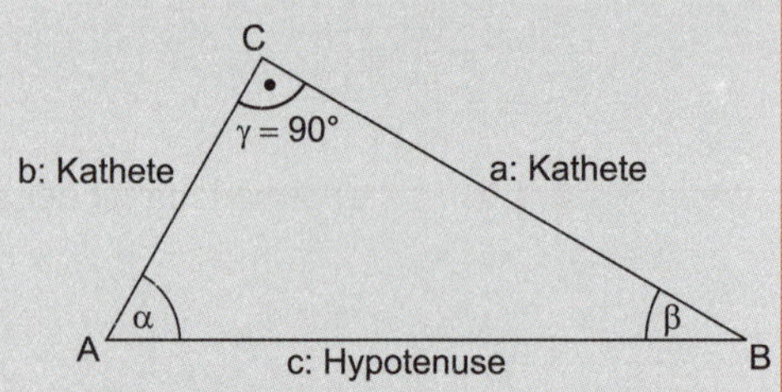

In jedem rechtwinkligen Dreieck gilt der Satz des Pythagoras.

Merke

Der Satz des Pythagoras

Das **Quadrat über der Hypotenuse** eines rechtwinkligen Dreiecks hat den **gleichen Flächeninhalt** wie die **Quadrate über den Katheten zusammen**.

$c^2 = a^2 + b^2$

Es gilt auch umgekehrt:
Gilt in einem Dreieck der **Satz des Pythagoras**, so ist das **Dreieck rechtwinklig.**

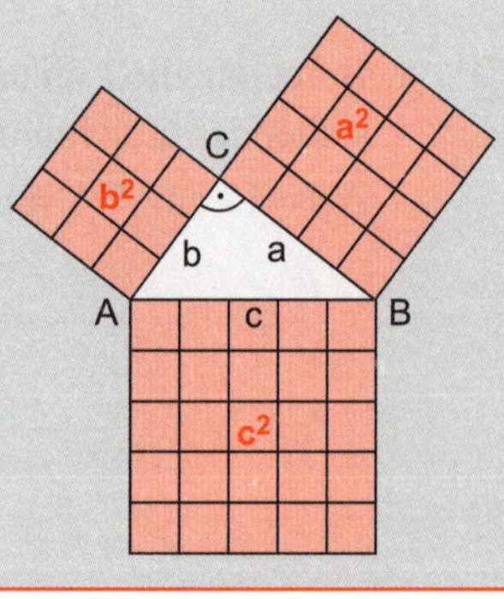

Beispiele

1. Ein rechtwinkliges Dreieck hat die Hypotenuse c = 13 cm und die Kathete a = 5 cm. Bestimme die Länge der Kathete b.

   Lösung:

   $c^2 = a^2 + b^2$ — Satz des Pythagoras

   $13^2 = 5^2 + b^2 \quad |-5^2$ — Werte für a und c einsetzen

   $b^2 = 13^2 - 5^2$

   $b^2 = 169 - 25$

   $b^2 = 144 \quad |\sqrt{\ }$

   $b = 12$

   Die Kathete b ist 12 cm lang.

2. Prüfe durch Rechnung, ob das Dreieck rechtwinklig ist:
   a) a = 8 cm; b = 6 cm; c = 10 cm
   b) a = 6,5 cm; b = 13,5 cm; c = 11 cm

Lösung:

a) Wenn das Dreieck rechtwinklig ist, ist c als längste Seite die Hypotenuse.

$$c^2 \stackrel{?}{=} a^2 + b^2$$
$$10^2 \stackrel{?}{=} 8^2 + 6^2$$
$$100 \stackrel{?}{=} 64 + 36$$
$$100 = 100$$

Das Dreieck ist **rechtwinklig**.

b) Wenn das Dreieck rechtwinklig ist, ist b als längste Seite die Hypotenuse.

$$b^2 \stackrel{?}{=} a^2 + c^2$$
$$13{,}5^2 \stackrel{?}{=} 6{,}5^2 + 11^2$$
$$182{,}25 \stackrel{?}{=} 42{,}25 + 121$$
$$182{,}25 \neq 163{,}25$$

Das Dreieck ist **nicht rechtwinklig**.

3. Berechne die Länge der Raumdiagonale r eines Quaders mit a = 10 cm, b = 6 cm und c = 8 cm.

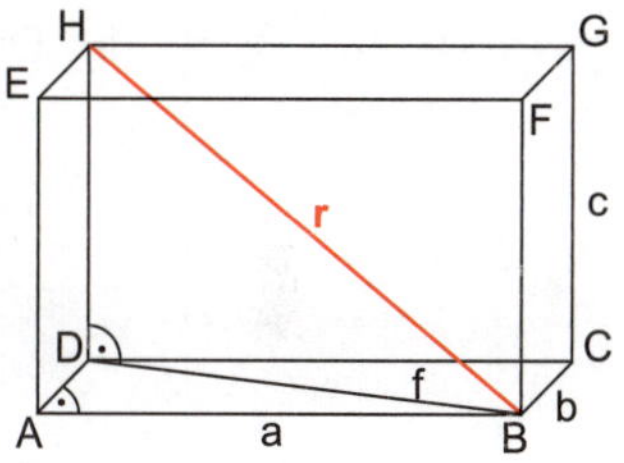

Lösung:

Berechnung der Flächendiagonale f im rechtwinkligen Dreieck ABD:

$f^2 = a^2 + b^2$ Satz des Pythagoras

$f^2 = 10^2 + 6^2$

$f^2 = 100 + 36$

$f^2 = 136 \quad |\sqrt{}$

$f \approx 11{,}66$

Berechnung der Raumdiagonale r im rechtwinkligen Dreieck DBH:

$r^2 = c^2 + f^2$ Satz des Pythagoras

$r^2 = 8^2 + 136$

$r^2 = 64 + 136$

$r^2 = 200 \quad |\sqrt{}$

$r \approx 14{,}14$

Die Länge der Raumdiagonale beträgt 14,14 cm.

4. Berechne den Abstand der beiden Punkte P(–4 | –2) und Q(7 | 5).

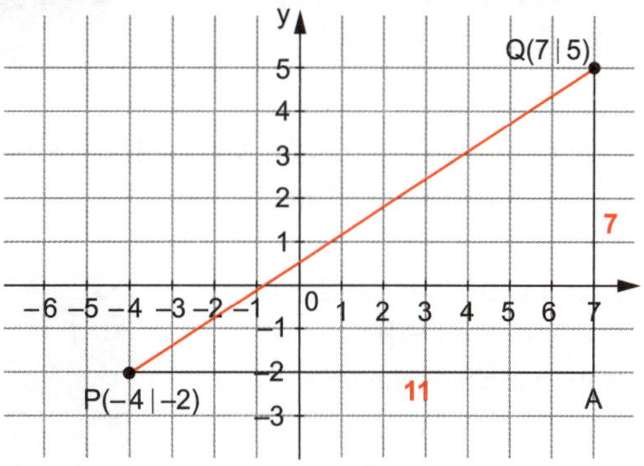

Lösung:
Im rechtwinkligen Koordinatendreieck PAQ ist $\overline{PQ}$ die Hypotenuse. Die beiden Katheten haben die Längen 7 LE + 4 LE = 11 LE und 5 LE + 2 LE = 7 LE (LE = Längeneinheit).

$\overline{PQ}^2 = 11^2 + 7^2$ Satz des Pythagoras im Koordinatendreieck PAQ

$\overline{PQ}^2 = 121 + 49$

$\overline{PQ}^2 = 170 \quad |\sqrt{\ }$

$\overline{PQ} \approx 13{,}04$

Die Punkte P und Q haben einen Abstand von 13,04 Längeneinheiten.

Aufgaben

115 Stimmen die Maße? Überprüfe durch Rechnung.

a) Dreieck

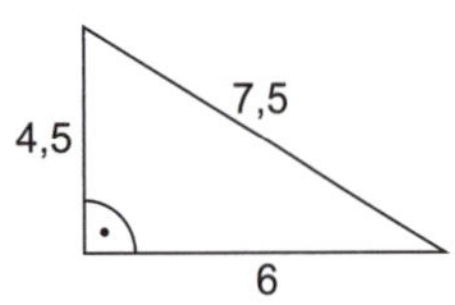

b) Gleichseitiges Dreieck

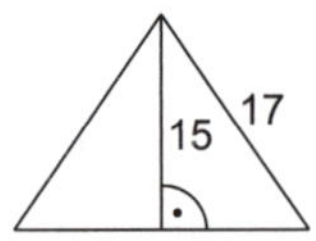

c) Raute

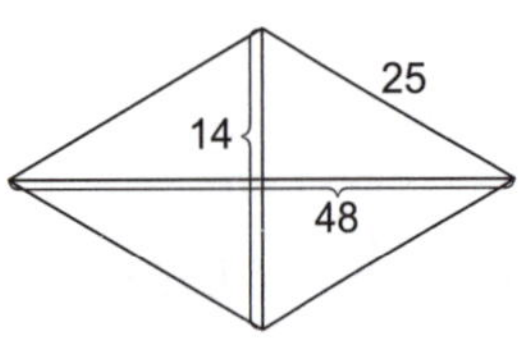

d) Quadratische Pyramide

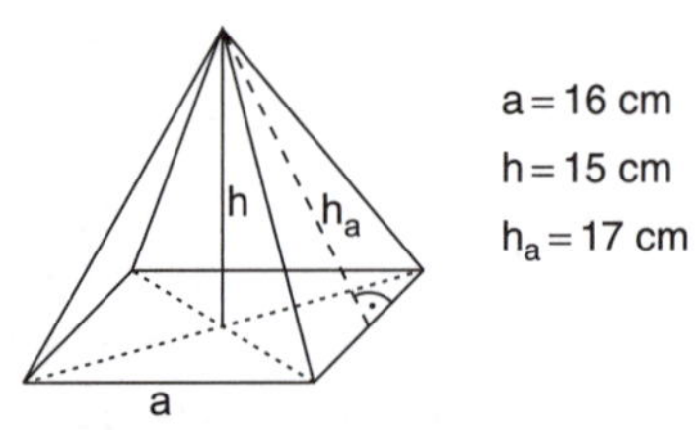

116 Es werden Plasma- und LCD-Fernseher mit unterschiedlichen Bildschirmmaßen angeboten. LCD-94 cm bedeutet, dass der Bildschirm eine Diagonale von 94 cm hat. Welche Bildschirmfläche hat ein LCD-94 cm, wenn der Bildschirm 78,9 cm breit ist?

***117** Beim Umzug will Mark ein Ölbild mit den Maßen 1,40 m × 1,60 m durch ein 80 cm breites und 1,20 m hohes Fenster reichen. Gelingt es ihm?

***118** Bei einem Fußballspiel wird Tom im Strafraum gefoult und es gibt einen Elfmeter. Malte knallt den Ball in einer Höhe von 1,60 m direkt an den Pfosten. Welche Strecke hat der Ball zurückgelegt, wenn das Tor 7,32 m breit und 2,44 m hoch ist und die Flugbahn des Balls geradlinig verläuft? Tipp: Denke räumlich!

6 Trigonometrie

Die Grundlage der Trigonometrie sind die **Beziehungen zwischen Winkeln und Seiten** in einem Dreieck. Die Grundaufgabe besteht darin, aus 3 gegebenen Größen eines Dreiecks (Seitenlängen oder Winkelgrößen) andere Werte in diesem Dreieck zu berechnen.

6.1 Berechnungen am rechtwinkligen Dreieck

Merke

Sinus, Kosinus und Tangens

Der Sinus, der Kosinus und der Tangens eines Winkels werden durch die Seitenverhältnisse **im rechtwinkligen Dreieck** bestimmt:

$$\sin\alpha = \frac{\text{Gegenkathete}}{\text{Hypotenuse}} \qquad \sin\alpha = \frac{a}{c} \qquad \sin\beta = \frac{b}{c}$$

$$\cos\alpha = \frac{\text{Ankathete}}{\text{Hypotenuse}} \qquad \cos\alpha = \frac{b}{c} \qquad \cos\beta = \frac{a}{c}$$

$$\tan\alpha = \frac{\text{Gegenkathete}}{\text{Ankathete}} \qquad \tan\alpha = \frac{a}{b} \qquad \tan\beta = \frac{b}{a}$$

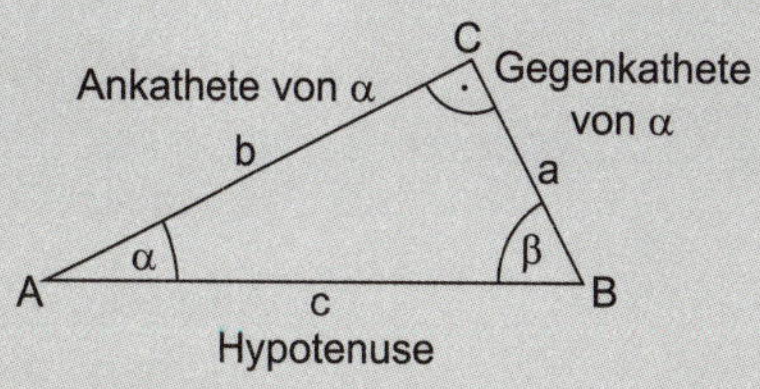

Beispiel

Bestimme zeichnerisch den Sinus von 40°, den Kosinus von 60° und den Tangens von 30°.

Lösung:
Man zeichnet rechtwinklige Dreiecke mit den angegebenen Winkeln, misst die Seiten und bestimmt die jeweiligen Seitenverhältnisse. Die Größe der Dreiecke ist beliebig, denn die Seitenverhältnisse bleiben immer gleich (Strahlensätze). Allerdings ergeben sich durch Messungenauigkeiten trotzdem leicht schwankende Werte.

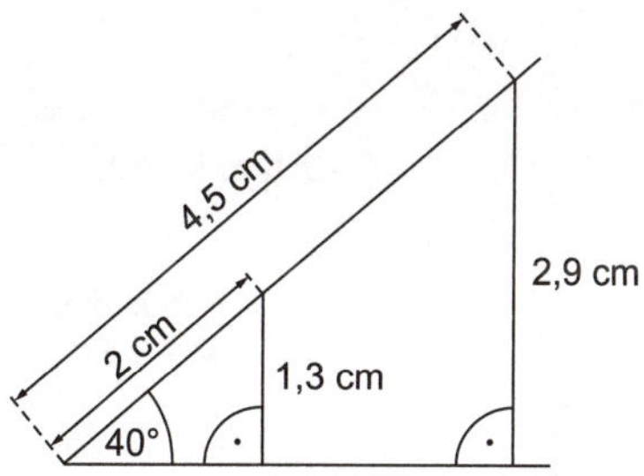

$$\sin\alpha = \frac{\text{Gegenkathete}}{\text{Hypotenuse}}$$

$$\sin 40° = \frac{1{,}3}{2} \quad \textbf{oder} \quad \sin 40° = \frac{2{,}9}{4{,}5}$$

$$\sin 40° = 0{,}65 \qquad \sin 40° \approx 0{,}64$$

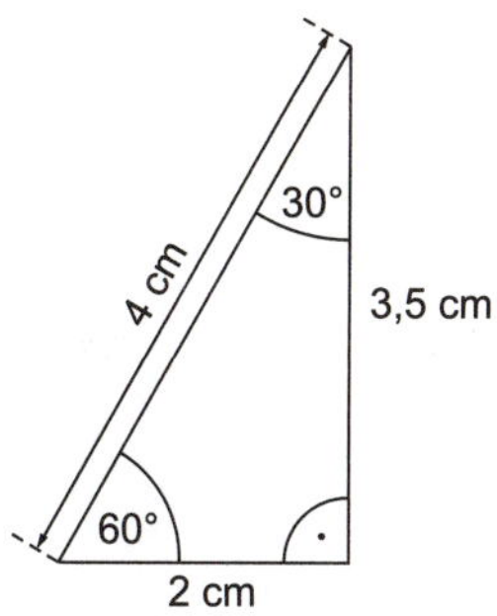

$$\cos\alpha = \frac{\text{Ankathete}}{\text{Hypotenuse}}$$

$$\cos 60° = \frac{2}{4}$$

$$\cos 60° = 0{,}5$$

$$\tan\gamma = \frac{\text{Gegenkathete}}{\text{Ankathete}}$$

$$\tan 30° = \frac{2}{3{,}5}$$

$$\tan 30° \approx 0{,}6$$

Achtung: Die Ankathete von γ ist nicht gleich der Ankathete von α.

Taschenrechner

Achte darauf, dass in deinem Taschenrechner der Modus DEG (=degree: dt. Grad) eingeschaltet ist.

- Gesucht ist der Sinus-, Kosinus- oder Tangenswert für einen Winkel.
  Aufgabe: $\sin 70° = ?$
  Eingabe: [SIN] 70 [=] **oder** 70 [SIN]
  Ausgabe: 0,93969262
  Ergebnis: $\sin 70° \approx 0{,}9397$

- Gesucht ist die Winkelgröße zu einem Sinus-, Kosinus- oder Tangenswert.
  Aufgabe: $\sin\alpha = 0{,}54$ $\alpha = ?$
  Eingabe: [SIN⁻¹] 0,54 [=] **oder** 0,54 [SHIFT] [SIN]
  Ausgabe: 32,68363885
  Ergebnis: $\alpha \approx 32{,}68°$

  Aufgabe: $\cos\alpha = \dfrac{4{,}7}{6{,}9}$ $\alpha = ?$
  Eingabe: [COS⁻¹] [(] 4,7 [÷] 6,9 [)] [=] **oder** 4,7 [÷] 6,9 [=] [SHIFT] [COS]
  Ausgabe: 47,0656892
  Ergebnis: $\alpha \approx 47{,}07°$

Beispiele

1. Überprüfe die zeichnerischen Ergebnisse aus obigem Beispiel mit dem Taschenrechner.

   Lösung:
   $\sin 40° \approx 0{,}6428$
   $\cos 60° = 0{,}5$
   $\tan 30° \approx 0{,}5774$

2. Gegeben: $\beta = 90°$; $a = 12$ cm; $b = 13$ cm
   Gesucht: α

   Lösung:
   $$\sin\alpha = \frac{\text{Gegenkathete}}{\text{Hypotenuse}}$$
   $$\sin\alpha = \frac{12}{13}$$
   $$\alpha \approx 67{,}38°$$

   Planskizze:

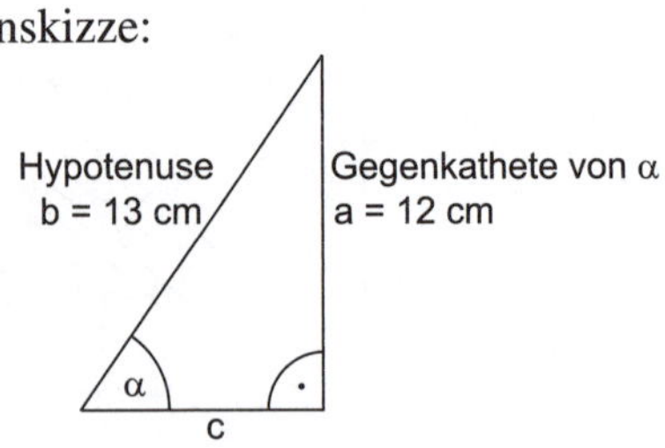

Aufgaben

119 Bestimme die zugehörigen Winkelgrößen.

a) $\sin\alpha = 0{,}67$

b) $\cos\beta = 0{,}99$

c) $\tan\delta = 5{,}5$

***120**

a) Warum können Sinus- und Kosinuswerte nicht größer als 1 werden?

b) Warum ist der Tangens von 45° genau 1?

Merke

Sind von einem **rechtwinkligen Dreieck** neben dem rechten Winkel weitere **2 Größen** bekannt, darunter mindestens eine Seite (Seite + Winkel oder Seite + Seite), kann man mithilfe
- von Sinus, Kosinus oder Tangens
- des Satzes des Pythagoras
- der Winkelsumme im Dreieck

alle weiteren Größen dieses Dreiecks bestimmen.

Beispiele

1. Gegeben: $\alpha = 90°$; $\gamma = 39°$; $b = 14$ cm
   Gesucht: β, a, c, h_a, A

Lösung:

- Berechnung von Winkel β:

$$\alpha + \beta + \gamma = 180°$$ Winkelsumme im Dreieck

$$90° + \beta + 39° = 180° \quad | -90° - 39°$$
$$\beta = 51°$$

- Berechnung der Hypotenuse a:

$$\cos 39° = \frac{14}{a} \quad | \cdot a$$
$$a \cdot \cos 39° = 14 \quad | : \cos 39°$$
$$a = \frac{14}{\cos 39°}$$
$$a \approx 18{,}01$$

Planskizze:

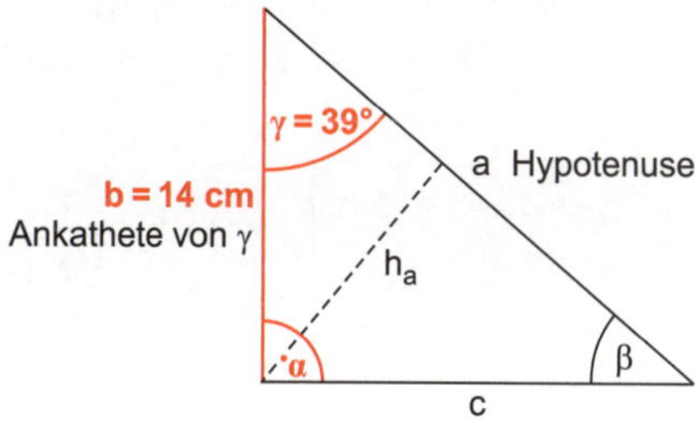

- Berechnung der Kathete c:

$$\sin 39° = \frac{c}{18{,}01} \quad | \cdot 18{,}01$$
$$\sin 39° \cdot 18{,}01 = c$$
$$c \approx 11{,}33$$

oder

$$\cos 51° = \frac{c}{18{,}01} \quad | \cdot 18{,}01$$
$$18{,}01 \cdot \cos 51° = c$$
$$c \approx 11{,}33$$

oder

$$\tan 51° = \frac{14}{c} \quad | \cdot c$$
$$c \cdot \tan 51° = 14 \quad | : \tan 51°$$
$$c = \frac{14}{\tan 51°}$$
$$c \approx 11{,}34$$

oder

$$c^2 + b^2 = a^2$$ Satz des Pythagoras

$$c^2 + 14^2 = 18{,}01^2 \quad | -14^2$$
$$c^2 = 18{,}01^2 - 14^2$$
$$c^2 = 128{,}3601 \quad | \sqrt{\ }$$
$$c \approx 11{,}33$$

- Berechnung von h_a:

$$\sin 39° = \frac{h_a}{14} \qquad |\cdot 14$$

$$\sin 39° \cdot 14 = h_a$$

$$h_a \approx 8{,}81$$

Planskizze:

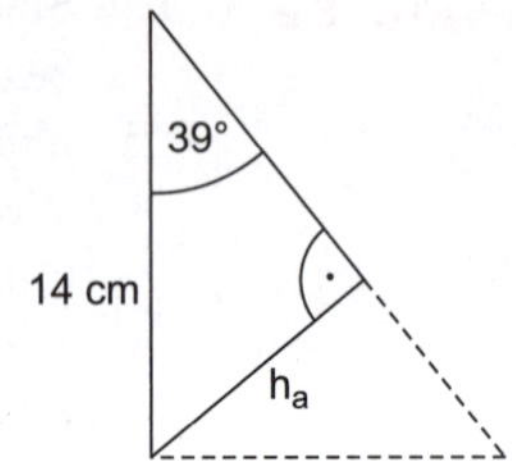

oder

$$\sin 51° = \frac{h_a}{11{,}33} \qquad |\cdot 11{,}33$$

$$\sin 51° \cdot 11{,}33 = h_a$$

$$h_a \approx 8{,}81$$

Planskizze:

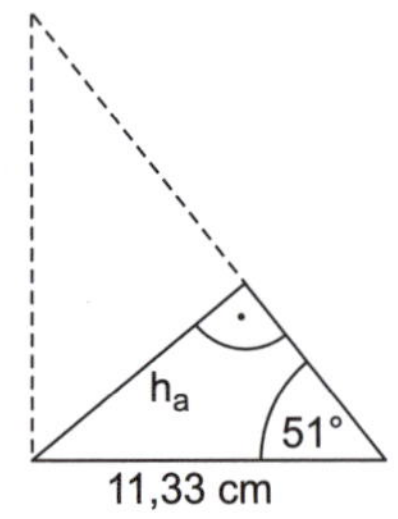

- Berechnung des Flächeninhaltes A:

$$A = \frac{g \cdot h}{2}$$

$$A = \frac{b \cdot c}{2} \qquad \textbf{oder} \qquad A = \frac{a \cdot h_a}{2}$$

$$A = \frac{14 \cdot 11{,}33}{2} \qquad\qquad A = \frac{18{,}01 \cdot 8{,}81}{2}$$

$$A = 79{,}31 \qquad\qquad A \approx 79{,}33$$

Hinweis:
Die unterschiedlichen Ergebnisse entstehen durch Rechnung mit gerundeten Werten.

Planskizze:

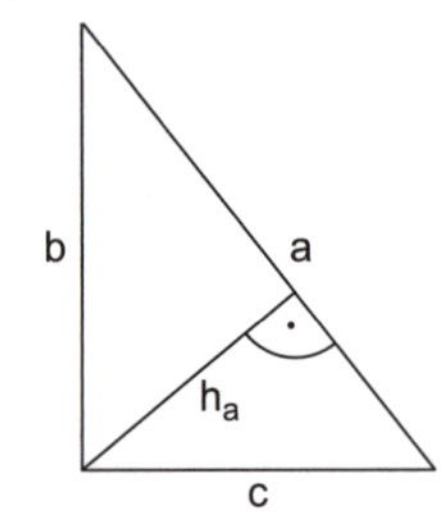

Ergebnis: $\beta = 51°$; $a = 18{,}01$ cm; $c = 11{,}33$ cm;
$h_a = 8{,}81$ cm; $A = 79{,}31$ cm^2

2. Die Steigung einer Straße wird in der Regel in Prozent angegeben.
Die Angabe 12 % $\left(= \frac{12}{100}\right)$ auf dem abgebildeten Verkehrsschild bedeutet, dass pro 100 m in waagerechter Richtung die Höhe der Straße um 12 m zunimmt.
Bestimme den Steigungswinkel der Straße.

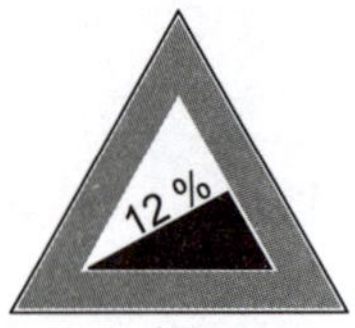

Lösung:

$$\tan \alpha = \frac{\text{Gegenkathete}}{\text{Ankathete}}$$

$$\tan \alpha = \frac{12}{100}$$

$$\alpha \approx 6{,}84°$$

Der Steigungswinkel beträgt 6,84°.

Planskizze:

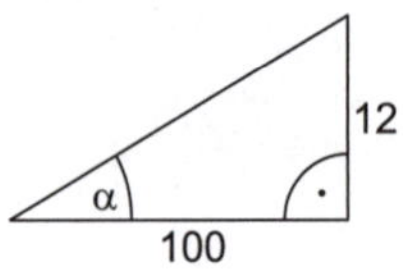

3. Ein Theodolit (Winkelmessgerät) wird im Abstand von 85 m vor einer Kirche aufgestellt. Man peilt in Augenhöhe (1,8 m über dem Erdboden) die Kirchturmspitze unter einem Höhenwinkel (Winkel, der von der Horizontalen aufwärts gemessen wird) $\alpha = 41{,}5°$ an.
Wie hoch ist der Kirchturm?

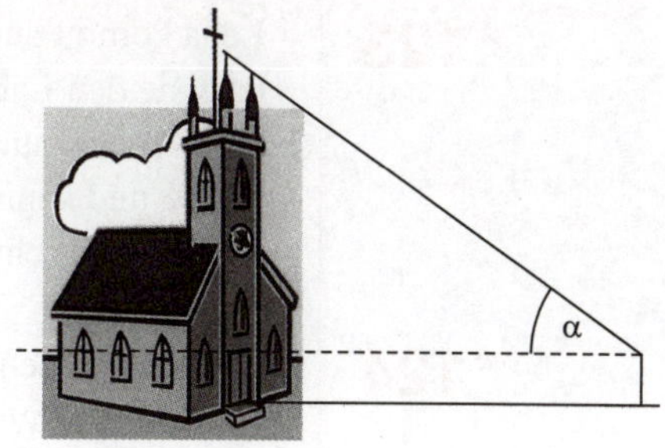

Lösung:

$$\tan\alpha = \frac{\text{Gegenkathete}}{\text{Ankathete}}$$

$$\tan 41{,}5° = \frac{h'}{85} \qquad |\cdot 85$$

$$\tan 41{,}5° \cdot 85 = h'$$

$$h' \approx 75{,}2$$

Planskizze:

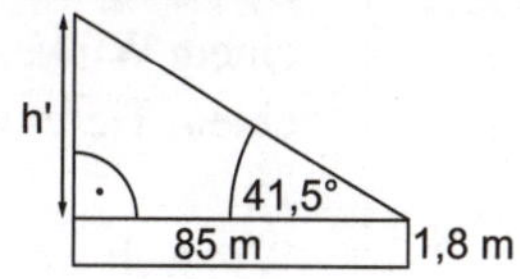

Höhe des Turms:

$h = h' + 1{,}8$

$h = 75{,}2 + 1{,}8$

$h = 77$

Der Turm ist 77 m hoch.

Aufgaben

121 Bestimme in den Figuren die rot markierten Seiten und Winkel.

a)

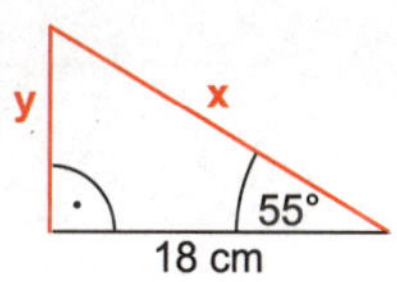

b)

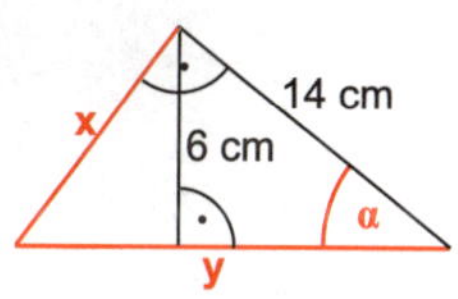

* c)

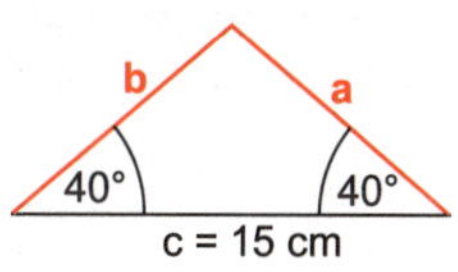

* d)

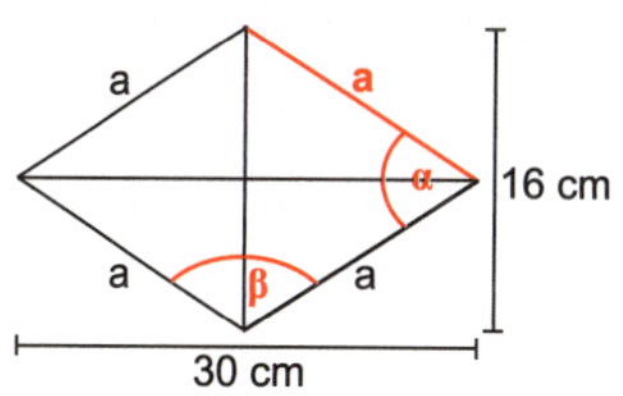

122 In den Sicherheitshinweisen der Feuerwehr heißt es:
- Leitern sind mit einem Neigungswinkel von 65° bis 75° zur Standfläche aufzustellen.
- Über Austrittsstellen müssen Leitern mindestens 1 m herausragen.

a) Weise durch eine Rechnung nach, dass eine 5,35 m lange Leiter ausreicht, wenn ein Feuerwehrmann das Dach einer 4,20 m hohen Halle besteigen möchte.

b) In welcher Entfernung von der Hallenwand muss der Feuerwehrmann das untere Ende der 5,35 m langen Leiter aufstellen?
Kreuze an!

☐ 1,9 m ☐ 1,55 m ☐ 1,13 m

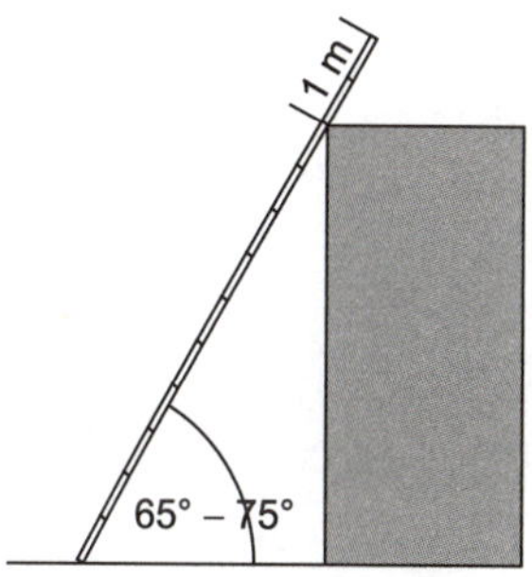

***123** Lena kommt aus den Skiferien in Oberammergau zurück und erzählt ihrer Klasse stolz, dass sie den Laber-Nordhang, eine der steilsten Abfahrten Deutschlands mit einem Gefälle von 84 %, hinuntergefahren ist. Clemens sagt: „Das kann nicht stimmen, das sind ja fast 100 % und somit wäre der Steigungswinkel fast 90°!"
Hat Lena geschwindelt?

***124** Ein gleichschenkliges Trapez hat die Seitenlängen a = 19 cm, c = 10 cm und b = d = 8 cm. Ermittle alle Winkelgrößen und den Flächeninhalt.

***125** Jakob steht in 207 m Höhe auf dem Berliner Fernsehturm am Alexanderplatz. Er peilt mit einem Winkelmessgerät die Spitze des 146 m hohen Funkturmes in Charlottenburg unter einem Tiefenwinkel (Winkel, der von der Horizontalen abwärts gemessen wird) von 0,33° an.
Wie weit sind die beiden höchsten Gebäude der Stadt voneinander entfernt?

6.2 Berechnungen an beliebigen Dreiecken – Sinus- und Kosinussatz

Die Winkelfunktionen Sinus, Kosinus und Tangens sind direkt nur in rechtwinkligen Dreiecken anwendbar. Rechte Winkel sind aber nicht in allen Dreiecken vorhanden und lassen sich auch nicht immer durch Zerlegungen herstellen. Mit dem **Sinussatz** und dem **Kosinussatz** kann man Berechnungen **im allgemeinen Dreieck** durchführen.

Sinussatz

Merke

Sinussatz

In jedem Dreieck sind die Verhältnisse aus der Länge einer Seite und dem Sinuswert des gegenüberliegenden Winkels gleich.

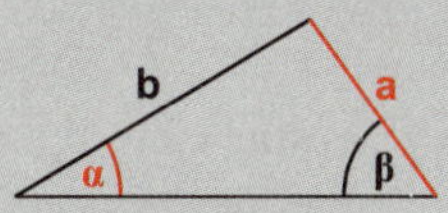

$$\frac{a}{\sin\alpha} = \frac{b}{\sin\beta}$$

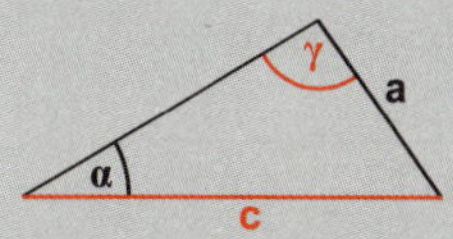

$$\frac{a}{\sin\alpha} = \frac{c}{\sin\gamma}$$

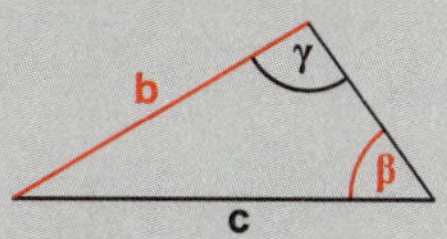

$$\frac{b}{\sin\beta} = \frac{c}{\sin\gamma}$$

Beispiele

1. Gegeben: $\alpha = 41°$; $\beta = 75°$; $c = 5$ cm
   Gesucht: γ; a; b
   Lösung:
   Man sucht zuerst ein gegebenes Seite-Winkel-Paar (Seite mit gegenüberliegendem Winkel). Ist es nicht vorhanden, bestimmt man den fehlenden Winkel über die Winkelsumme im Dreieck.
   $\gamma = 180° - \alpha - \beta = 180° - 41° - 75° = 64°$

   Planskizze:

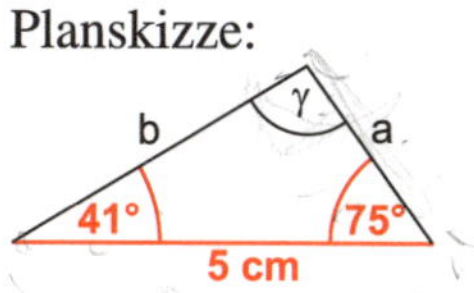

   Berechnung von a:

$$\frac{c}{\sin\gamma} = \frac{a}{\sin\alpha}$$

$$\frac{5}{\sin 64°} = \frac{a}{\sin 41°} \quad \Big| \cdot \sin 41°$$

$$\frac{5 \cdot \sin 41°}{\sin 64°} = a$$

$$a \approx 3{,}65$$

   Berechnung von b:

$$\frac{c}{\sin\gamma} = \frac{b}{\sin\beta}$$

$$\frac{5}{\sin 64°} = \frac{b}{\sin 75°} \quad \Big| \cdot \sin 75°$$

$$\frac{5 \cdot \sin 75°}{\sin 64°} = b$$

$$b \approx 5{,}37$$

   oder

$$\frac{a}{\sin\alpha} = \frac{b}{\sin\beta}$$

$$\frac{3{,}65}{\sin 41°} = \frac{b}{\sin 75°} \quad \Big| \cdot \sin 75°$$

$$\frac{3{,}65 \cdot \sin 75°}{\sin 41°} = b$$

$$b \approx 5{,}37$$

   Ergebnis: $\gamma = 64°$; $a = 3{,}65$ cm; $b = 5{,}37$ cm

2. Berechne den Umfang des Parallelogramms ABCD.

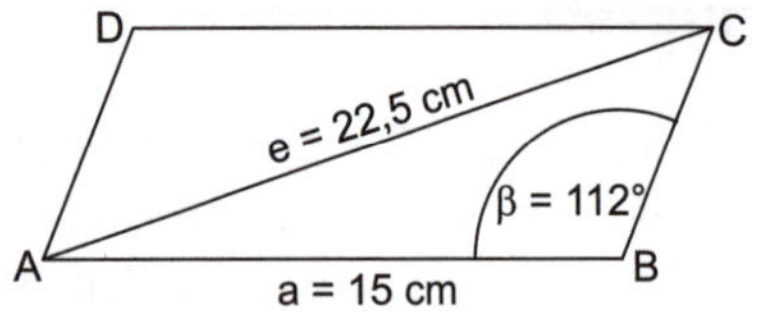

Lösung:

Gesucht ist die Seite b.

Das gegebene Seite-Winkel-Paar ist $\frac{22,5}{\sin 112°}$.

Man bestimmt zuerst γ', weil die Seitenlänge 15 cm gegeben ist, danach α' über die Winkelsumme im Dreieck und schließlich die gegenüberliegende Seite b.

Planskizze:

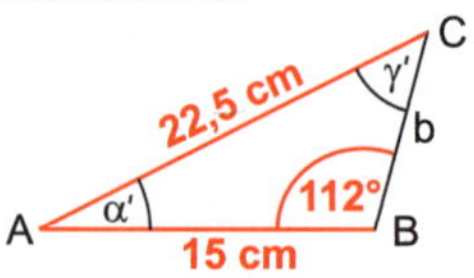

Berechnung von γ':

$$\frac{22,5}{\sin 112°} = \frac{15}{\sin \gamma'} \qquad |\cdot \sin \gamma' \quad |\cdot \sin 112°$$

$$22,5 \cdot \sin \gamma' = 15 \cdot \sin 112° \qquad |:22,5$$

$$\sin \gamma' = \frac{15 \cdot \sin 112°}{22,5}$$

$$\sin \gamma' \approx 0,6181\ldots$$

$$\gamma' \approx 38,18°$$

Berechnung von α':

$\alpha' = 180° - 112° - 38,18°$

$\alpha' = 29,82°$

Berechnung von b:

$$\frac{22,5}{\sin 112°} = \frac{b}{\sin 29,82°} \qquad |\cdot \sin 29,82°$$

$$\frac{22,5 \cdot \sin 29,82°}{\sin 112°} = b$$

$$b \approx 12,07$$

oder

$$\frac{15}{\sin 38,18°} = \frac{b}{\sin 29,82°} \qquad |\cdot \sin 29,82°$$

$$\frac{15 \cdot \sin 29,82°}{\sin 38,18°} = b$$

$$b \approx 12,07$$

Berechnung des Umfangs:

$u = 2a + 2b$

$u = 2 \cdot 15 + 2 \cdot 12,07$

$u = 54,14$

Der Umfang des Parallelogramms beträgt 54,14 cm.

Flächeninhalt eines Dreiecks

Merke

Flächeninhalt eines Dreiecks

Von jedem Dreieck kann der Flächeninhalt berechnet werden, wenn zwei Seiten und der eingeschlossene Winkel bekannt sind.

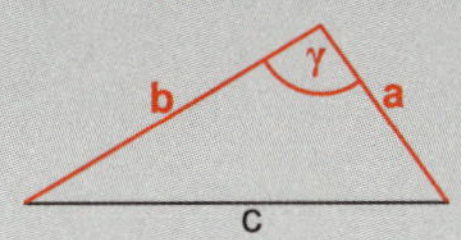

$$A = \frac{1}{2} \cdot a \cdot b \cdot \sin\gamma$$

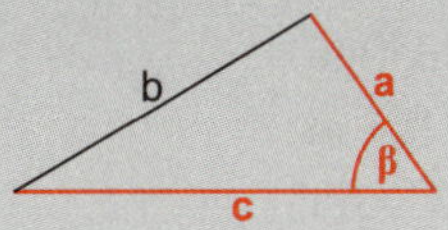

$$A = \frac{1}{2} \cdot a \cdot c \cdot \sin\beta$$

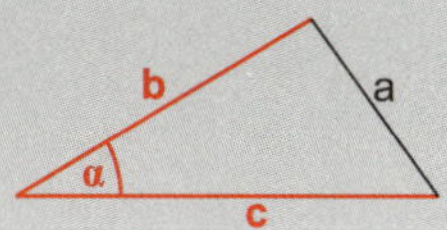

$$A = \frac{1}{2} \cdot b \cdot c \cdot \sin\alpha$$

Beispiel

Für das Dreieck aus dem vorangegangenen Beispiel gilt:
$\alpha = 41°$; $\beta = 75°$; $\gamma = 64°$; $a = 3{,}65$ cm; $b = 5{,}37$ cm; $c = 5$ cm

Damit gilt für den Flächeninhalt des Dreiecks:

$$A = \frac{1}{2} \cdot a \cdot b \cdot \sin\gamma$$

$$A = \frac{1}{2} \cdot 3{,}65 \cdot 5{,}37 \cdot \sin 64°$$

$$A \approx 8{,}81$$

Planskizze:

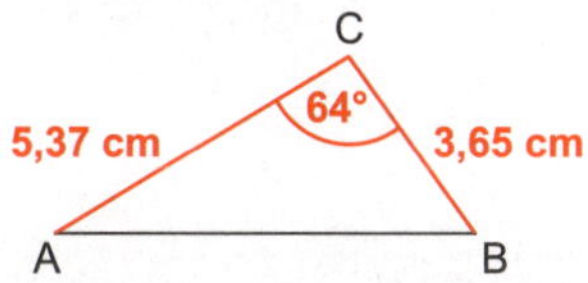

oder

$$A = \frac{1}{2} \cdot a \cdot c \cdot \sin\beta$$

$$A = \frac{1}{2} \cdot 3{,}65 \cdot 5 \cdot \sin 75°$$

$$A \approx 8{,}81$$

Planskizze:

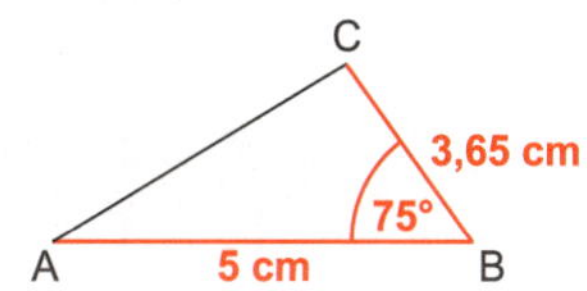

oder

$$A = \frac{1}{2} \cdot b \cdot c \cdot \sin\alpha$$

$$A = \frac{1}{2} \cdot 5{,}37 \cdot 5 \cdot \sin 41°$$

$$A \approx 8{,}81$$

Planskizze:

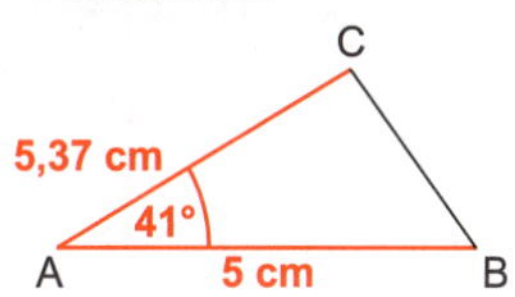

Kosinussatz

Merke

Kosinussatz

In jedem Dreieck ist das Quadrat einer beliebigen Seitenlänge gleich der Summe der Quadrate der beiden anderen Seitenlängen, vermindert um das Doppelte des Produkts aus diesen Seitenlängen und dem Kosinus des eingeschlossenen Winkels.

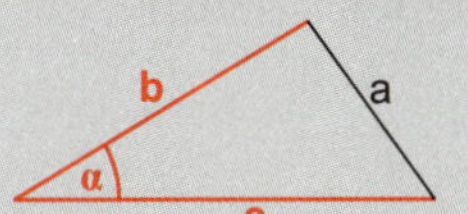

$$a^2 = b^2 + c^2 - 2bc \cdot \cos\alpha$$

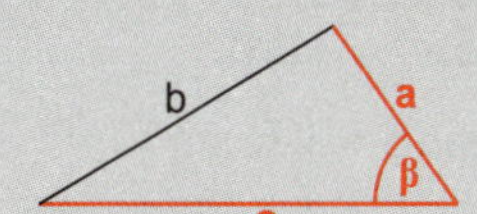

$$b^2 = a^2 + c^2 - 2ac \cdot \cos\beta$$

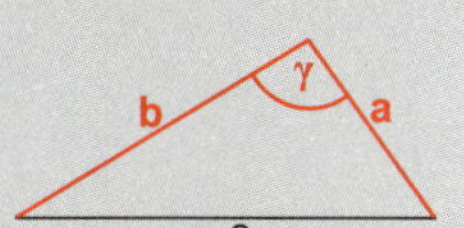

$$c^2 = a^2 + b^2 - 2ab \cdot \cos\gamma$$

Zusammenhang mit dem Satz von Pythagoras:
Ist der eingeschlossene Winkel 90°, so wird der Kosinuswert 0. Damit erhält man:
$a^2=b^2+c^2$ bzw. $b^2=a^2+c^2$ bzw. $c^2=a^2+b^2$

Beispiele

1. Um die Länge eines Sees zu bestimmen, misst man die Strecken $\overline{AB}$, $\overline{AC}$ und den Winkel BAC:
$\overline{AB}=350$ m
$\overline{AC}=168$ m
$\sphericalangle BAC=65°$
Wie lang ist der See?

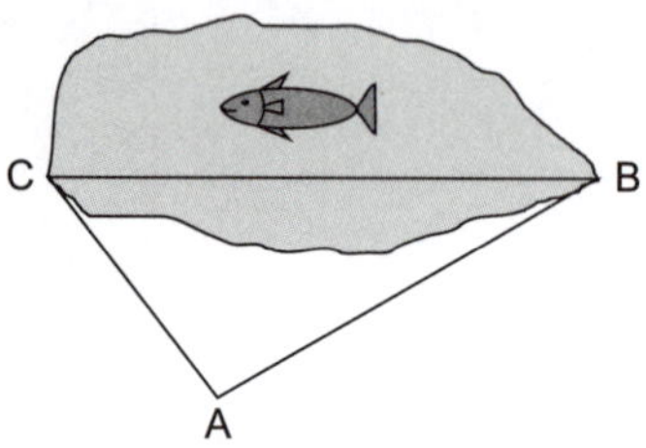

Lösung:
Aus zwei Seiten und dem eingeschlossenen Winkel bestimmt man die Länge der dritten Seite mit dem Kosinussatz.

Planskizze:

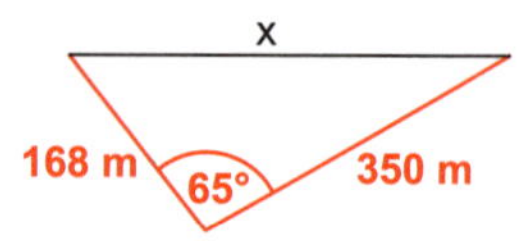

$x^2=168^2+350^2-2\cdot168\cdot350\cdot\cos65°$
$x^2\approx28\,224+122\,500-49\,699{,}91$
$x^2=101\,024{,}09 \quad |\sqrt{\ }$
$x\approx317{,}84$
Der See ist ca. 318 m lang.

2. Berechne die Winkel im Dreieck mit den Seitenlängen a = 4,5 cm, b = 3,5 cm und c = 4 cm. Konstruiere anschließend das Dreieck und überprüfe die Werte.

Lösung:
Bei 3 gegebenen Seiten muss man sich entscheiden, welchen der eingeschlossenen Winkel man zuerst berechnen möchte.

Planskizze:

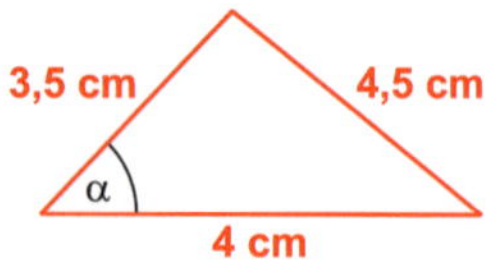

Bestimmung von α:

$$a^2=b^2+c^2-2\cdot b\cdot c\cdot\cos\alpha$$
$$4{,}5^2=3{,}5^2+4^2-2\cdot3{,}5\cdot4\cdot\cos\alpha \quad |-3{,}5^2-4^2$$
$$4{,}5^2-3{,}5^2-4^2=-2\cdot3{,}5\cdot4\cdot\cos\alpha$$
$$-8=-28\cdot\cos\alpha \quad |:(-28)$$
$$\cos\alpha=0{,}2857\ldots$$
$$\alpha\approx73{,}40°$$

Berechnung von β mit dem Kosinussatz:

$$b^2=a^2+c^2-2\cdot a\cdot c\cdot\cos\beta$$
$$3{,}5^2=4{,}5^2+4^2-2\cdot4{,}5\cdot4\cdot\cos\beta \quad |-4{,}5^2-4^2$$
$$3{,}5^2-4{,}5^2-4^2=-2\cdot4{,}5\cdot4\cdot\cos\beta$$
$$-24=-36\cdot\cos\beta \quad |:(-36)$$
$$\cos\beta=0{,}6666\ldots$$
$$\beta\approx48{,}19°$$

oder

Berechnung von β mit dem Sinussatz:

$$\frac{4{,}5}{\sin73{,}4°}=\frac{3{,}5}{\sin\beta} \quad |\cdot\sin73{,}4° \quad |\cdot\sin\beta$$
$$4{,}5\cdot\sin\beta=3{,}5\cdot\sin73{,}4° \quad |:4{,}5$$
$$\sin\beta=\frac{3{,}5\cdot\sin73{,}4°}{4{,}5}$$
$$\sin\beta=0{,}7453...$$
$$\beta\approx48{,}19°$$

Berechnung von γ:
$\gamma = 180° - 73{,}40° - 48{,}19°$
$\gamma = 58{,}41°$

Konstruktion des Dreiecks:

- $c = \overline{AB} = 4$ cm zeichnen
- Kreisbogen um A mit $r = 3{,}5$ cm
- Kreisbogen um B mit $r = 4{,}5$ cm
- Schnittpunkt der Kreisbögen ist C

Winkel messen: $\alpha = 73°$; $\beta = 48°$; $\gamma = 59°$
Die Winkelgrößen stimmen mit den berechneten Werten überein.

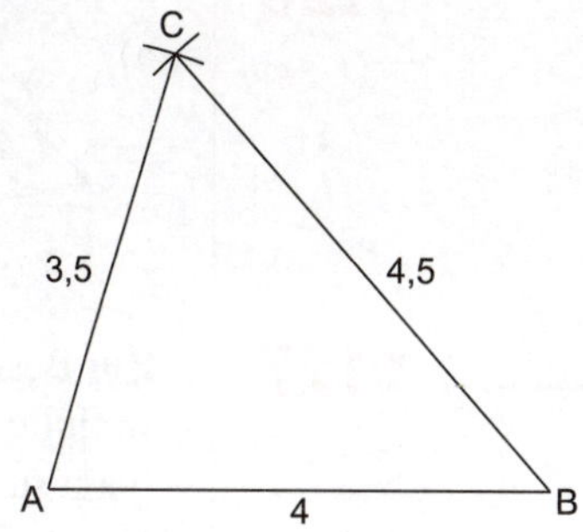

Sinussatz oder Kosinussatz – das ist die Frage

Merke

Sinussatz oder Kosinussatz – das ist die Frage

Sind von einem beliebigen Dreieck 3 Größen bekannt, so ist es vor der Berechnung weiterer Größen von Vorteil, sich zunächst zu überlegen, welcher Fall vorliegt:

Gegeben	Kurz	Wähle
3 Seiten	SSS	Kosinussatz
2 Seiten und der eingeschlossenen Winkel	SWS	Kosinussatz

In **allen anderen Fällen** (WSW, SSW) verwendet man den Sinussatz, evtl. mithilfe der Winkelsumme.

Beispiel

Sinussatz oder Kosinussatz? Welchen Satz wendest du in den folgenden Fällen für die erste Berechnung an?

a)

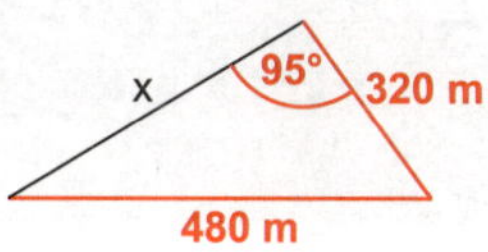

b)

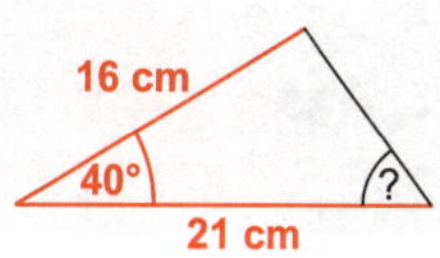

c)

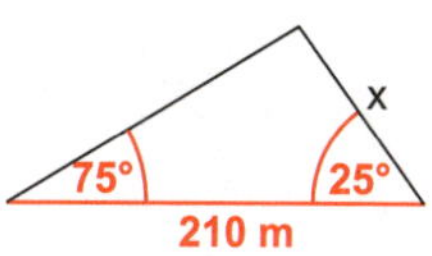

Lösung:

a) Gegeben: SSW $\rightarrow$ Sinussatz

Ansatz: $\dfrac{480}{\sin 95°} = \dfrac{320}{\sin\alpha}$

Bestimme dann β über die Winkelsumme und x mit dem Sinus- oder Kosinussatz.
[Ergebnisse: $\alpha = 41{,}62°$; $\beta = 43{,}38°$; $x = 330{,}94$ m]

b) Gegeben: SWS $\rightarrow$ Kosinussatz

Ansatz: $b^2 = 16^2 + 21^2 - 2 \cdot 16 \cdot 21 \cdot \cos 40°$

Bestimme dann β mit dem Sinus- oder dem Kosinussatz.
[Ergebnisse: $b = 13{,}50$ cm; $\beta = 49{,}63°$]

c) Gegeben: WSW $\rightarrow$ Sinussatz mithilfe der Winkelsumme

Bestimme zunächst γ mithilfe der Winkelsumme: $\gamma = 180° - 75° - 25° = 80°$

Sinussatz: $\dfrac{210}{\sin 80°} = \dfrac{x}{\sin 75°}$

[Ergebnis: $x = 205{,}97$ m]

Aufgaben

126 Berechne jeweils die Länge der Strecke x und den Flächeninhalt des Dreiecks.

a)
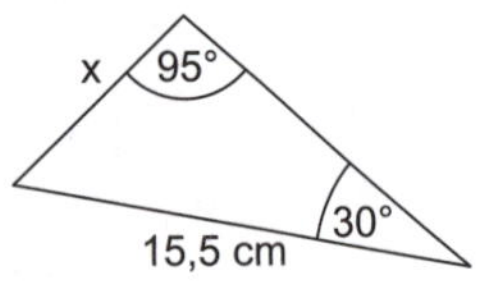

*b)
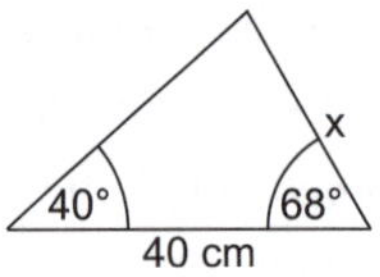

**c)
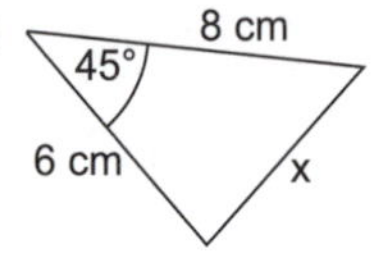

***127** Zur Bestimmung der Höhe h einer Kletterwand werden mithilfe eines Messgeräts 2 Winkel gemessen. Das Messgerät steht 1,60 m über dem waagerechten Erdboden. Strecke $\overline{AB} = 10$ m; Winkel $\alpha = 42{,}4°$; $\beta = 65{,}6°$

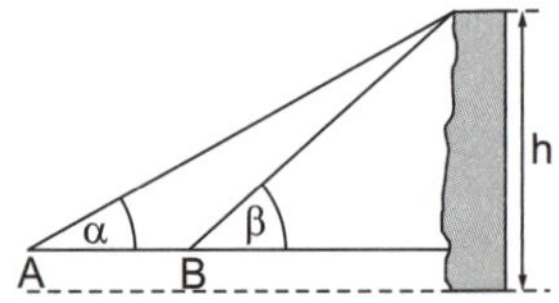

***128** Einmal im Jahr findet der Schwimmwettkampf „Internationales Müggelseeschwimmen" statt. Ein Schwimmverein möchte dafür trainieren und steckt sich eine Trainingsstrecke ab (siehe Zeichnung). Start und Ziel ist das Strandbad Müggelsee (S). Die Schwimmer müssen um die Bojen A und B herumschwimmen.

Folgende Maße sind bekannt:
Winkel SBA = 56°, Winkel BAS = 96°, $\overline{BS} = 1\,200$ m.

Entspricht die Länge dieser Schwimmstrecke ($S \rightarrow A \rightarrow B \rightarrow S$) der Wettkampflänge von 2,6 km?

****129** Stelle den Kosinussatz schrittweise nach $\cos\alpha$ um.

****130** Der Grunewaldturm steht auf dem Karlsberg am Ostufer der Havel. Die Aussichtsplattform A auf einer Turmhöhe von 36 m liegt 100 m über dem Wasserspiegel. Von einem Segelboot aus peilt man die Turmspitze S unter einem Höhenwinkel von 11,2° und die Aussichtsplattform A unter einem Höhenwinkel von 9,5° an. Die Luftlinie zwischen dem Segelboot und der Turmspitze S beträgt 612 m. Fertige eine Skizze an und berechne die Höhe des Grunewaldturms. Vernachlässige dabei den Höhenunterschied vom Messpunkt im Boot zum Wasserspiegel.

6.3 Sinus und Kosinus im Einheitskreis

Der Einheitskreis ist ein Kreis, in dem der Radius die Maßzahl 1 (r = 1) hat und dessen Mittelpunkt im Ursprung des Koordinatensystems liegt.
Zeichnet man einen Radius in den Einheitskreis, der mit der x-Achse den Winkel α einschließt, so entstehen durch Fällen eines Lotes auf die x-Achse rechtwinklige Dreiecke.
Alle diese Dreiecke haben folgende besondere Eigenschaften:

- Die Hypotenuse (Radius) hat immer die Länge 1.
- Die Gegenkathete des Winkels α entspricht dem Sinuswert von α.
- Die Ankathete des Winkels α entspricht dem Kosinuswert von α.

Merke

Sinus und Kosinus im Einheitskreis

Im Einheitskreis kann man den **Sinuswert** des Winkels α direkt an der **y-Achse** ablesen, den **Kosinuswert** des Winkels α kann man direkt an der **x-Achse** ablesen.

Es gilt:

- allgemein: $\sin\alpha = \frac{\text{Gegenkathete}}{\text{Hypotenuse}}$
- im Einheitskreis: $\sin\alpha = \frac{y}{1} = y$

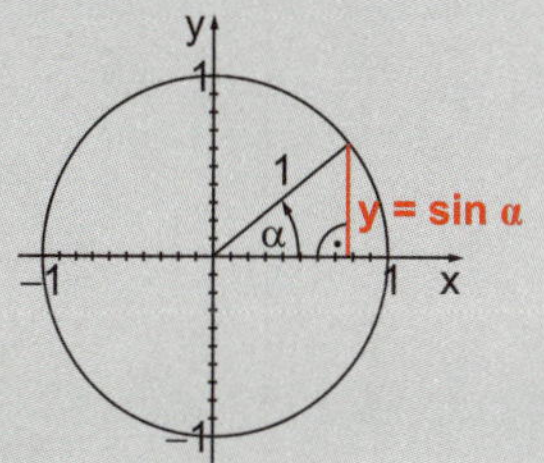

Es gilt:

- allgemein: $\cos\alpha = \frac{\text{Ankathete}}{\text{Hypotenuse}}$
- im Einheitskreis: $\cos\alpha = \frac{x}{1} = x$

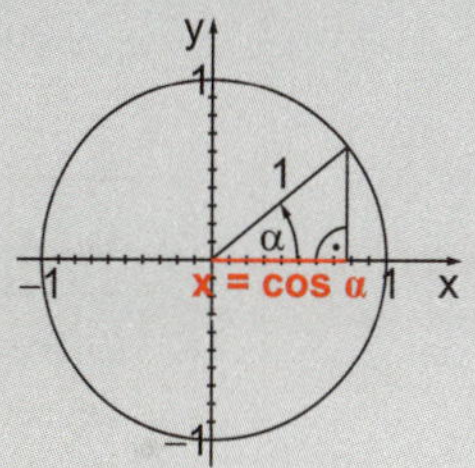

Beispiele

1. Winkel zwischen 0° und 90°:

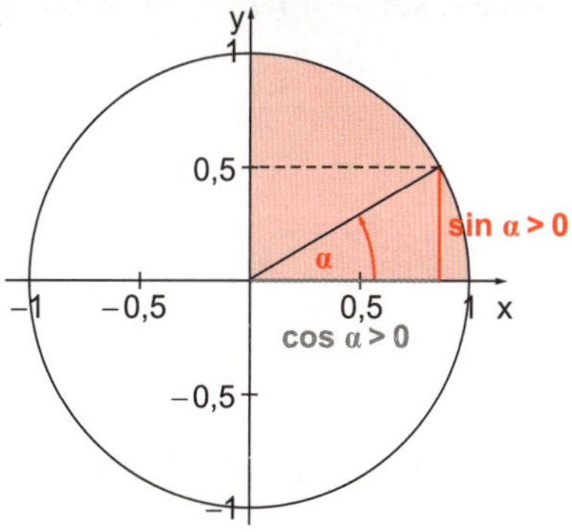

Vorzeichen der Sinuswerte: +
Vorzeichen der Kosinuswerte: +

2. Winkel zwischen 90° und 180°:

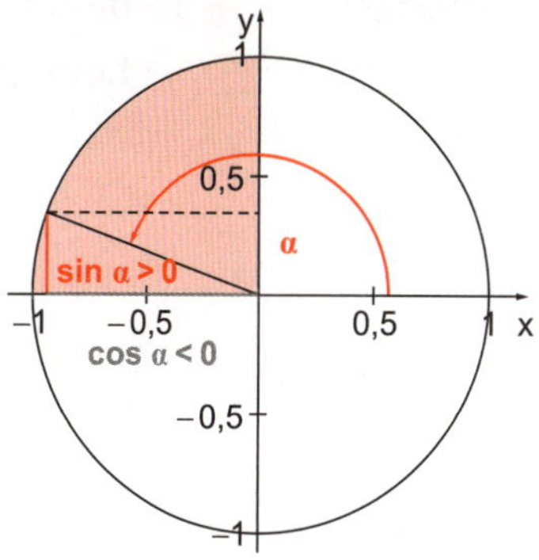

Vorzeichen der Sinuswerte: +
Vorzeichen der Kosinuswerte: –

3. Winkel zwischen 180° und 270°:

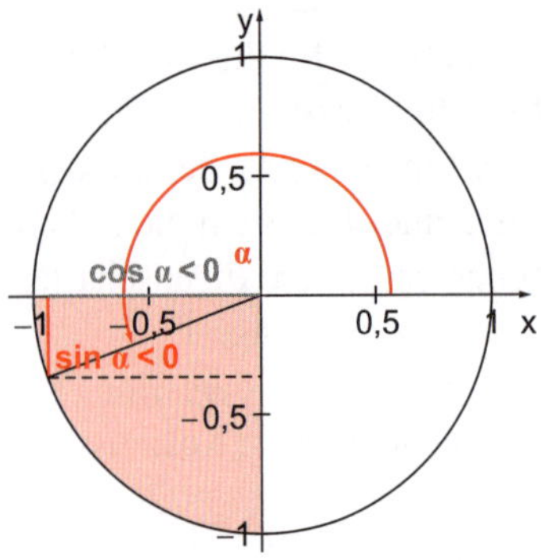

Vorzeichen der Sinuswerte: –

Vorzeichen der Kosinuswerte: –

4. Winkel zwischen 270° und 360°:

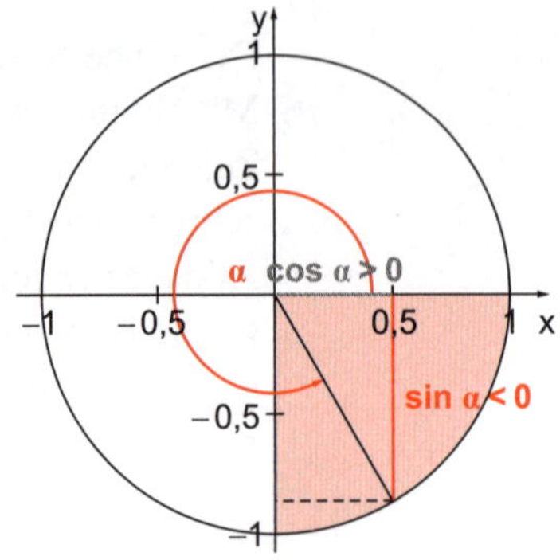

Vorzeichen der Sinuswerte: –

Vorzeichen der Kosinuswerte: +

5. $\alpha = 0°$

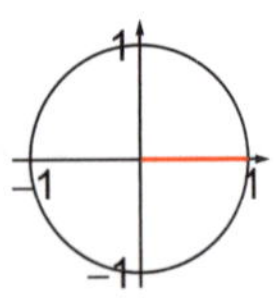

$\sin 0° = 0$
$\cos 0° = 1$

$\alpha = 90°$

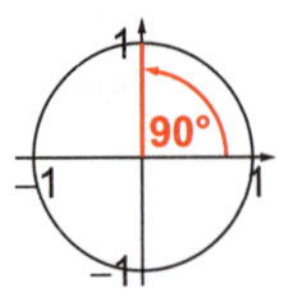

$\sin 90° = 1$
$\cos 90° = 0$

$\alpha = 180°$

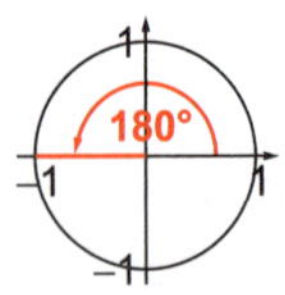

$\sin 180° = 0$
$\cos 180° = -1$

$\alpha = 270°$

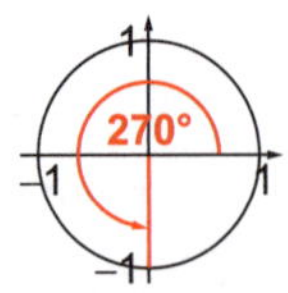

$\sin 270° = -1$
$\cos 270° = 0$

$\alpha = 360°$

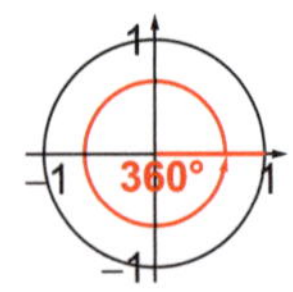

$\sin 360° = 0$
$\cos 360° = 1$

Merke

Winkel mit negativem Vorzeichen

Öffnet sich ein Winkel **mit dem Uhrzeigersinn**, so erhält der Winkel ein **negatives** Vorzeichen.

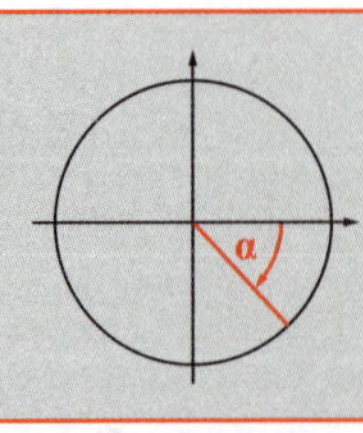

$\alpha = -50°$

Beispiele

1. Bestimme am Einheitskreis: $\sin(-140°)$.

Lösung:

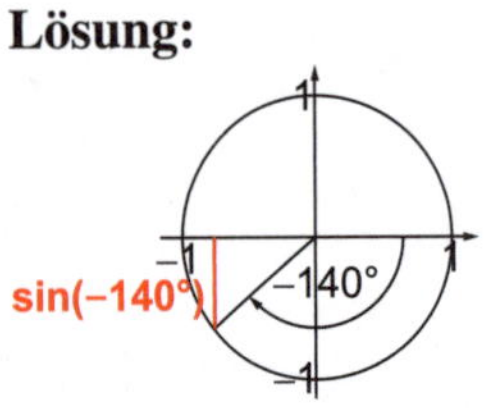

$\sin(-140°) \approx -0{,}6$

2. Bestimme mithilfe des Einheitskreises alle Winkel zwischen –360° und +360°, deren Sinuswert 0,5 ist.

Lösung:

Positive Winkel:

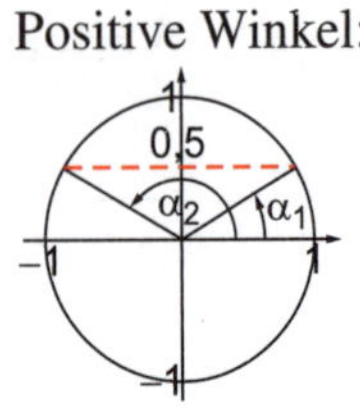

$\alpha_1 \approx 30°$ und $\alpha_2 \approx 150°$

Vorgehen:
- Zeichne eine Parallele zur x-Achse mit dem Achsenabschnitt n = 0,5.
- Die Schnittpunkte mit dem Einheitskreis sind die Endpunkte des freien Schenkels der gesuchten Winkel.
- Miss die Winkel mit dem Geodreieck.

Negative Winkel:

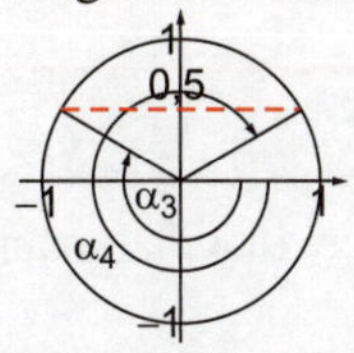

Gehe vor wie bei den positiven Winkeln, miss die Winkel jedoch diesmal mit dem Uhrzeigersinn.

$\alpha_3 \approx -210°$ und $\alpha_4 \approx -330°$

Merke

Winkel mit gleichen Funktionswerten

$\sin(\alpha + 360°) = \sin\alpha$
$\cos(\alpha + 360°) = \cos\alpha$

Beispiel

Bestimme den Sinuswert von 400°.

Lösung:
$\sin(400°) = \sin(40° + 360°) = \sin(40°) \approx 0{,}64$

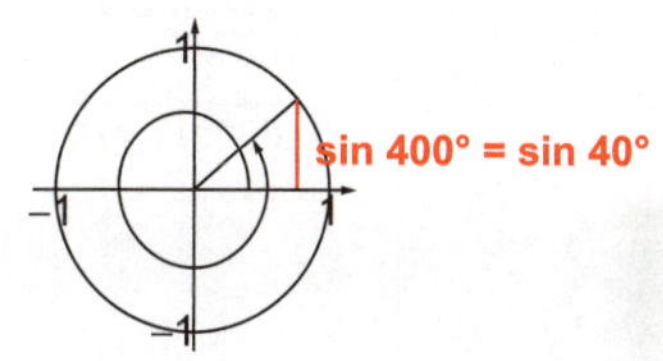

Aufgaben

131 Zeichne einen Einheitskreis (2,5 cm ≙ Einheit 1).
Zeichne folgende Winkel ein und bestimme durch Ablesen ihren Sinus- und Kosinuswert.

a) $\alpha = 65°$
b) $\beta = 100°$
c) $\gamma = 200°$
d) $\delta = -70°$

Überprüfe deine Lösungen anschließend mit dem Taschenrechner.

132 Welcher Winkel zwischen 0° und 360° hat denselben Sinuswert wie:

a) $\alpha = 60°$
b) $\alpha = 100°$
c) $\alpha = 230°$
d) $\alpha = -210°$

133 Welcher Winkel zwischen 0° und 360° hat denselben Kosinuswert wie:

a) $\alpha = 60°$
b) $\alpha = 100°$
c) $\alpha = 230°$
d) $\alpha = -210°$

134 Gleich oder nicht gleich? Setze = oder ≠ ein.
Überlege und benutze nicht den Taschenrechner.

a) $\sin 15°$ ☐ $\sin 165°$
b) $\cos 40°$ ☐ $\cos 220°$
c) $\sin 90°$ ☐ $\sin(-90°)$
d) $\sin(-180°)$ ☐ $\sin 180°$
e) $\cos 60°$ ☐ $\cos(-60°)$
f) $\sin 200°$ ☐ $\sin(-20°)$

6.4 Trigonometrische Funktionen – Sinus- und Kosinusfunktion

Merke

Sinusfunktion

Ordnet man jedem Winkel α seinen Sinuswert zu, erhält man die Sinusfunktion mit der Funktionsgleichung y = sin α.
Eigenschaften der Sinusfunktion:

- Punktsymmetrisch zum Ursprung
- Nullstellen sind Vielfache von 180°

Wertetabelle

α	–360°	–315°	–270°	–225°	–180°	–135°	–90°	–45°
sin α	0	0,7071	1	0,7071	0	–0,7071	–1	–0,7071

α	0°	45°	90°	135°	180°	225°	270°	315°	360°
sin α	0	0,7071	1	0,7071	0	–0,7071	–1	–0,7071	0

Graph

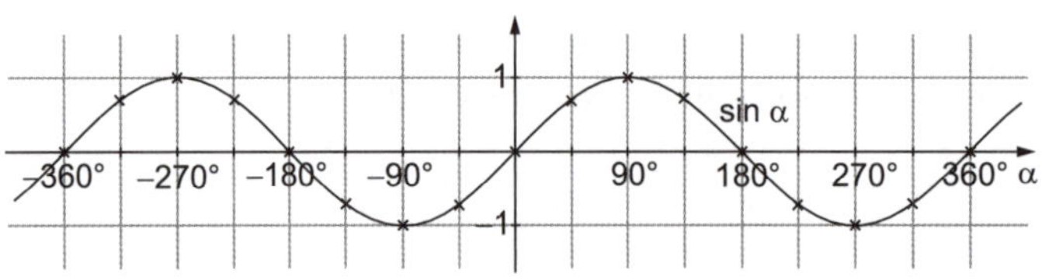

Merke

Kosinusfunktion

Ordnet man jedem Winkel α seinen Kosinuswert zu, erhält man die Kosinusfunktion mit der Funktionsgleichung y = cos α.
Eigenschaften der Kosinusfunktion:

- Achsensymmetrisch zur y-Achse
- Nullstellen sind 90° plus oder minus Vielfache von 180°

Wertetabelle

α	–360°	–315°	–270°	–225°	–180°	–135°	–90°	–45°
cos α	1	0,7071	0	–0,7071	–1	–0,7071	0	0,7071

α	0°	45°	90°	135°	180°	225°	270°	315°	360°
cos α	1	0,7071	0	–0,7071	–1	–0,7071	0	0,7071	1

Graph

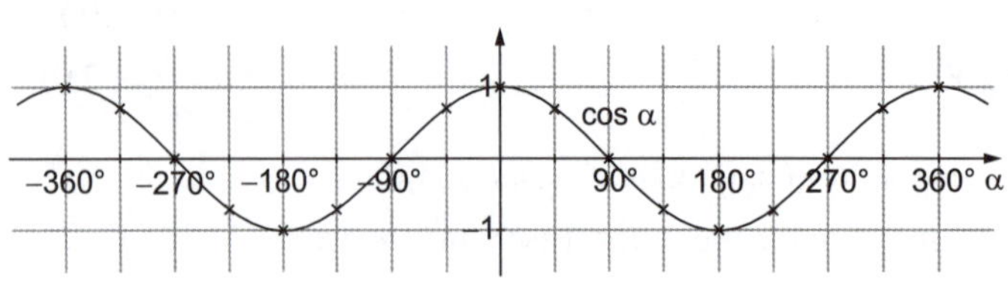

Regelmäßig wiederkehrende Vorgänge bezeichnet man im allgemeinen Sprachgebrauch als periodisch. In Natur und Technik gibt es zahlreiche Beispiele dafür, z. B. elektromagnetische Schwingungen, Töne, die tägliche Helligkeitsdauer oder den Wasserstand bei Ebbe und Flut. Entsprechend heißt eine Funktion in der Mathematik **periodisch**, wenn sich ihre Werte in regelmäßigen Abständen wiederholen. Die Abstände bis zum wiederholten Auftreten desselben Funktionswertes werden **Periode** genannt.

Merke

Periodizität der Sinus- und Kosinusfunktion

Die Sinusfunktion und die Kosinusfunktion sind periodische Funktionen, weil sich die Funktionswerte nach einem gewissen Abstand (Periode) immer wiederholen. Die (kleinste) Periode beträgt bei beiden Funktionen 360°.

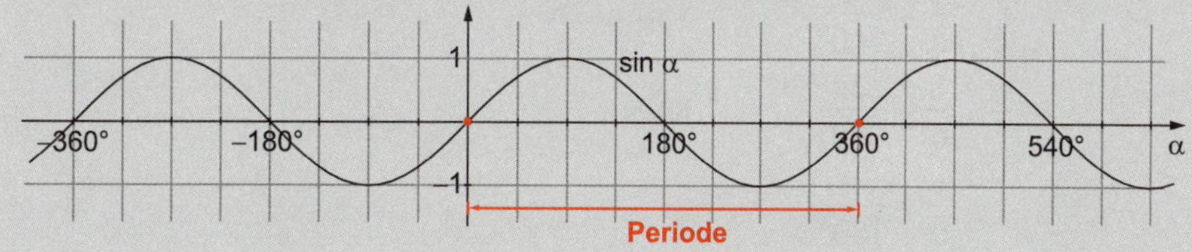

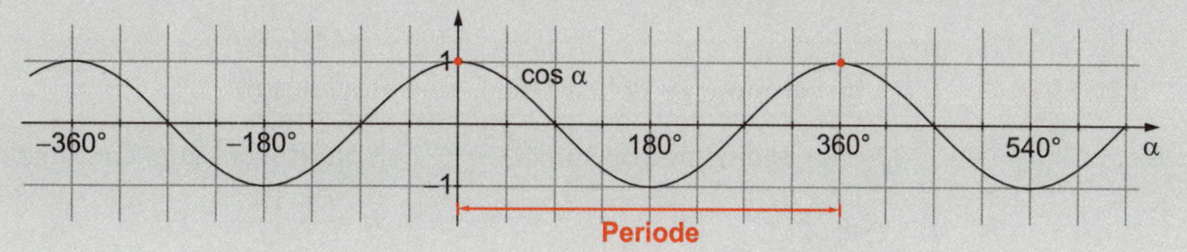

Beispiel

Bestimme die Nullstellen der Sinusfunktion $y = \sin \alpha$ im Bereich $-360° < \alpha < +360°$. Was fällt dir auf?

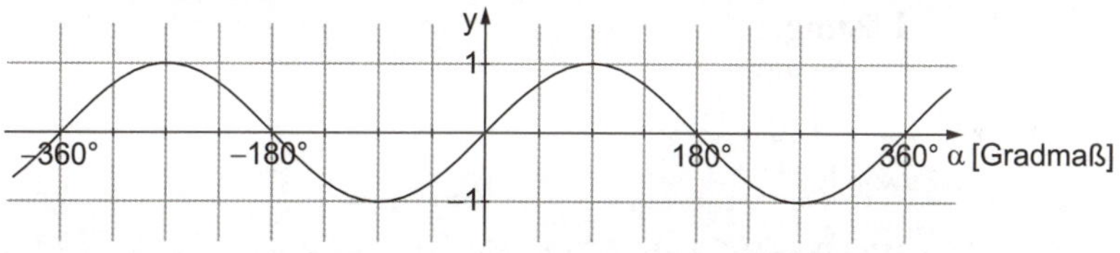

Lösung:
Die Nullstellen liegen bei –360°, –180°, 0°, 180° und 360°.
Alle Nullstellen sind ganzzahlige Vielfache von 180°.

Sinus- und Kosinusfunktion mithilfe des Bogenmaßes

Ein Winkel kann sowohl im Gradmaß als auch im Bogenmaß angegeben werden.

Merke

Bogenmaß

Das Bogenmaß ist die Länge des Kreisbogens b, der dem Winkel α im Einheitskreis gegenüberliegt.

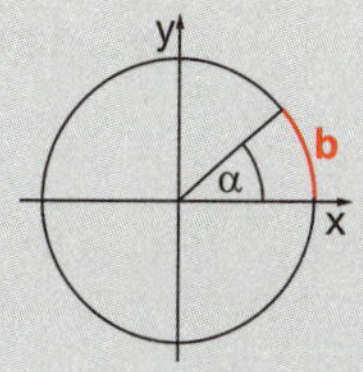

Oft wird das Bogenmaß als Vielfaches von π angegeben. Das Bogenmaß von 360° (Vollkreis) ist 2π, denn der Kreisbogen b, der dem Winkel α im Einheitskreis gegenüberliegt, ist der Umfang des Einheitskreises. Weil der Radius r im Einheitskreis gleich 1 ist, folgt: $b = 2 \cdot \pi \cdot r = 2\pi$

Entsprechend ist π das Bogenmaß von 180° (Halbkreis), $\frac{1}{2}\pi$ das Bogenmaß von 90° (Viertelkreis) usw.

Gradmaß	–360°	–270°	–180°	–90°	0°	90°	180°	270°	360°
Bogenmaß als Vielfaches von π	-2π	$-1\frac{1}{2}\pi$	$-\pi$	$-\frac{1}{2}\pi$	0	$\frac{1}{2}\pi$	π	$1\frac{1}{2}\pi$	2π
Bogenmaß als Zahlenwert	–6,28	–4,71	–3,14	–1,57	0	1,57	3,14	4,71	6,28

Da das Verhältnis von Bogenmaß b zu Winkel α (in Grad) dem Verhältnis von Umfang u des Einheitskreises zu 360° entspricht, gilt folgende proportionale Zuordnung:

$$\frac{b}{\alpha} = \frac{u}{360°}$$ Setze $u = 2\pi$.

$$\frac{b}{\alpha} = \frac{2\pi}{360°}$$ Kürze.

$$\frac{b}{\alpha} = \frac{\pi}{180°}$$

Merke

Umrechnung zwischen Grad- und Bogenmaß

Vom Grad- zum Bogenmaß:

$$x = \frac{\pi \cdot \alpha}{180°}$$

Vom Bogen- zum Gradmaß:

$$\alpha = \frac{x \cdot 180°}{\pi}$$

Beispiele

1. Welches Bogenmaß gehört zu $\alpha = 60°$?

   Lösung:

   $$x = \frac{\pi \cdot 60°}{180°}$$

   $$x \approx 1{,}05$$

2. Welcher Winkel in Grad gehört zum Bogenmaß $b = 6$?
   Schätze die Gradzahl, bevor du rechnest.

   Lösung:

   Schätzung:
   Zu 360° gehört das Bogenmaß 6,28 ($= 2 \cdot \pi$), das ist der volle Umfang des Einheitskreises. Das Bogenmaß 6 ist etwas weniger, also schätzungsweise 340°.

   Rechnung:

   $$\alpha = \frac{6 \cdot 180°}{\pi}$$

   $$\alpha \approx 343{,}77°$$

Merke

Die Funktionen y = sin x und y = cos x

Ordnet man **jedem Bogenmaß x** seinen Sinus- bzw. Kosinuswert zu, erhält man die Sinus- bzw. Kosinusfunktion. In der graphischen Darstellung haben nun die x- und die y-Achse dieselben Maßeinheiten.

$y = \sin x$:

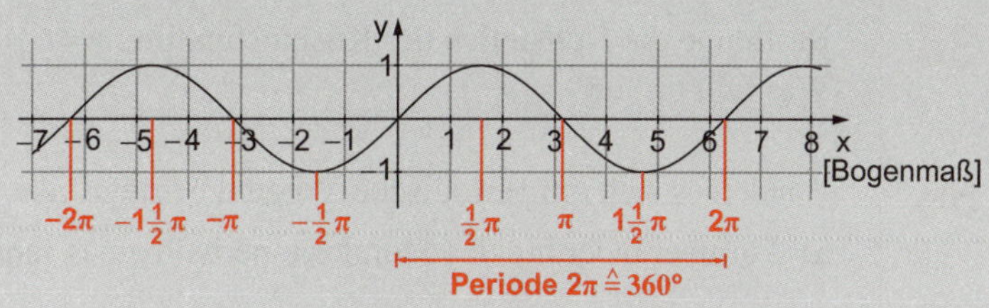

$y = \cos x$:

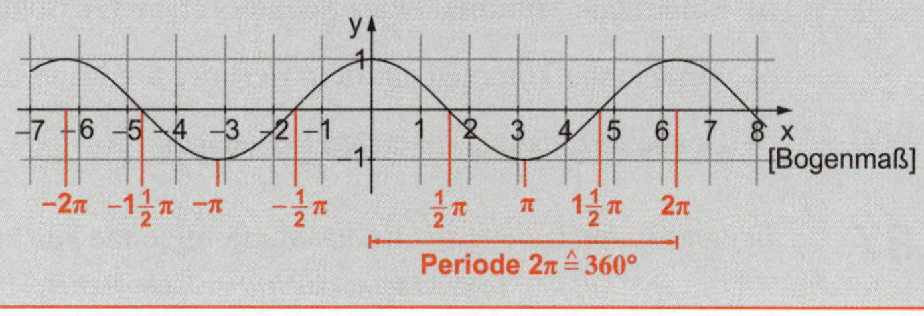

Beispiel

Im folgenden Diagramm ist die Bewegung des Pendels einer Pendeluhr festgehalten. Vor der ersten Schwingung befindet sich das Pendel in der Mitte in Ruhestellung.

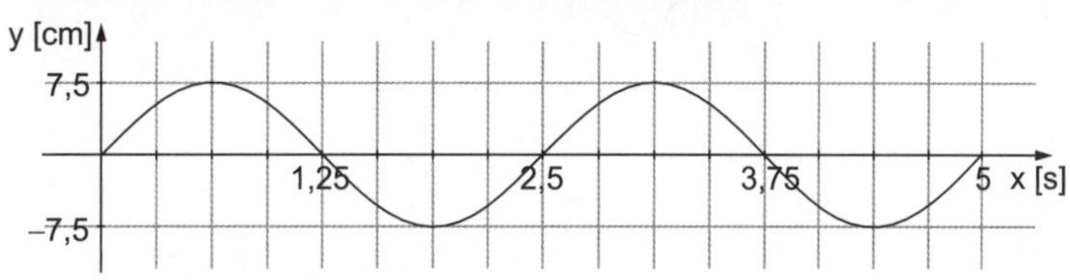

a) Wie groß ist der Abstand zwischen den Maximalausschlägen?
Wie lange dauert eine Schwingungsbewegung von links nach rechts?

b) Wie viele Schwingungen finden pro Stunde statt?

c) Begründe, warum es sich um eine periodische Funktion handelt.

Lösung:

a)

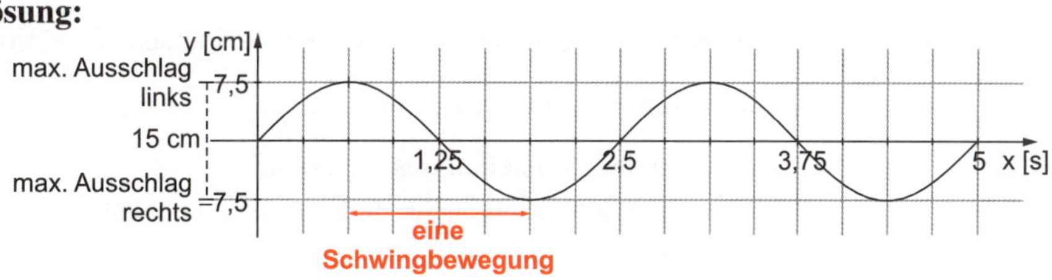

Der Abstand zwischen den Maximalausschlägen beträgt 15 cm.
Eine Schwingbewegung dauert 1,25 Sekunden.

b) 1 Schwingung ≙ 1,25 s; x Schwingungen ≙ 1 Stunde = 3 600 Sekunden

3 600 : 1,25 = 2 880 **oder** $\frac{1}{1{,}25} = \frac{x}{3\,600} \quad | \cdot 3\,600$

$$x = \frac{1 \cdot 3\,600}{1{,}25}$$

$$x = 2\,880$$

In einer Stunde schwingt das Pendel 2 880-mal von rechts nach links oder von links nach rechts.

c) Es handelt sich um eine regelmäßig wiederkehrende Bewegung, solange die Uhr aufgezogen ist. Nach 2,5 Sekunden wiederholt sich die gesamte Bewegung.

Aufgaben

135 Bestimme die Nullstellen der Kosinusfunktion $y = \cos\alpha$ im Bereich $-360° < \alpha < +360°$. Was fällt dir auf?

136 Handelt es sich um periodische Vorgänge? Begründe.

a) Formveränderung des Mondes innerhalb eines Jahres

b) Mündliche Mitarbeit eines Schülers an einem Schultag

c) Verkehrsaufkommen auf dem Berliner Stadtring in einer Arbeitswoche

d) Gewichtszunahme im ersten Lebensjahr

137 In einer Jugendzeitschrift findet Marie folgende Kurve:

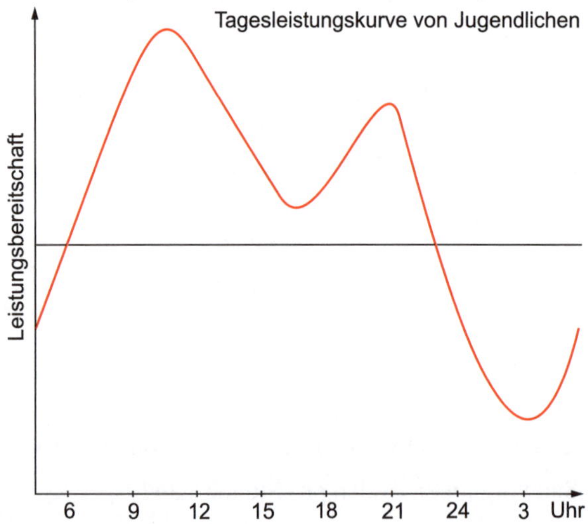

a) Welche Informationen kannst du der graphischen Darstellung entnehmen?

b) Begründe, warum es sich hier um eine periodische Funktion handelt.

c) Gib die Länge einer Periode an.

d) Wo liegen die Nullstellen des Graphen?
Welche Bedeutung haben sie in diesem Sachzusammenhang?

7 Körper

7.1 Darstellungen von Körpern

Geometrische Körper wie z. B. Würfel, Quader, Pyramide und Kegel sind dreidimensionale Gebilde.
Um zeichnerisch einen räumlichen Eindruck zu erhalten, stellt man Körper in einem **Schrägbild** dar. Die Kanten in den Raum (Tiefenkanten) werden hierbei im **45° Winkel** und **auf die Hälfte verkürzt** dargestellt.

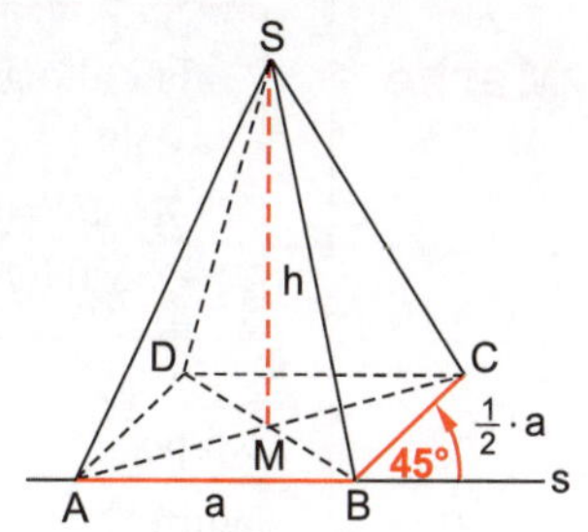

Das **Netz** eines Körpers ist eine zweidimensionale Darstellung seiner Oberfläche. Der Körper wird dabei in geeigneter Weise entlang seiner **Kanten aufgeschnitten und in der Ebene ausgebreitet**. Grund-, Deck- und Seitenflächen werden in wahrer Größe oder maßstabsgerecht verändert dargestellt.

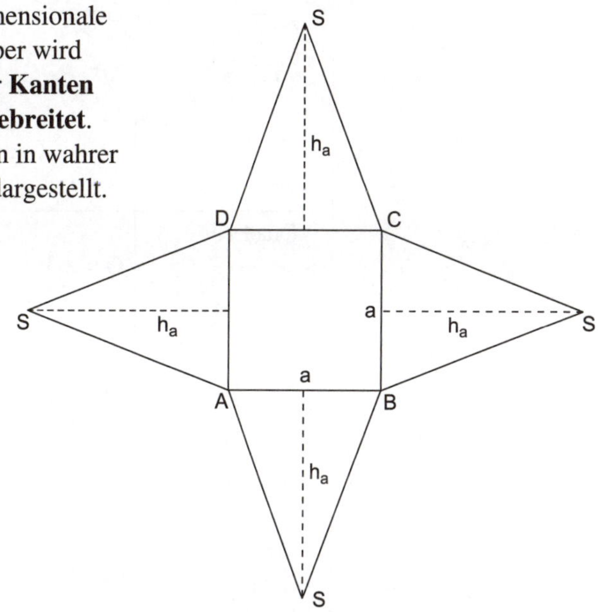

7.2 Berechnungen an Körpern

Bei allen Körpern sind das Volumen, der Mantel, die Oberfläche und die Masse wichtige Werte, die berechnet werden.

Massenberechnung

Merke

Die Masse eines jeden Körpers ist abhängig vom Volumen und der Dichte (ρ) des Materials, aus dem der Körper besteht. Die Dichte ρ (rho) wird in Gramm pro Kubikzentimeter oder entsprechenden Einheiten angegeben.

$$\frac{g}{cm^3} \mathrel{\hat{=}} \frac{kg}{dm^3} \mathrel{\hat{=}} \frac{t}{m^3}$$

Masse = Volumen · Dichte $\quad \mathbf{m = V \cdot \rho}$

Prismen

Ein **Prisma** ist ein Körper mit kongruenter (flächengleicher) Grund- und Deckfläche und gleich langen, zueinander parallelen Seitenkanten. Stehen die Seitenflächen senkrecht auf der Grundfläche, so spricht man von einem **geraden Prisma**.

Merke

> Für alle **geraden Prismen** gilt:
> Volumen = Grundfläche · Höhe des Prismas **V = G · h**
> Mantel = Umfang der Grundfläche · Höhe des Prismas **M = u · h**
> Oberfläche = 2 · Grundfläche + Mantel **O = 2 · G + M**

Körper	Grundfläche	Volumen	Mantel	Oberfläche
Würfel 	$G = a^2$	$V = a^3$	$M = 4a^2$	$O = 2a^2 + 4a^2$ $O = 6a^2$ 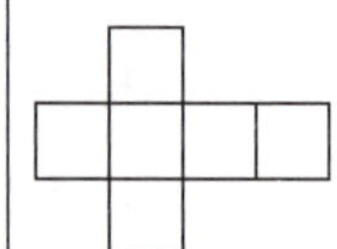
Quader 	$G = a \cdot b$	$V = a \cdot b \cdot c$	$M = (2a + 2b) \cdot c$ $M = 2ac + 2bc$	$O = 2ab + 2ac + 2bc$ $O = 2(ab + ac + bc)$ 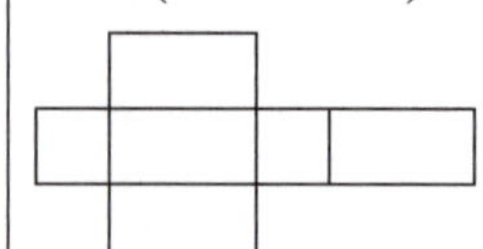
Regelmäßiges dreiseitiges Prisma 	$G = \frac{\sqrt{3}}{4} a^2$	$V = \frac{\sqrt{3}}{4} a^2 \cdot h$	$M = 3ah$	$O = \frac{\sqrt{3}}{2} a^2 + 3ah$ 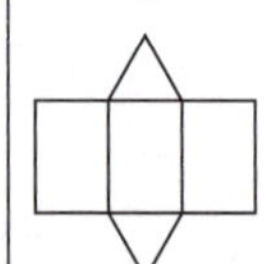
Regelmäßiges sechsseitiges Prisma 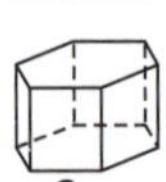	$G = \frac{3\sqrt{3}}{2} a^2$	$V = \frac{3\sqrt{3}}{2} a^2 \cdot h$	$M = 6ah$	$O = 3\sqrt{3}a^2 + 6ah$ 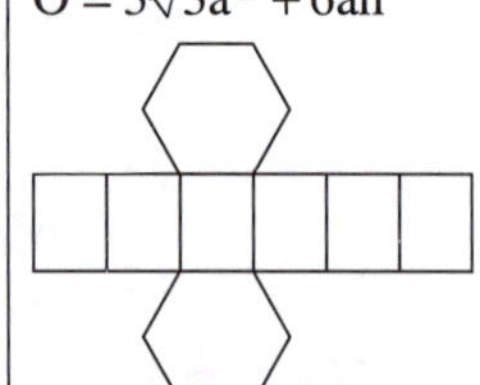
Zylinder 	$G = \pi \cdot r^2$	$V = \pi \cdot r^2 \cdot h$	$M = 2\pi \cdot r \cdot h$	$O = 2\pi \cdot r^2 + 2\pi \cdot r \cdot h$ $O = 2\pi \cdot r(r + h)$ 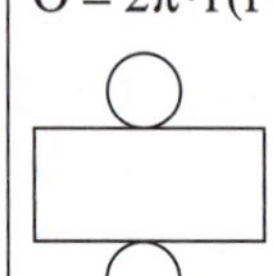

Beispiele

1. Aus einem quaderförmigen Bleistück ($a = 9{,}6$ cm; $b = 6{,}8$ cm; $c = 5$ cm) sollen Würfel von 2 cm Kantenlänge geschmolzen werden.
   a) Wie viele Würfel erhält man?
   b) Vergleiche die Oberfläche des Bleistücks mit der Summe aller Würfeloberflächen.
   c) Blei hat eine Dichte von $11{,}3\,\frac{g}{cm^3}$. Reichen die Kräfte eines 16-jährigen Schülers, um den Quader anzuheben?
   d) Luca behauptet: Verdoppelt man die Kantenlängen der Würfel, so halbiert sich die Anzahl der Würfel.
   Überprüfe den Wahrheitsgehalt dieser Aussage und begründe deine Antwort.

Lösung:

a) Volumen des Quaders:
$V_1 = a \cdot b \cdot c$
$V_1 = 9{,}6 \cdot 6{,}8 \cdot 5$
$V_1 = 326{,}4$
Volumen des Würfels:
$V_2 = a^3$
$V_2 = 2 \cdot 2 \cdot 2$
$V_2 = 8$
Das Volumen des Quaders beträgt 326,4 cm^3 und das eines Würfels 8 cm^3.
$326{,}4 : 8 = 40{,}8$
Man erhält 40 Würfel.

b) Oberfläche des Quaders:
$O_1 = 2(ab + ac + bc)$
$O_1 = 2(9{,}6 \cdot 6{,}8 + 9{,}6 \cdot 5 + 6{,}8 \cdot 5)$
$O_1 = 294{,}56$
Oberfläche des Würfels:
$O_2 = 6 \cdot a^2$
$O_2 = 6 \cdot 2^2$
$O_2 = 24$
Würfeloberfläche · Anzahl:
$24 \cdot 40 = 960$
Die Würfeloberflächen sind mit 960 cm^2 mehr als dreimal so groß wie die Quaderoberfläche mit 294,56 cm^2.

c) Masse des Quaders:
$m = V \cdot \rho$
$m = 326{,}4 \cdot 11{,}3 = 3\,688{,}32$
$3\,688{,}32\text{ g} \approx 3{,}7\text{ kg}$
Ein 16-jähriger kann den Quader mit einer Masse von ca. 3,7 kg leicht anheben.

d) Verdoppelte Kantenlänge: $a = 4$
Volumen eines Würfels: $V = 4^3 = 64$
$326{,}4 : 64 = 5{,}1$
Die Aussage stimmt nicht, man würde nur 5 Würfel erhalten.

2. Der Grundkreisradius eines Messzylinders beträgt 1,5 cm. In welcher Höhe müssen die Markierungen für 20 cm³, 40 cm³, 60 cm³, 80 cm³ und 100 cm³ angebracht werden?

Lösung:

$V = \pi \cdot r^2 \cdot h \quad |:(\pi \cdot r^2)$ Äquivalenzumformung (nach der gesuchten Größe h auflösen)

$h = \frac{V}{\pi \cdot r^2}$

$h = \frac{V}{\pi \cdot 1{,}5^2}$ r = 1,5 cm einsetzen

V in cm³	20	40	60	80	100
h in cm	2,83	5,66	8,49	11,32	14,15

3. Zylinderförmige Getränkedosen haben einen Innendurchmesser von 8 cm und eine Höhe von 10 cm.

a) Weise rechnerisch nach, dass ein halber Liter (500 cm³) Flüssigkeit in die Dosen gefüllt werden kann.

b) Welcher Prozentteil des Dosenvolumens wird dabei nicht genutzt?

c) Der Dosenmantel wird mit einer 8 cm hohen Banderole beklebt, wobei für den Kleberand 1 cm zusätzlich berücksichtigt werden muss.
Wie viel Papier wird für 10 000 Dosen benötigt?

Lösung:

a) Berechnung des Volumens:

$V = \pi \cdot r^2 \cdot h$

$V = \pi \cdot 4^2 \cdot 10$

$V \approx 502{,}65$

Da das Dosenvolumen 502,65 cm³ beträgt, kann ein halber Liter (500 cm³) eingefüllt werden.

b) Differenz der Volumina: 2,65 cm³

$\frac{502{,}65}{100} = \frac{2{,}65}{x} \quad |\cdot x \cdot 100$

$502{,}65 \cdot x = 2{,}65 \cdot 100$

$x \approx 0{,}53$

0,53 % des Doseninhalts werden nicht genutzt.

c) Die Banderole für eine Dose hat die Form eines Rechtecks mit den Seiten u + 1 cm und 8 cm.

Berechnung der Fläche einer Banderole:

$A = (u+1) \cdot 8$

$A = (2\pi \cdot r + 1) \cdot 8$

$A = (2\pi \cdot 4 + 1) \cdot 8$

$A \approx 209{,}06$

Papierfläche für 10 000 Dosen:

$209{,}06 \cdot 10\,000 = 2\,090\,600$

Man benötigt 2 090 600 cm² bzw. 209,06 m² Papier.

Aufgaben

138 Das nebenstehende Bild stellt das Netz eines Prismas dar, wobei die eingefärbte Fläche die Grundfläche ist. Berechne Volumen und Oberfläche des Prismas.

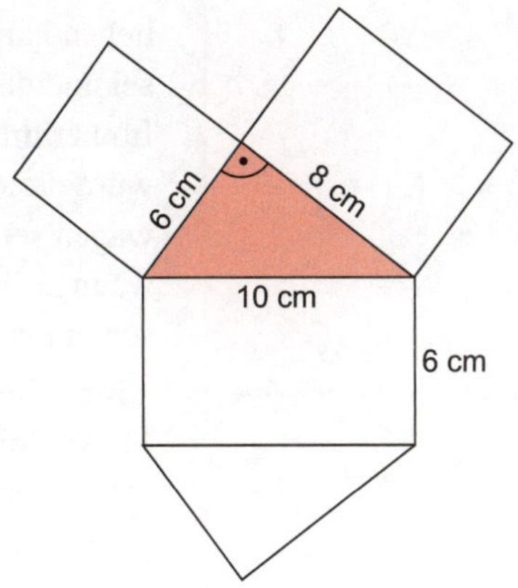

139 Auf einem Biohof in Brandenburg wird nitrofenfreies Kraftfutter in die 25 Futtertröge gefüllt. Die Seitenflächen der Futtertröge haben die Form eines gleichseitigen Trapezes mit den Maßen $a = 50$ cm, $c = 70$ cm und $h_T = 3{,}5$ dm. Ihre Länge beträgt 10 dm.
Wie viel Kraftfutter wird verteilt, wenn die Tröge zweimal täglich randvoll gefüllt werden?

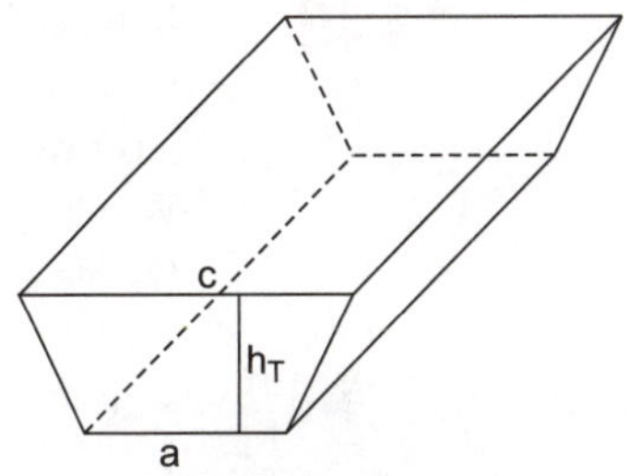

140 Unternehmen versuchen ihre Produktionskosten so gering wie möglich zu halten. Eine Molkerei prüft daher, ob die Verpackungskosten für Milch gesenkt werden können. Bisher gibt es die Milch in einem Getränkekarton mit folgenden Maßen:
$a = 9$ cm; $b = 6$ cm; $h = 19$ cm

Eine Verpackungsfirma bietet folgende Formen an:

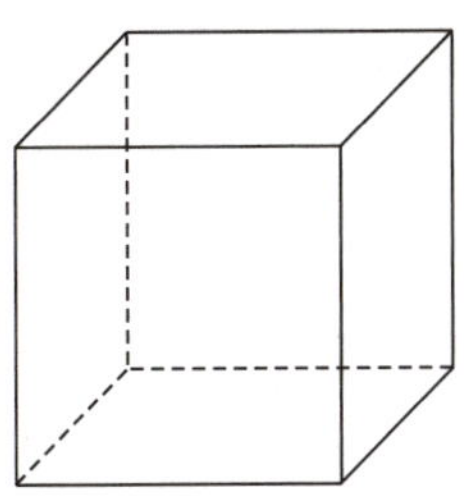
Würfel

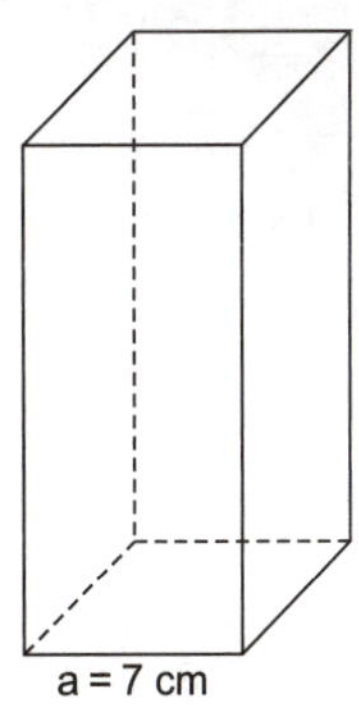

Quadratische Säule

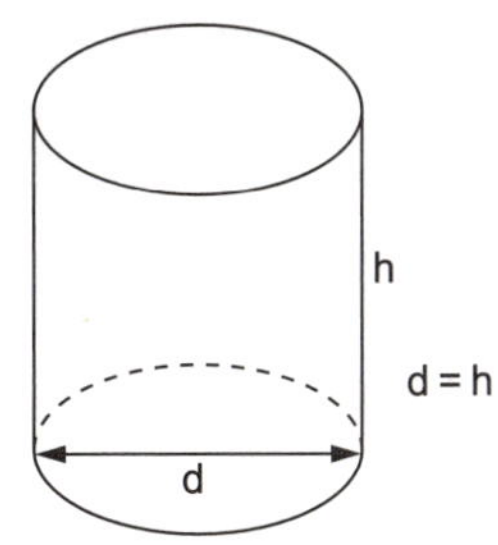

Zylinder

a) Welche Oberflächen haben die Verpackungen bei gleichem Volumen?
b) Für welche Verpackung sollte sich die Firma entscheiden? Begründe. Berücksichtige auch praktische Gesichtspunkte bei deiner Antwort.

***141** Aus einem DIN-A4-Blatt mit den Maßen 29,7 cm × 21 cm lassen sich auf zwei Arten offene Zylinder herstellen.
Welcher der beiden Zylinder hat das größere Volumen?

***142** Auf einer Baustelle streiten sich zwei Bauarbeiter. Sie wollen eine riesige Betonröhre ins Erdreich schaffen. Der Auszubildende Jan meint, dass der kleine Kran die Röhre nicht heben kann und umkippen wird. Die beiden Bauarbeiter sagen, dass die Röhre doch hohl sei und demnach nicht so schwer sein kann. Immerhin könne der Kran 2,4 t heben. Das würde reichen. Er könne sich ja in den Bauwagen setzen und das Gewicht ausrechnen, wenn er ihnen nicht glaube. Sie würden schon mal die Röhre an den Kran ketten.

Nimm Stellung zu dieser Auseinandersetzung.

Maße: äußerer Durchmesser: 1,40 m
innerer Durchmesser: 1,20 m
Länge der Röhre: 3,50 m

(Dichte $\rho = 2{,}5\ \frac{g}{cm^3}$)

***143** In einer integrierten Schaltung werden die Bauteile mit sehr dünnen Drähten ($r = 0{,}005$ mm) aus fast reinem Gold verbunden.
Wie lang ist ein Draht, der 1 g wiegt?
Dichte der Goldlegierung: $19{,}1\ \frac{g}{cm^3}$

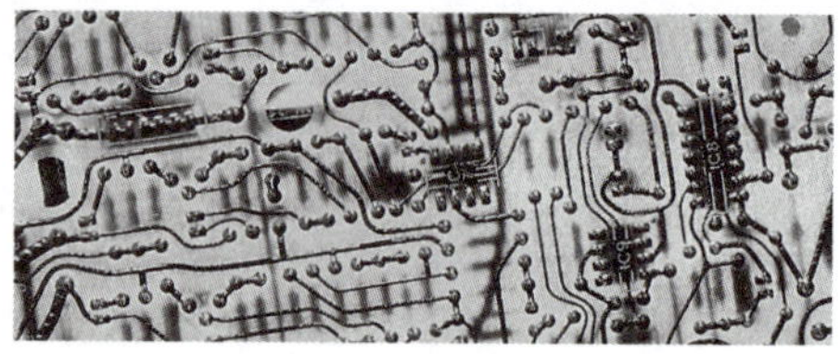

Pyramiden

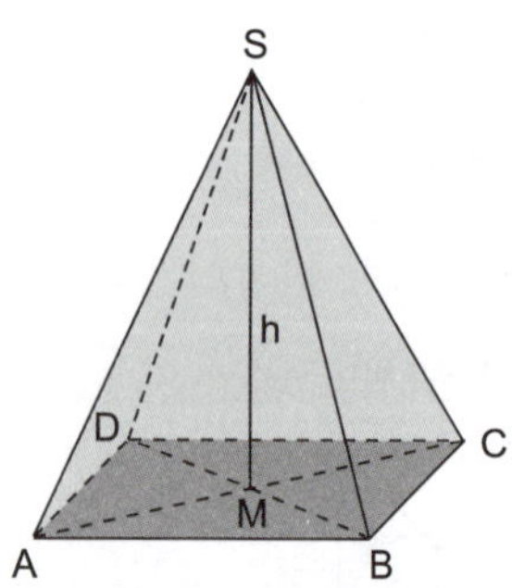

vierseitige quadratische Pyramide

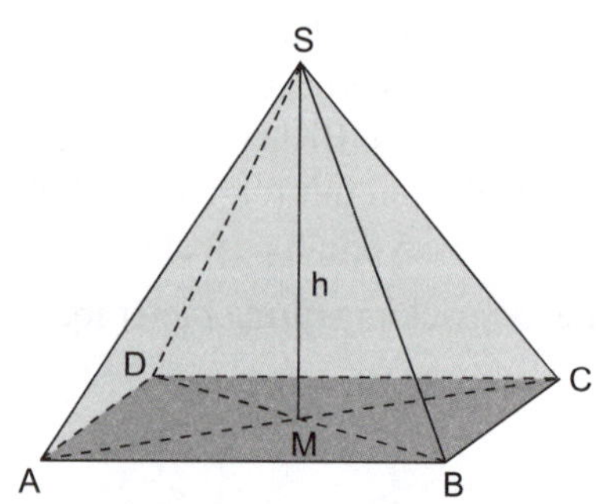

vierseitige rechteckige Pyramide

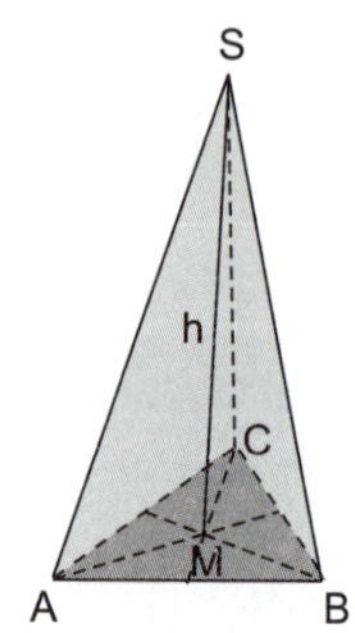

dreiseitige Pyramide

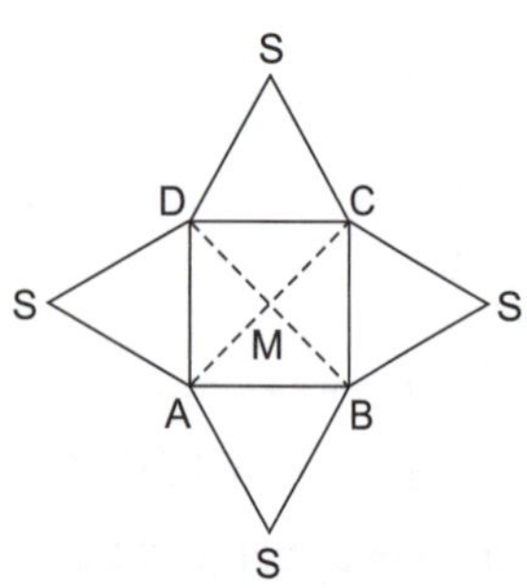

Netz einer vierseitigen quadratischen Pyramide

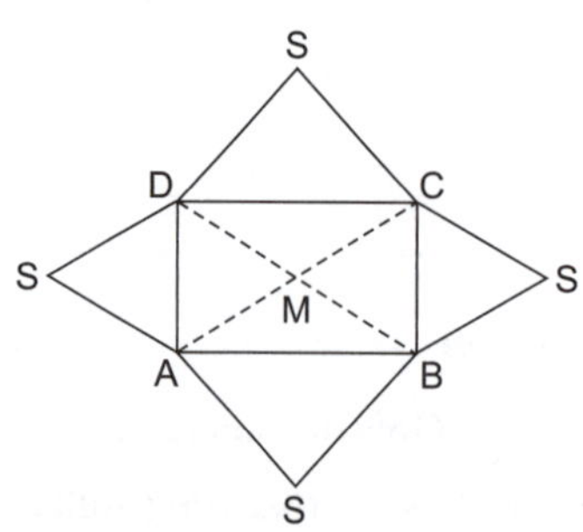

Netz einer vierseitigen rechteckigen Pyramide

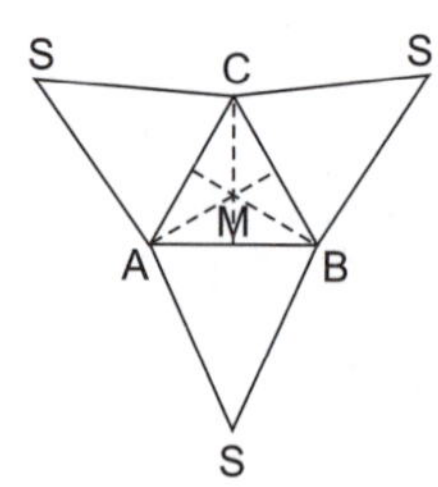

Netz einer dreiseitigen Pyramide

Die Grundfläche und der Mantel bilden die Oberfläche einer Pyramide. Der Mantel besteht aus Dreiecken, deren Höhe mithilfe des Satzes des Pythagoras berechnet wird.

Haben ein Prisma und eine Pyramide die gleiche Grundfläche und Höhe, beträgt das Pyramidenvolumen $\frac{1}{3}$ des Prismenvolumens.

Merke

Oberfläche der Pyramide:	$\mathbf{O = G + M}$
Volumen der Pyramide:	$\mathbf{V = \frac{1}{3} \cdot G \cdot h}$

Beispiel

Steffi kauft für Sarah zum Geburtstag eine quadratische Pyramide aus Marmor, die 8 cm hoch ist und eine Seitenlänge von 6 cm hat. (Dichte von Marmor: $2{,}5\,\frac{g}{cm^3}$)

a) Welches Volumen hat die Pyramide und wie schwer ist sie?

b) Steffi will die Pyramide mit Klarlack beschichten.
Welche Fläche muss sie lackieren?

Lösung:

a) Gegeben: $a = 6$ cm; $h = 8$ cm; $\rho = 2{,}5\,\frac{g}{cm^3}$

Gesucht: V; m

Berechnung von V:

$V = \frac{1}{3} a^2 \cdot h$

$V = \frac{1}{3} \cdot 6^2 \cdot 8$

$V = 96$

Berechnung von m:

$m = V \cdot \rho$

$m = 96 \cdot 2{,}5$

$m = 240$

Die Pyramide hat ein Volumen von 96 cm^3 und wiegt 240 g.

b) Gesucht: h_a; O

Berechnung von h_a mithilfe des Satzes des Pythagoras:

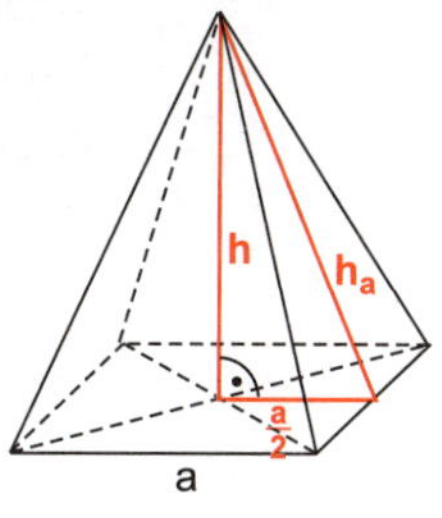

${h_a}^2 = \left(\frac{a}{2}\right)^2 \cdot h^2$

${h_a}^2 = 3^2 + 8^2$

${h_a}^2 = 73$

$h_a \approx 8{,}54$

Berechnung der Oberfläche:

$O = a^2 + 4 \cdot \frac{a \cdot h_a}{2}$

$O = 6^2 + 2 \cdot 6 \cdot 8{,}54$

$O = 36 + 102{,}48$

$O = 138{,}48$

Sie muss eine Fläche von 138,48 cm^2 lackieren.

Aufgaben

144 Die Eingangspyramide für ein neues Einkaufszentrum hat eine quadratische Grundfläche mit einer Grundkante von 30 m und eine Seitenkante von 25 m.
In einem Zeitungsbericht stand zur Eröffnung des Einkaufszentrums: „Fantastischer Eingangsbereich – Pyramide mit 2 000 m^2 Glasfläche führt ins Einkaufszentrum.“
Stimmt die Berechnung des Redakteurs oder handelt es sich um eine Übertreibung?

***145** Trinkpäckchen $\left(\frac{1}{4}\,\ell\right)$ werden im 6er-Pack angeboten. Die 6 Päckchen passen auf eine rechteckige Unterlage (30 cm × 20 cm) und haben die Form einer Pyramide.
Wie viel Material benötigt man für die Verpackung von 1 Päckchen, wenn mit 5 % Verschnitt zu rechnen ist?

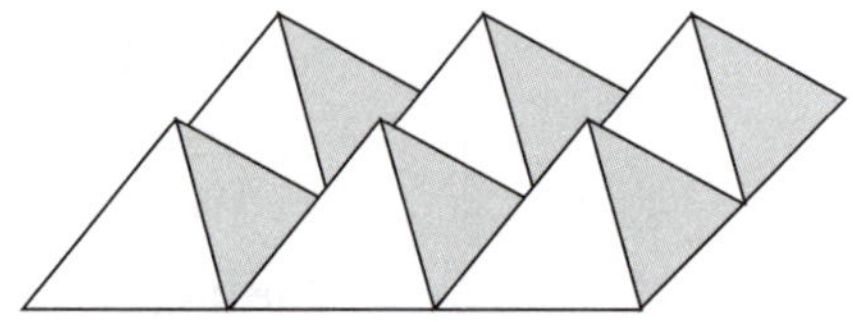

***146** Tim soll eine rechteckige Pyramide basteln, deren Grundseiten a = 4 cm und b = 2 cm lang sind. Das Volumen dieser Pyramide soll 8 cm^3 betragen.

a) Welche Größen muss Tim berechnen? Berechne diese Größen.
Tipp: Zeichne als Berechnungshilfe ein Schrägbild!

b) Wie sieht das Netzbild aus, das Tim zeichnen sollte, um die Pyramide zu basteln?

Kegel

Die Grundfläche eines Kegels ist ein Kreis mit dem Radius r. Die Spitze S befindet sich senkrecht über dem Kreismittelpunkt. Schneidet man den Kegel längs einer Mantellinie s auf, so bildet der Mantel des Kegels einen Kreissektor. Die Bogenlänge b dieses Kreissektors entspricht dem Umfang u des Grundflächenkreises ($u = 2\pi \cdot r$).

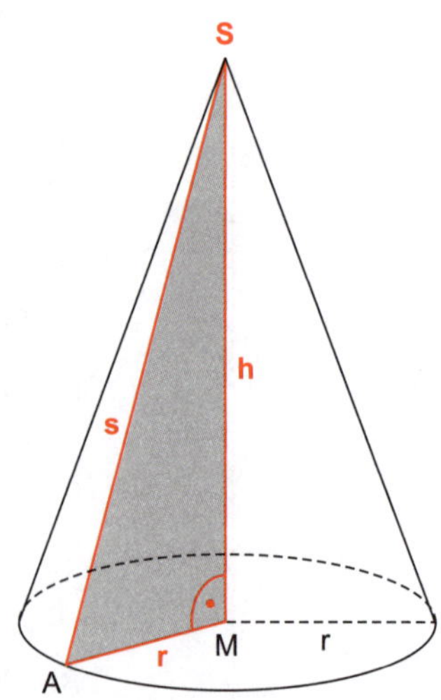

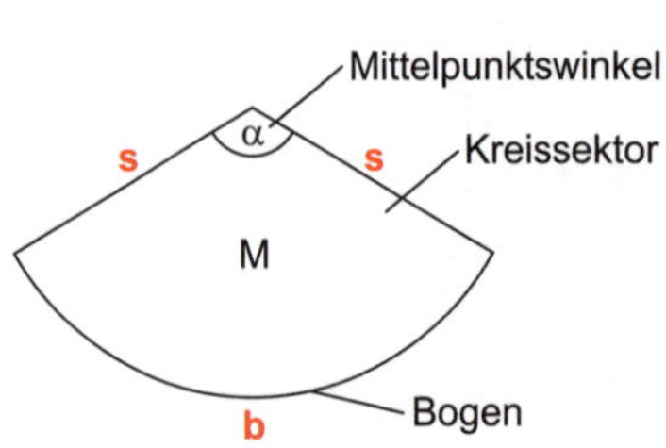

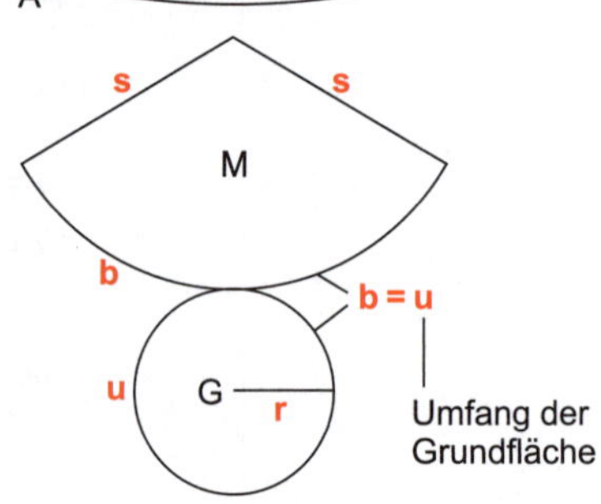

Merke

Kegel

Volumen: $\mathbf{V = \frac{1}{3} G \cdot h}$

$\mathbf{V = \frac{1}{3} \pi \cdot r^2 \cdot h}$

Mantel: $\mathbf{M = \pi \cdot r \cdot s}$

Oberfläche: $\mathbf{O = G + M}$

$\mathbf{O = \pi \cdot r^2 + \pi \cdot r \cdot s}$

$\mathbf{O = \pi \cdot r(r + s)}$

Beispiel

Eine Firma stellt kegelförmige Salzstreuer mit den Maßen r = 3,5 cm und h = 7 cm her.

a) Ein gastronomischer Betrieb erkundigt sich beim Hersteller, ob in einen Streuer 100 cm^3 Salz passen. Wie muss die Antwort lauten?

b) Von außen werden die Streuer mit einer spiegelnden Folie beklebt. Wie viel Folie benötigt man zum Bekleben von 1 000 Streuern, wenn mit 15 % Verschnitt gerechnet werden muss?

Lösung:

a) Berechnung des Volumens:

$V = \frac{1}{3} \pi \cdot r^2 \cdot h$

$V = \frac{1}{3} \pi \cdot 3{,}5^2 \cdot 7$

$V \approx 89{,}8$

Die gewünschte Menge passt nicht in den Streuer, da sein Volumen nur 89,8 cm^3 beträgt.

b) Berechnung von s:

$s^2 = r^2 + h^2$

$s^2 = 3{,}5^2 + 7^2 \quad |\sqrt{\ }$

$s = \sqrt{12{,}25 + 49}$

$s \approx 7{,}83$

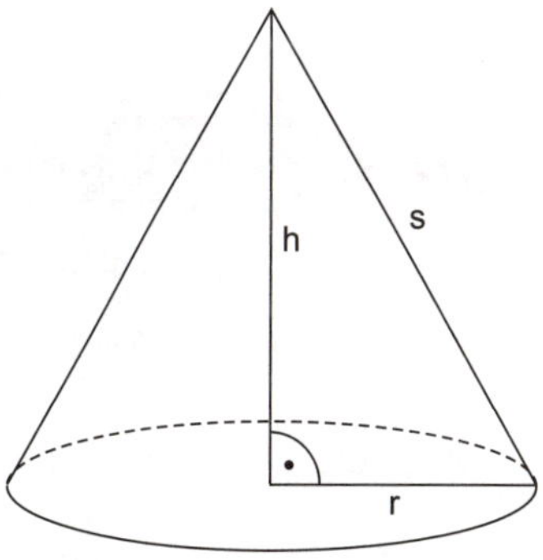

Berechnung der Oberfläche:

$O = \pi \cdot r^2 + \pi \cdot r \cdot s$

$O = \pi \cdot 3{,}5^2 + \pi \cdot 3{,}5 \cdot 7{,}83$

$O \approx 124{,}58$

Berechnung des Folienverbrauchs für 1 000 Streuer inklusive Verschnitt:

$124{,}58 \cdot 1\,000 \cdot 1{,}15 = 143\,267 \; (cm^2)$

Es werden ca. 14,33 m^2 Folie benötigt.

Aufgaben

147 Der obere Teil eines Sektglases hat die Form eines Kegels mit einer Höhe von 12 cm und einer oberen Öffnung von 8 cm.
Passen in ein solches Glas 0,2 ℓ Sekt?

148 Bojen werden in den Maßen h = 75 cm und d = 32 cm für 199,00 € angeboten. Sie bestehen aus 2 identischen, aufeinandergesetzten Kegeln. Zum Schutz vor Algen müssen sie jährlich mit einem Spezialmittel gestrichen werden.
Welche Fläche muss der Hafenmeister des Segelclubs am Wannsee an 38 clubeigenen Bojen streichen?

***149** Ein runder Turm mit einem Umfang von 15,70 m hat ein Dach in der Form eines Kegels, der in der Spitze einen rechten Winkel bildet. Das Dach des Turmes soll neu gedeckt werden.
Wie hoch sind die entstehenden Kosten, wenn ein Quadratmeter 86,40 € zuzüglich 19 % Mehrwertsteuer kostet?

Kugeln

Jeder Punkt P auf der Oberfläche einer Kugel hat vom Kugelmittelpunkt M den gleichen Abstand r.
Der ebene Schnitt einer Kugel ist ein Kreis.

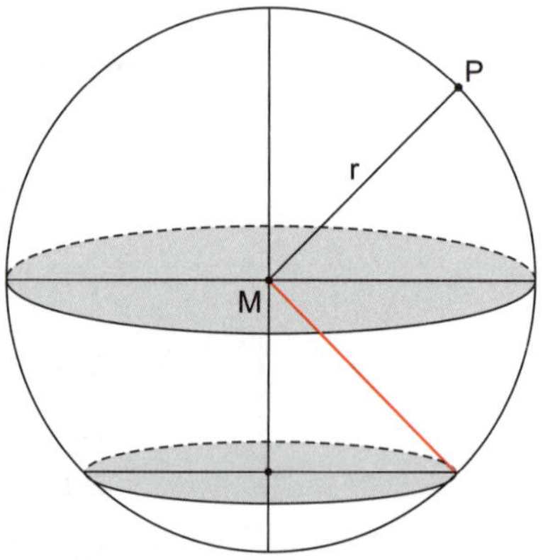

Merke

Kugel

Volumen der Kugel: $\mathbf{V = \frac{4}{3}\pi \cdot r^3}$

Oberfläche der Kugel: $\mathbf{O = 4\pi \cdot r^2}$

Beispiele

1. Wenn ein Poolball eine Oberfläche von O = 113,1 cm² hat, dann beträgt das Volumen 113,1 cm³.
   Stimmt diese Aussage?

   Lösung:
   Gegeben: $O = 113{,}1\ \text{cm}^2$
   Gesucht: r; V
   Berechnung des Radius:

   $$O = 4\pi \cdot r^2$$
   $$113{,}1 = 4\pi \cdot r^2 \quad |:(4\pi)$$
   $$r^2 = \frac{113{,}1}{4\pi}$$
   $$r^2 \approx 9 \quad |\sqrt{\ }$$
   $$r = 3$$

Berechnung des Volumens:

$V = \frac{4}{3}\pi \cdot r^3$

$V = \frac{4}{3}\pi \cdot 3^3$

$V \approx 113{,}1\,cm^3$

Die Aussage stimmt.

2. Nimm Stellung:
   a) Wenn ich den Radius einer Kugel verdopple, dann verdoppelt sich auch ihre Oberfläche.
   b) Wenn ich das Volumen einer Kugel verdopple, so verlängert sich der Radius um das 1,26-fache.

Lösung:

a) Untersuchung an Beispielen:

$r_1 = 1\,cm$:	$r_2 = 2\,cm$:	$r_3 = 4\,cm$:
$O_1 = 4\pi \cdot 1^2$	$O_2 = 4\pi \cdot 2^2$	$O_3 = 4\pi \cdot 4^2$
$O_1 = 12{,}57\,(cm^2)$	$O_2 = 50{,}26\,(cm^2)$	$O_3 = 201{,}06\,(cm^2)$

Allgemein:

$O_r = 4\pi \cdot r^2$

$O_{2r} = 4\pi \cdot (2 \cdot r)^2$

$O_{2r} = 4\pi \cdot 4 \cdot r^2$

$O_{2r} = 4 \cdot 4\pi \cdot r^2$

Die Aussage stimmt nicht, denn die Oberfläche vervierfacht sich.

b) $V_1 = \frac{4}{3}\pi \cdot {r_1}^3$ $\quad V_2 = \frac{4}{3}\pi \cdot {r_2}^3$ bzw. $V_2 = 2 \cdot \frac{4}{3}\pi \cdot {r_1}^3$

Daher gilt:

$\frac{4}{3}\pi \cdot {r_2}^3 = 2 \cdot \frac{4}{3}\pi \cdot {r_1}^3 \quad \big| : \left(\frac{4}{3}\pi\right)$

${r_2}^3 = 2{r_1}^3 \quad \big| \sqrt[3]{\ }$

$r_2 = \sqrt[3]{{r_1}^3 \cdot 2}$

$r_2 = r_1\sqrt[3]{2}$

$r_2 \approx 1{,}26 \cdot r_1$

Die Aussage stimmt.

Aufgaben

150 Anlässlich der WM 2006 stand ein Fußballglobus vor dem Brandenburger Tor in Berlin. Die 15 Meter hohe, nachts blau leuchtende Weltkugel ist das Produkt des österreichischen Künstlers André Heller und soll die weltweit Völker verbindende Faszination des Fußballsports symbolisieren. Im Inneren des Balls fand auf mehreren Etagen eine Ausstellung statt.

a) Vergleiche die Fläche eines Fußballfeldes (68 m × 105 m) mit der Fläche der Außenhülle des Fußballglobus.

*b) Wie viele echte Fußbälle (d = 22 cm) würden ungefähr in den Globus passen? Kreuze an.

☐ 3 000 ☐ 30 000 ☐ 300 000 ☐ 3 000 000 ☐ 30 000 000

151 Die Erde hat einen Radius von $r_E = 6\,371$ km, der Mars einen Radius von $r_M = 3\,400$ km (beide als ideale Kugeln gedacht).
In welchem Verhältnis stehen die Volumina der beiden Planeten?

152 Ein als „Stehaufmännchen" bekanntes Spielzeug hat die Form einer Halbkugel mit aufgesetztem Kegel. Der Radius der Halbkugel beträgt r = 5 cm, die Höhe des Kegels h = 7 cm. Berechne Volumen und Oberfläche des Spielzeugs.

***153** Das bislang größte und schwerste Hagelkorn hatte angeblich ein Gewicht von 10 Kilogramm. Normalerweise ist es ausgeschlossen, dass ein Hagelkorn so groß und schwer wird, da es schon lange vorher zu Boden fällt. Möglicherweise hat sich besagtes Riesenkorn aber aus Wasser gebildet, das ein Flugzeug in sehr großer Höhe verloren hat.
Zeigt die Abbildung das angesprochene Hagelkorn? Begründe.
(Dichte von Eis: $0{,}92\,\frac{g}{cm^3}$; Dichte von Wasser: $1\,\frac{g}{cm^3}$)

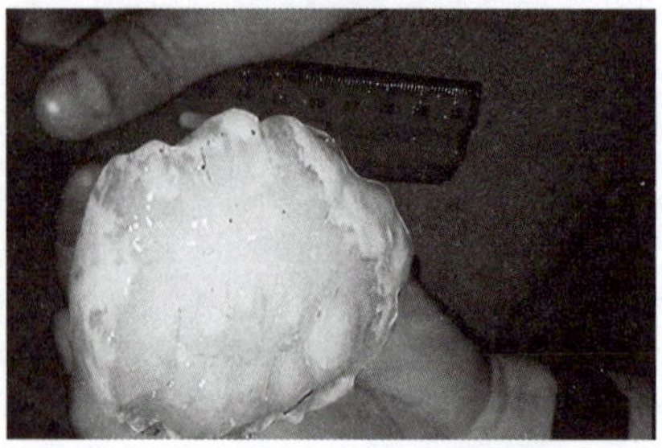

8 Daten und Zufall

Die Gebiete Wahrscheinlichkeitsrechnung und Statistik fasst die Mathematik unter dem Begriff Stochastik (altgriechisch: „Ratekunst“) zusammen.

Stochastik

Statistik (Daten) | **Wahrscheinlichkeit (Zufall)**

In der Statistik werden Daten erfasst, dargestellt, reduziert und interpretiert. Die Statistik wertet also Geschehenes aus.
Die Wahrscheinlichkeitsrechnung hingegen trifft Vorhersagen für die Zukunft.

8.1 Statistik

Die Statistik lässt sich gliedern in:
- Daten erfassen
- Daten reduzieren
- Daten darstellen
- Graphische Darstellungen analysieren

Merke

Daten erfassen

Urliste:	Sammlung der erfassten Daten
Rangliste:	Geordnete Daten nach ihrer Größe
Strichliste:	Häufigkeitstabelle der erfassten Daten
Gesamtzahl n:	Anzahl der erfassten Daten
Absolute Häufigkeit H:	Gibt an, wie oft ein bestimmter Wert vorkommt.
Relative Häufigkeit h:	Gibt an, wie oft ein bestimmter Wert im Verhältnis zur Gesamtzahl der Daten vorkommt. Wird meist in Prozent angegeben.

$$\text{Relative Häufigkeit} = \frac{\text{absolute Häufigkeit}}{\text{Gesamtzahl}} \quad \text{bzw. } h = \frac{H}{n}$$

Beispiel

Ergebnisse einer Klassenarbeit
- Urliste:
  Noten: 2; 3; 1; 6; 2; 4; 3; 5; 2; 5; 2; 4; 3; 2; 3; 1; 5; 4; 3; 3
- Rangliste:
  Die Noten werden nach ihrer Größe geordnet:
  1; 1; 2; 2; 2; 2; 2; 3; 3; 3; 3; 3; 3; 4; 4; 4; 5; 5; 5; 6
- Strichliste:

Note:	1	2	3	4	5	6
Anzahl:	||	𝍸	𝍸 |	|||	|||	|

- Gesamtzahl n:
  $n = 20$, da 20 Noten erfasst wurden.

- Absolute Häufigkeit H:

Note:	1	2	3	4	5	6
H	2	5	6	3	3	1

Die absolute Häufigkeit H der Note 2 ist 5, da 5 Schüler diese Note erreicht haben.

- Relative Häufigkeit h:

Note:	1	2	3	4	5	6
h	$\frac{2}{20}=0{,}1$	$\frac{5}{20}=0{,}25$	$\frac{6}{20}=0{,}3$	$\frac{3}{20}=0{,}15$	$\frac{3}{20}=0{,}15$	$\frac{1}{20}=0{,}05$
h in %	10 %	25 %	30 %	15 %	15 %	5 %

Die relative Häufigkeit der Note 6 ist $\frac{1}{20}$ (=0,05 oder 5 %), da 1 Schüler von 20 diese Note erreicht hat.

Merke

Daten reduzieren (zusammenfassen)

Modalwert (Modus): Wert, der am häufigsten vorkommt

Arithmetisches Mittel m (Mittelwert, Durchschnitt): Summe aller Werte dividiert durch die Anzahl aller Werte:

$$m = \frac{x_1 + x_2 + x_3 + \ldots + x_n}{n}$$

Zentralwert Z (Median): Wert, der genau in der Mitte aller erfassten Daten liegt, wenn sie der Größe nach geordnet sind.
Bei einer **ungeraden Anzahl** von Werten ist der mittlere Wert der Zentralwert.
Bei einer **geraden Anzahl** von Werten stehen 2 Werte in der Mitte. Der Mittelwert dieser beiden Werte ist dann der Zentralwert Z (Median).

Spannweite w: Differenz zwischen dem **Maximum** (größter Datenwert) und dem **Minimum** (kleinster Datenwert).

$$w = x_{max} - x_{min}$$

Mittlere Abweichung a: Maß für die Streuung der Daten, wobei die einzelnen Daten mit dem arithmetischen Mittel verglichen werden. Die Summe der betragsmäßigen Unterschiede zum arithmetischen Mittel wird durch die Anzahl der Werte (Gesamtzahl) n dividiert.

$$a = \frac{|x_1 - m| + |x_2 - m| + |x_3 - m| + \ldots + |x_n - m|}{n}$$

Beispiel

Bei einer Umfrage werden 14 Jugendliche einer 10. Klasse gefragt, wie viele Stunden sie im letzten Monat für den MSA Mathematik gelernt haben.
Die folgenden Antworten wurden gegeben. Werte diese aus.
Antworten: 30; 17; 8; 5; 23; 15; 11; 3; 5; 10; 14; 20; 16; 9

Lösung:

- Rangliste:
  3; 5; 5; 8; 9; 10; 11; 14; 15; 16; 17; 20; 23; 30
- Gesamtzahl:
  n = 14

- Modalwert:
  Die Zahl 5 kommt bei den genannten Antworten am häufigsten vor. (3; **5**; **5**; 8; 9; 10; 11; 14; 15; 16; 17; 20; 23; 30)
  Modalwert 5
  Resultat: Die meisten Schüler haben 5 Stunden für den MSA gelernt.

- Arithmetisches Mittel:
  Alle erfassten Daten werden addiert und durch die Anzahl der Daten dividiert.
  $3+5+5+8+9+10+11+14+15+16+17+20+23+30=186$
  $186:14\approx 13{,}29$
  $m\approx 13{,}29$
  Resultat: Im Durchschnitt haben die Schüler 13,29 Stunden für den MSA gelernt.

- Zentralwert (Median):
  Die Gesamtzahl n ist gerade. Somit ist der Zentralwert der Mittelwert der beiden in der Mitte liegenden Werte 11 und 14:
  $Z=\frac{11+14}{2}=12{,}5$
  $\underbrace{3;\ 5;\ 5;\ 8;\ 9;\ 10;\ 11;}_{7\text{ Werte}}\ \overset{12{,}5}{|}\ \underbrace{14;\ 15;\ 16;\ 17;\ 20;\ 23;\ 30}_{7\text{ Werte}}$
  Resultat: Der Zentralwert beträgt 12,5 und liegt genau in der Mitte der erfassten Daten.

- Spannweite:
  Bilde die Differenz zwischen dem größten und kleinsten Wert:
  $w=30-3=27$
  Resultat: Die Schüler haben zwischen 3 Stunden und 30 Stunden für den MSA gelernt. Der Unterschied zwischen der höchsten Stundenzahl und der niedrigsten Stundenzahl beträgt 27.

- Mittlere Abweichung:
  Der Abstand, d. h. der betragsmäßige Unterschied zwischen dem ersten Wert 3 und dem arithmetischen Mittel 13,29, beträgt 10,29, der Abstand zwischen dem zweiten Wert 5 und dem arithmetischen Mittel 13,29 beträgt 8,29, usw.
  $|3-13{,}29|=10{,}29;\ |5-13{,}29|=8{,}29\ \ldots$
  Alle Abstände werden addiert:
  $10{,}29+8{,}29+8{,}29+5{,}29+4{,}29+3{,}29+2{,}29+0{,}71+1{,}71+2{,}71+3{,}71+6{,}71+9{,}71+16{,}71=84$
  Die Summe der Abstände wird durch die Anzahl der erfassten Daten geteilt.
  $84:14$
  $a=6$
  Resultat: Die mittlere Abweichung beträgt 6, d. h. im Durchschnitt weichen die Arbeitsstunden etwa 6 Stunden vom arithmetischen Mittel (Mittelwert) ab.

Merke

Daten darstellen

Säulendiagramm: Eignet sich zur Verdeutlichung von Entwicklungstendenzen oder zeitlichen Abläufen. Die Werte lassen sich anschaulich miteinander vergleichen. Die Säulen stehen in gleichen Abständen nebeneinander.

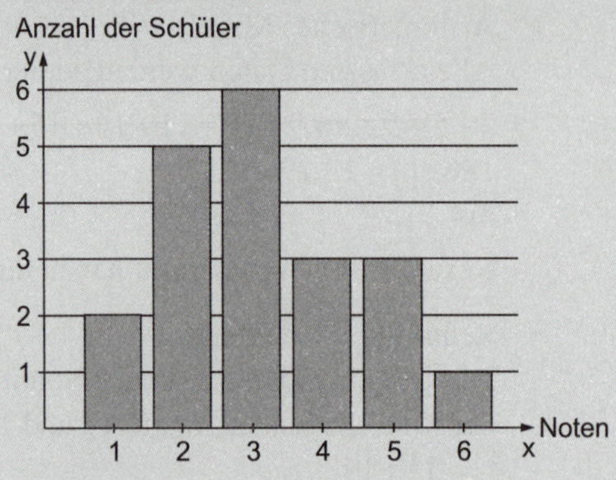

Streifendiagramm: Eignet sich speziell für die Darstellung der relativen Häufigkeit in Prozent. Diese wird in einen 10 cm langen Streifen eingetragen. Dabei gilt: 1 cm entspricht 10 %.

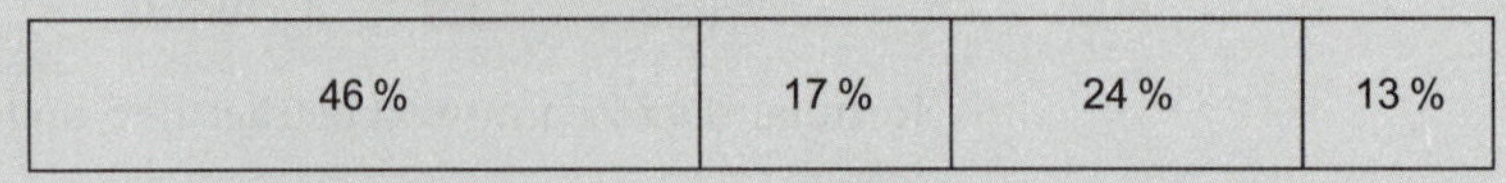

Kreisdiagramm: Eignet sich zur Darstellung von Größenverhältnissen und Anteilen von einem Ganzen. Es wird verwendet für die Darstellung der relativen Häufigkeit in Prozent. Dabei gilt: 3,6° entsprechen 1 %.

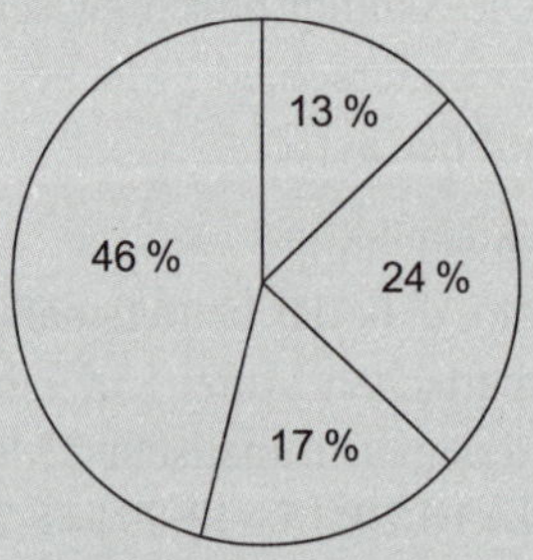

Liniendiagramm: Eignet sich besonders zur Veranschaulichung einer Entwicklung (z. B. Börsenwerte, Preisentwicklungen) über einen Zeitraum mit vielen Messwerten. Es können auch mehrere Linien im Diagramm miteinander verglichen werden.

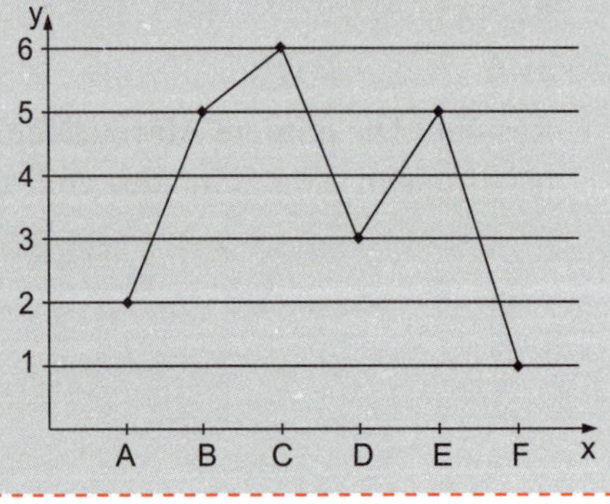

Boxplot: Eignet sich zur Veranschaulichung der Streuung und Lage der Daten. Eine nach Rangliste geordnete Datenmenge wird in 4 gleich große Teile zerlegt. Teilt man die linke und die rechte Hälfte vom Zentralwert (Median) aus jeweils wieder in zwei Hälften, erhält man Viertel.

- Der Zentralwert der linken Hälfte liegt zwischen 1. und 2. Viertel und wird als **unteres Quartil q_u (1. Quartil)** bezeichnet.
- Das **2. Quartil** ist mit dem **Median** (Zentralwert) identisch.
- Der Zentralwert der rechten Hälfte liegt zwischen 3. und 4. Viertel und wird als **oberes Quartil q_o (3. Quartil)** bezeichnet.

Die beiden mittleren Viertel enthalten 50 % der Daten und werden als Kasten, Box genannt, dargestellt. Die Box wird links vom unteren Quartil, rechts vom oberen Quartil begrenzt. Der Median wird als Strich in der Box gekennzeichnet und Minimum und Maximum begrenzen die an die Box anschließenden Antennen.

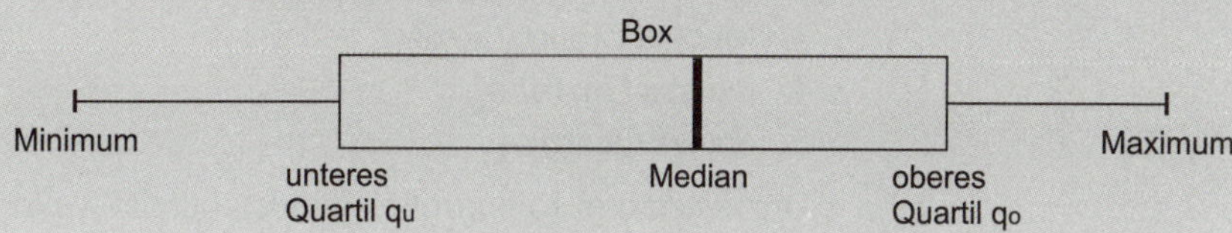

Beispiele

1. Stelle die Ergebnisse der Klassenarbeit in einem Säulen, Streifen- und Kreisdiagramm dar.

Note	1	2	3	4	5	6
Absolute Häufigkeit H	2	5	6	3	3	1

Lösung:

- Säulendiagramm:

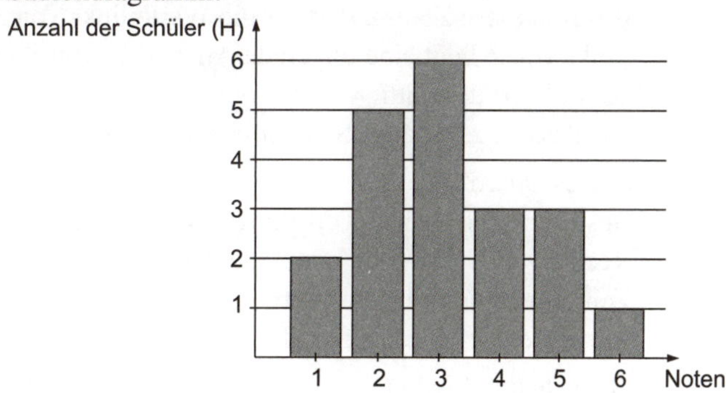

- Streifendiagramm:
  Bestimme zunächst die relative Häufigkeit h:

Note:	1	2	3	4	5	6
h	$\frac{2}{20}=0,1$	$\frac{5}{20}=0,25$	$\frac{6}{20}=0,3$	$\frac{3}{20}=0,15$	$\frac{3}{20}=0,15$	$\frac{1}{20}=0,05$
h in %	10 %	25 %	30 %	15 %	15 %	5 %

Zeichne nun das Streifendiagramm (1 cm entspricht 10 %)

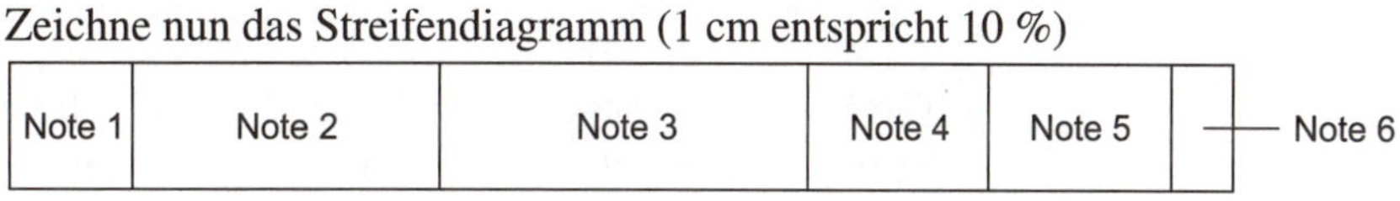

- Kreisdiagramm:
  Zum Zeichnen eines Kreisdiagramms müssen die Prozentsätze in Grad umgerechnet werden. 100 % entsprechen einem Winkel von 360°, deshalb multipliziert man den Prozentsatz mit 3,6.

Note	1	2	3	4	5	6
h in %	10 %	25 %	30 %	15 %	15 %	5 %
Winkelmaß	36°	90°	108°	54°	54°	18°

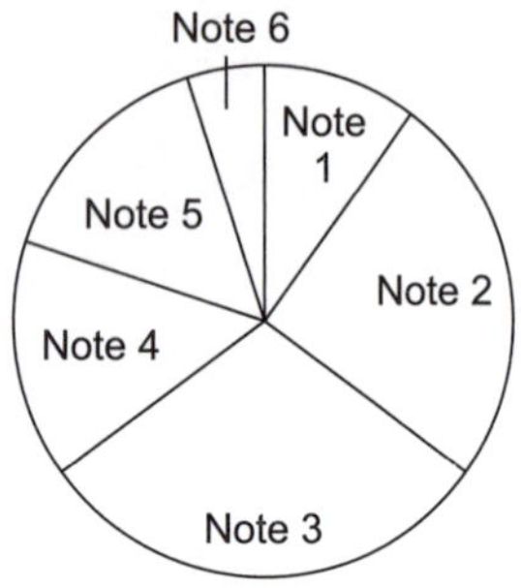

2. Stelle die Ergebnisse der MSA-Umfrage (Schüler antworten, wie viele Stunden sie für den MSA Mathematik gelernt haben) als Boxplot dar.
   Antworten: 30; 17; 8; 5; 23; 15; 11; 3; 5; 10; 14; 20; 16; 9

Lösung:

Zunächst werden die Daten der Größe nach geordnet:
Rangliste: 3; 5; 5; 8; 9; 10; 11; 14; 15; 16; 17; 20; 23; 30

Im Boxplot werden 5 Kenngrößen verwendet, die zunächst ermittelt werden.

1. Minimum (kleinster Wert der Datenreihe)
2. Maximum (größter Wert der Datenmenge)
3. Median (Zentralwert) Z
4. unteres Quartil q_u
5. oberes Quartil q_o

Die ersten drei Kenngrößen wurden bereits weiter oben bestimmt:

Minimum: 3
Maximum: 30
Median: Z = 12,5

3; 5; 5; 8; 9; 10; 11; | 14; 15; 16; 17; 20; 23; 30
7 Werte **12,5** 7 Werte

Links und rechts von Z liegen jeweils 50 % der Daten, d. h. bei einer Gesamtzahl n = 14 haben mindestens 7 Schüler höchstens 12,5 Stunden gelernt und mindestens 7 Schüler mindestens 12,5 Stunden gelernt.

unteres Quartil:
Bestimme den Zentralwert für die Werte links von Z:
Links von Z liegt eine ungerade Anzahl (7) von Werten. Demnach ist der Zentralwert der mittlere Wert: $q_u = 8$
Mindestens 25 % aller Schüler haben also höchstens 8 Stunden gelernt .

oberes Quartil:
Bestimme den Zentralwert für die Werte rechts von Z:
Rechts von Z liegt eine ungerade Anzahl (7) von Werten. Demnach ist der Zentralwert der mittlere Wert: $q_o = 17$
Mindestens 25 % aller Schüler haben also mindestens 17 Stunden gelernt.

Quartile und Median: 3; 5; 5; **8**; 9; 10; 11; | 14; 15; 16; **17**; 20; 23; 30
q_u **Z = 12,5** **q_o**

Boxplot:
Zwischen oberem und unterem Quartil, d. h. innerhalb der Box, liegen 50 % aller Daten. Wegen $q_o - q_u = 17 - 8 = 9$ ist die Box 9 Einheiten lang.

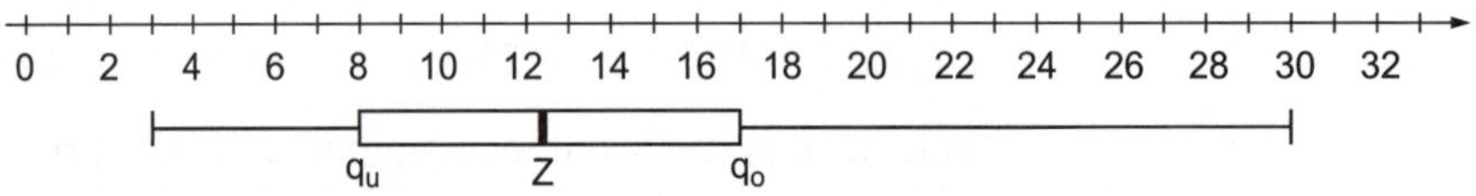

Die 50 % aller Daten innerhalb der Box sind relativ gleichmäßig um den Zentralwert verteilt. Der Extremwert von 30 fällt sofort ins Auge.

Merke

Graphische Darstellungen analysieren

Statistiken dienen dazu, Sachverhalte zu verdeutlichen.

Mithilfe einer graphischen Darstellung kann man sich schnell einen Überblick über vorhandenes Zahlenmaterial verschaffen. Die Graphiken können entweder den Sachverhalt veranschaulichen oder auch verfälschen.

Durch geschickte Wahl der Skalen oder durch ungleichmäßige Einteilungen auf den Achsen können die Daten so manipuliert werden, dass ein bestimmter gewünschter Eindruck entsteht.

Beispiele

1. 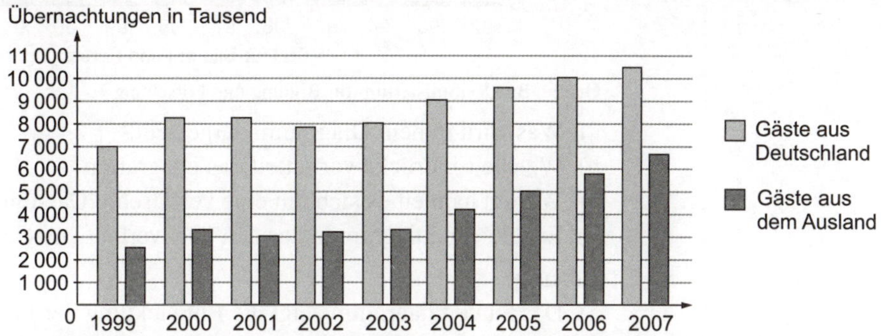

Quelle: Amt für Statistik Berlin-Brandenburg

Die Graphik zeigt die Anzahl der Übernachtungen in Hotels und Pensionen in Berlin, unterschieden nach der Herkunft der Gäste.
In diesem Säulendiagramm wird ein Sachverhalt korrekt dargestellt. Auf der x-Achse werden fortlaufend die Jahre 1999 bis 2007 dargestellt. Die Zeitabstände auf der x-Achse sind einheitlich und auch auf der y-Achse sind die Besucherzahlen gleichmäßig aufsteigend sortiert (1 Einheit entspricht 1 000 Besuchern). Die meisten Besucher Berlins kommen aus Deutschland. So gab es zum Beispiel im Jahr 2001 in Berlin über 8 000 000 erfasste Übernachtungsgäste aus Deutschland und etwas mehr als 3 000 000 aus dem Ausland. Das Diagramm verdeutlicht, dass die Zahl der Berlinbesucher seit 2002 kontinuierlich gestiegen ist.

2. 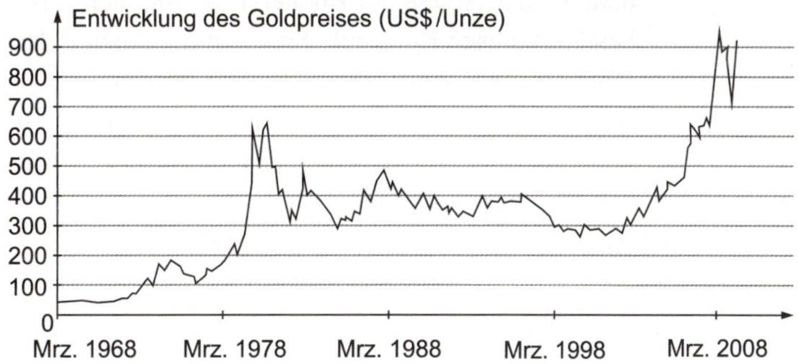

Copyright: Deutsche Bundesbank, Frankfurt am Main, Deutschland

In dieser Graphik wird ein Sachverhalt richtig dargestellt. Die Einteilungen auf den einzelnen Achsen sind gleichmäßig und die y-Achse beginnt bei 0. Die Einheiten auf der x-Achse entsprechen jeweils 10 Jahren. Die Skalierung der y-Achse gibt den Preis (US$) pro Unze an (1 Einheit $\hat{=}$ 100 US$). Das Liniendiagramm zeigt die Entwicklung des Goldpreises von März 1968 bis März 2008. Er wird in US$ pro Unze (28,34 g) gehandelt. Es wird erkennbar, dass der Goldpreis nach 1978 bis auf 650 $ anstieg und diesen Wert erst im Jahr 2008 wieder erreichte. Der Höchststand von über 900 US$ je Unze wurde im März 2008 erreicht.

3. **Wir investieren mehr in Bildung und Forschung**

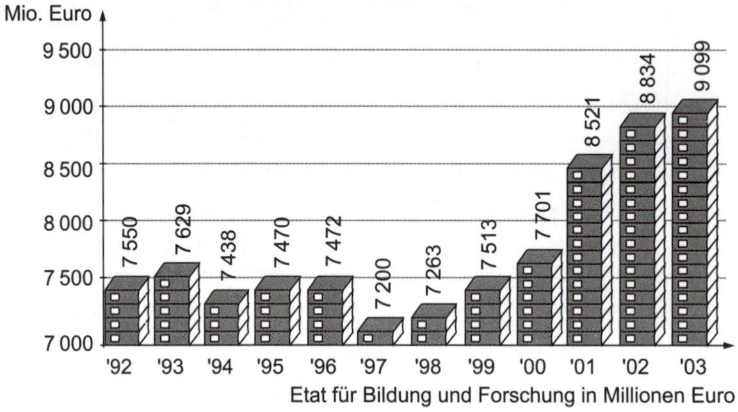

Quelle: Bundesministerium für Bildung und Forschung

a) Was wird in dem Diagramm dargestellt?
b) Welche Eindrücke vermittelt das Diagramm?
c) Warum handelt es sich um eine verfälschte Darstellung?
d) Erstelle ein Diagramm, das den Sachverhalt korrekt wiedergibt.

Lösung:

a) Das Säulendiagramm zeigt die Entwicklung der Investitionen für Bildung und Forschung in den Jahren 1992 bis 2003. Die Graphik wurde vom Bundesministerium für Bildung und Forschung erstellt.
Auf der x-Achse werden in gleichen Abständen die aufeinanderfolgenden Jahre dargestellt. Die y-Achse zeigt die Ausgaben in Millionen €, d. h. dass z. B. im Jahr 2003 für Bildung und Forschung 9 099 000 000 € ausgegeben wurden.

b) Dem Betrachter wird der Eindruck vermittelt, dass von 1997 bis 2003 kontinuierlich wesentlich mehr Geld in Forschung und Bildung geflossen ist. Die Anzahl der dargestellten Bücher steigt in diesem Zeitraum von 1 auf 17.

c) Die Skalierung der y-Achse beginnt bei 7 000 Mio. € und nicht bei 0. Dies lässt die Investitionen in den Jahren von 2001 bis 2003 extrem hoch erscheinen. Die Daten werden verfälscht wiedergegeben. Der Vergleich zwischen Zu- und Abnahmen der Höhen der Bücherstapel und den Zu- und Abnahmen der Zahlen bestätigt diesen Eindruck. So steigt die Anzahl der Bücher im Zeitraum von 1997 bis 2003 von 1 auf 17 Bücher, was einem Anstieg um 1 600 % entspricht. Betrachtet man jedoch die angegebenen Zahlen von 1997 mit 7 200 Millionen und 2003 mit 9 099 Millionen, so ergibt sich ein Anstieg um 1 899 Millionen €, was ca. 26 % entspricht.

d) **Wir investieren mehr in Bildung und Forschung**

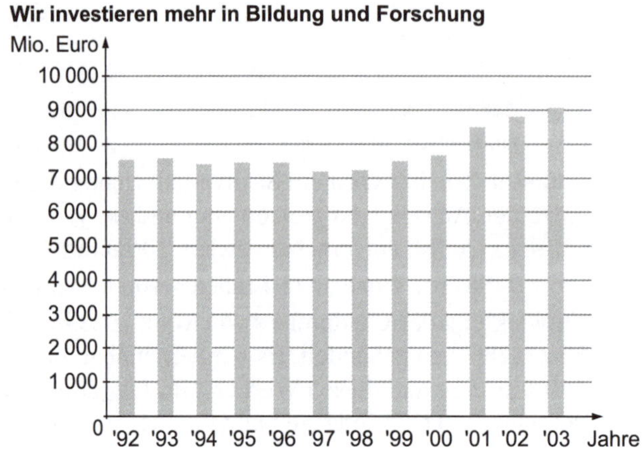

4. Ein Versandhaus möchte den Umsatz, den es durch den Versand von Weinen aus aller Welt erzielt, nochmals steigern und plant eine Sonderaktion. Der Geschäftsleitung liegen zwei Entwürfe vor.

Entwurf 1:

Entwurf 2:

Für welchen Entwurf wird sich die Geschäftsleitung wahrscheinlich entscheiden und warum?

Lösung:

Vermutlich wird die Geschäftsleitung den zweiten Entwurf wählen, da dort das Anwachsen des Umfangs des Weinversands deutlicher wird. Allerdings täuscht das große Fass eine erheblich größere Steigerung der Menge vor als tatsächlich vorhanden: Das große Fass ist etwa doppelt so breit und doppelt so hoch wie das kleine, bedeckt also einen viermal so großen Flächeninhalt! Bedenkt man, dass es sich bei einem Fass um ein dreidimensionales Gebilde handelt, so wird sogar der achtfache Rauminhalt vorgetäuscht.

Aufgaben

154 Schülerinnen und Schüler einer 9. Jahrgangsstufe in Berlin wählen Jahrgangssprecher. Es haben sich 5 Schüler zur Wahl gestellt und die Wahl brachte folgendes Ergebnis:

Malcom:	40
Lisa:	7
Dennis:	63
Marvin:	48
Hatice:	22

a) Bestimme die relativen Häufigkeiten, d. h. die prozentualen Anteile aller Stimmen.

b) Welches der folgenden Kreisdiagramme stellt die Daten der Befragung richtig dar? Begründe.

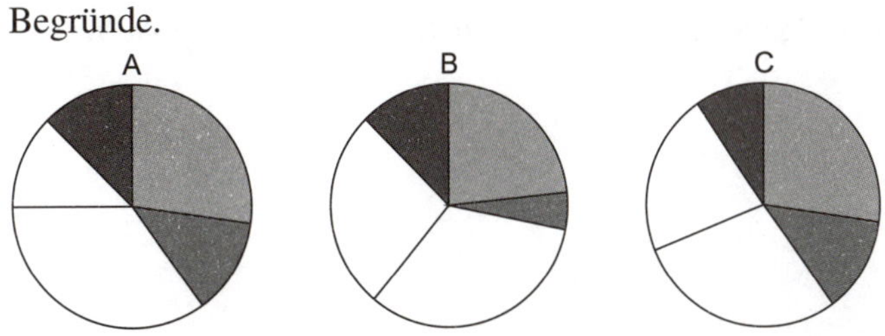

c) Stelle die Umfrageergebnisse in einem Streifendiagramm dar.

155 Die Mädchen der Klassen 9.4 und 9.5 streiten sich, welche Gruppe die bessere im Schlagballwurf ist. Sie haben folgende Ergebnisse erzielt:

Klasse 9.4:

Schülerin	1	2	3	4	5	6	7	8	9	10	11	12	13	14	15	16	17
Wurfweite in m	15	38	13	39	8	37	15	29	16	38	33	12	36	17	20	27	15

Klasse 9.5:

Schülerin	1	2	3	4	5	6	7	8	9	10	11	12	13	14	15	16	17	18	19	20
Wurfweite in m	29	16	34	24	20	41	20	21	22	27	22	23	24	18	25	22	6	33	17	22

a) Bestimme das arithmetische Mittel (Mittelwert), den Median, die Spannweite und die mittlere Abweichung.

b) In welcher Klasse werfen mehr Mädchen weiter als 30 m?

c) In welcher Klasse ist der Anteil der Mädchen, die weiter werfen als 30 m, größer?

d) Welche Klasse ist „in der Spitze“ am stärksten?

** e) Fertige einen Boxplot an. In welcher Klasse sind die Ergebnisse am ausgeglichensten?

156 „Wir fördern Familien“, so ist ein Diagramm des Bundesministeriums für Finanzen überschrieben.

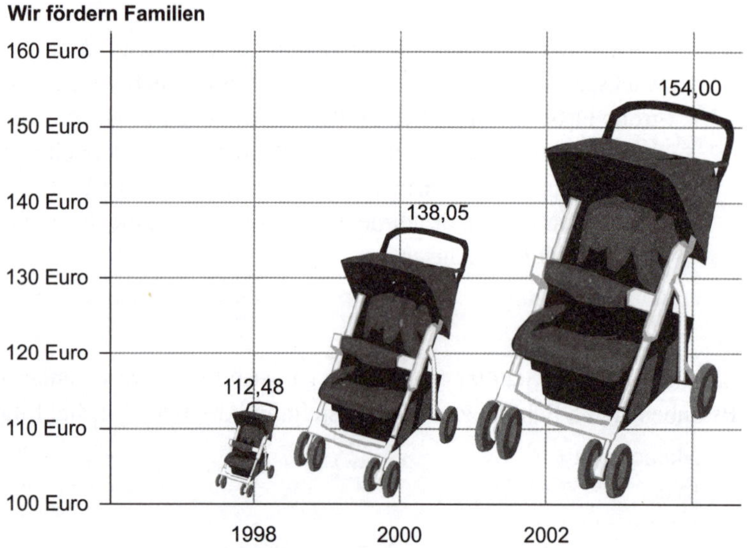

Entwicklung des Kindergeldes für das erste und zweite Kind

Quelle: Bundesministerium für Finanzen

a) Was wird in diesem Diagramm dargestellt?

b) Welcher Eindruck wird durch das Diagramm vermittelt?

c) Stelle den Sachverhalt in einem Säulendiagramm dar. Was stellst du fest?

157 In einer Gemeinschaftsschule wurden 250 Personen aller beteiligten Gruppen (Schüler, Eltern, Lehrer) befragt, ob in der Mittagspause neben belegten Brötchen und einem Mittagessen auch Süßwaren angeboten werden sollen.
Das Ergebnis ist in einem Kreisdiagramm dargestellt.

Dunkelgrau: Ja, auf jeden Fall
Weiß: Nein, auf keinen Fall
Hellgrau: eher nicht

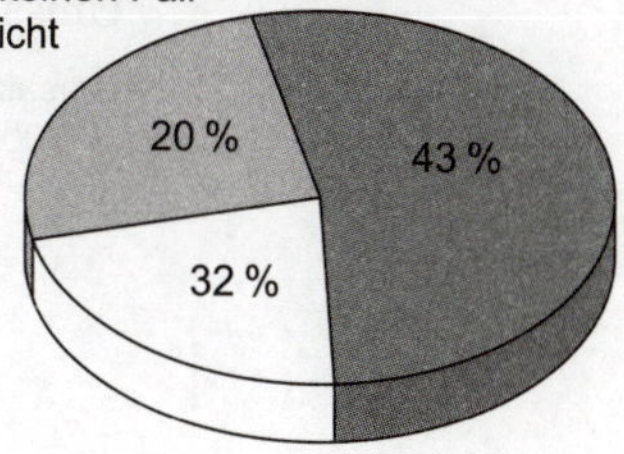

a) Wer könnte dieses Diagramm entwickelt haben? Kreuze an und begründe deine Entscheidung.
  - Eltern
  - Schüler
  - Schulleitung
  - Mensabetreiber
  - Lehrer

b) Warum ist diese Darstellung nicht korrekt?

c) Erstelle ein sachlich korrektes Kreisdiagramm.

***158** Vertreter Apel und Vertreter Berner haben ihre Umsätze im vergangenen halben Jahr in Diagrammen dargestellt:

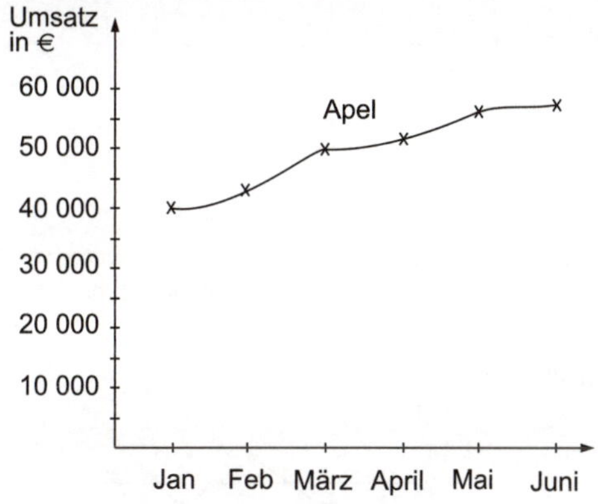

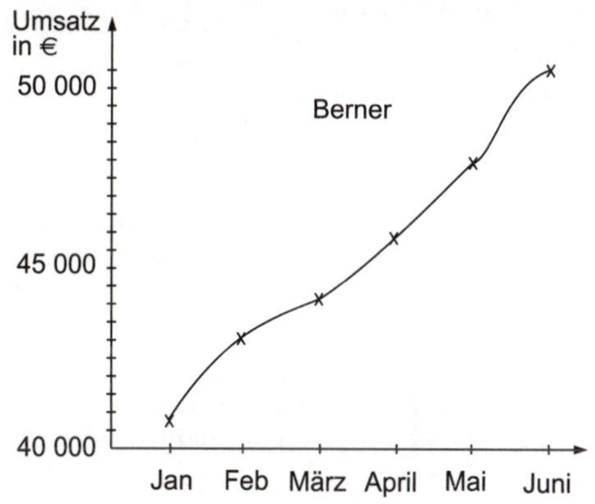

Beantworte folgende Fragen:

a) Welcher der beiden Vertreter hat scheinbar die größere Umsatzsteigerung erzielt?

b) Welchen Umsatz haben Herr Apel und Herr Berner in den Monaten Januar und Juni erzielt?

c) Wie groß ist jeweils die prozentuale Umsatzsteigerung im Juni gegenüber dem Umsatz im Januar?

d) Welcher der beiden Vertreter hat die größere Umsatzsteigerung erzielt?

e) Warum hat Herr Berner die Beschriftung der Achsen so gewählt wie oben angegeben?

***159** Die Modefirma „Chic & Schön“ feiert 10-jähriges Firmenjubiläum und veröffentlicht ihre Umsatzzahlen.

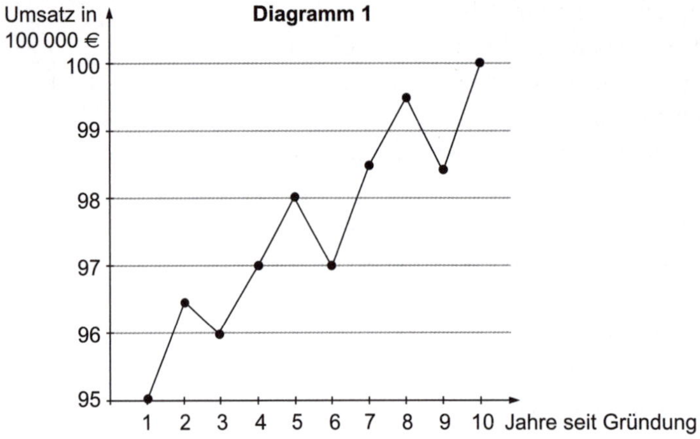

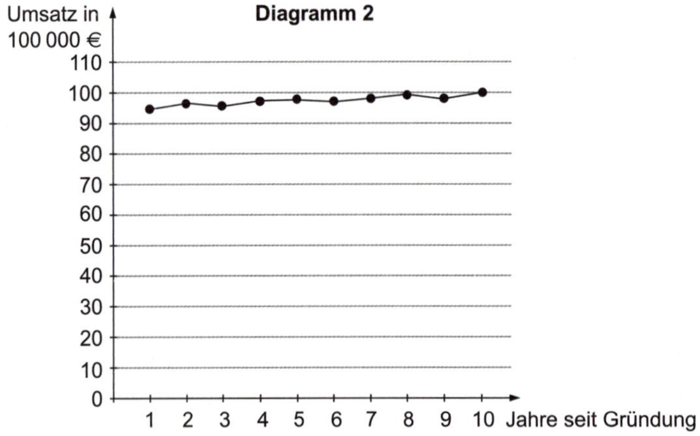

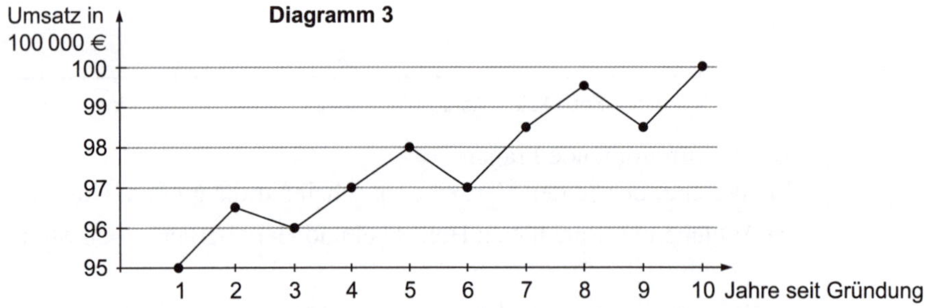

a) Welcher Zielgruppe wird die Modefirma welches Diagramm vorlegen? Begründe deine Zuordnung.

A Kunden
B Mitarbeitern
C Aktionären
D Konkurrenten
E Betriebsrat
F Marketingabteilung

b) Welches Diagramm gibt den Sachverhalt richtig wieder? Wodurch wurden die beiden anderen Diagramme verfälscht?

8.2 Grundbegriffe der Wahrscheinlichkeitsrechnung

Merke

Grundbegriffe der Wahrscheinlichkeitsrechnung

Begriffe:		Beispiele:
Zufallsexperiment	Ein Experiment, dessen Ausgang nur vom Zufall abhängt	– Würfeln mit einem Spielwürfel – Werfen mit einer Münze
Ergebnismenge Ω	Menge aller möglichen Ergebnisse	– $\Omega = \{1; 2; 3; 4; 5; 6\}$ – $\Omega = \{\text{Kopf}; \text{Zahl}\}$
Ereignis E	Teil der Ergebnismenge	– Würfeln einer Zahl kleiner als 5: $E = \{1; 2; 3; 4\}$ – Ergebnis „Zahl“: $E = \{\text{Zahl}\}$
Gegenereignis $\overline{E}$	Gegenteil des Ereignisses E	– Würfeln einer Zahl größergleich 5: $\overline{E} = \{5; 6\}$ – Ergebnis „Kopf“: $\overline{E} = \{\text{Kopf}\}$
Laplace-Experiment	Zufallsversuch, bei dem alle Ergebnisse gleich wahrscheinlich sind	– Würfeln mit einem idealen (nicht manipulierten) Spielwürfel. Jede Augenzahl ist bei einem Wurf gleich wahrscheinlich.

8.3 Wahrscheinlichkeit und das Gesetz der großen Zahlen

Führt man ein Laplace-Experiment, z. B. den Wurf einer Münze, mehrmals hintereinander aus, so erwartet man, dass die beiden Ereignisse „Kopf“ und „Zahl“ etwa gleich häufig auftreten, also etwa gleich wahrscheinlich sind. Über den Ausgang eines einzelnen Münzwurfs kann man dagegen keine Vorhersage treffen.

Um bei Zufallsexperimenten zutreffende Voraussagen treffen zu können, ist es offensichtlich wesentlich, das Experiment für eine sehr große Anzahl von Versuchen durchzuführen, da andernfalls eine Prognose äußerst unsicher bzw. ungenau ist.

Merke

Gesetz der großen Zahlen

Je höher die Anzahl der Wiederholungen eines Zufallsexperimentes ist, desto weiter nähert sich die relative Häufigkeit eines Ereignisses einem stabilen Wert an.

Beispiele

Eine Münze wurde 200-mal geworfen. Nach jeweils 20 Würfen wurden die relativen Häufigkeiten für die Ereignisse „Kopf“ und „Zahl“ bestimmt.

Würfe			Absolute Häufigkeit		Relative Häufigkeit	
	Kopf	Zahl	Kopf	Zahl	Kopf	Zahl
1–20	13	7	13	7	0,650	0,350
21–40	10	10	23	17	0,575	0,425
41–60	8	12	31	29	0,517	0,483
61–80	8	12	39	41	0,488	0,512
81–100	7	13	46	54	0,460	0,540
101–120	15	5	61	59	0,508	0,492
121–140	9	11	70	70	0,500	0,500

141–160	11	9	81	79	0,506	0,494
161–180	8	12	89	91	0,494	0,506
181–200	10	10	99	101	0,495	0,505

Mit wachsender Wurfanzahl n stabilisieren sich die relativen Häufigkeiten für „Kopf" und „Zahl" jeweils um den Wert 0,5.

Aufgabe

160 Ein Reißnagel wird von 5 Schülern jeweils 1 000-mal geworfen. Der Reißnagel kann entweder auf dem „Kopf" oder auf der „Kante" liegen bleiben. Die folgende Tabelle zeigt die absoluten Häufigkeiten des Experiments.

	Absolute Häufigkeit		**Relative Häufigkeit**	
Schüler	Kopf	Kante	Kopf	Kante
1	756	244		
2	802	198		
3	739	261		
4	779	221		
5	793	207		

Berechne in der Tabelle die relativen Häufigkeiten.
Triff eine Vorhersage für das Ereignis „Reißnagel landet auf dem Kopf".

8.4 Die Berechnung der Wahrscheinlichkeit von Zufallsexperimenten

Die Ergebnisse eines Zufallsexperiments kann man nicht vorhersagen. Sind die Ergebnisse **gleichwahrscheinlich**, so kann berechnet werden, wie groß die Wahrscheinlichkeit ist, dass ein bestimmtes Ereignis (z. B. das Würfeln einer ungeraden Zahl mit einem normalen Spielwürfel) eintritt.

Merke

Die Wahrscheinlichkeit P(E) eines Ereignisses E wird analog zur relativen Häufigkeit wie folgt berechnet:

$$\text{Wahrscheinlichkeit } P(E) = \frac{\text{Anzahl der für das Ereignis E günstigen Ergebnisse}}{\text{Anzahl aller möglichen Ergebnisse}}$$

Die Wahrscheinlichkeit P(E) wird als Bruchzahl, Dezimalzahl oder Prozentsatz angegeben. Die Summe aller Wahrscheinlichkeiten ergibt 1 bzw. 100 %.

Beispiele

1. Es wird mit einem normalen Spielwürfel gewürfelt.
   Wie groß ist die Wahrscheinlichkeit,
   a) eine 5 zu würfeln?
   b) eine Zahl größer als 4 zu würfeln?

   Lösung:

   a) günstiges Ergebnis: $E = \{5\}$
   mögliche Ergebnisse: $\Omega = \{1; 2; 3; 4; 5; 6\}$

   Anzahl günstige Ergebnisse: 1
   Anzahl mögliche Ergebnisse: 6

   Wahrscheinlichkeit: $P(5) = \frac{1}{6} \approx 0{,}1667$ bzw. 16,67 %

b) günstige Ergebnisse: E = {5; 6}
mögliche Ergebnisse: Ω = {1; 2; 3; 4; 5; 6}
Anzahl günstige Ergebnisse: 2
Anzahl mögliche Ergebnisse: 6
Wahrscheinlichkeit: $P(5; 6) = \frac{2}{6} \approx 0{,}3333$ bzw. 33,33 %

2. In einer Urne befinden sich 4 rote, 3 blaue und 1 gelbe Kugel.
Wie groß ist die Wahrscheinlichkeit,
a) eine rote Kugel zu ziehen?
b) keine blaue Kugel zu ziehen?

Lösung:

a) günstige Ergebnisse: E = {rot; rot; rot; rot}
mögliche Ergebnisse: Ω = {rot; rot; rot; rot; blau; blau; blau; gelb}
Anzahl günstige Ergebnisse: 4
Anzahl mögliche Ergebnisse: 8
Wahrscheinlichkeit: $P(\text{rot}) = \frac{4}{8} = \frac{1}{2} = 0{,}5$ bzw. 50 %

b) günstige Ergebnisse: E = { rot; rot; rot; rot; gelb}
mögliche Ergebnisse: Ω = {rot; rot; rot; rot; blau; blau; blau; gelb}
Anzahl günstige Ergebnisse: 5
Anzahl mögliche Ergebnisse: 8
Wahrscheinlichkeit: $P(\text{rot oder gelb}) = \frac{5}{8} = 0{,}625$ bzw. 62,5 %

3. Wie groß ist die Wahrscheinlichkeit mit 4 unterschiedlichen Münzen
a) genau dreimal Kopf zu werfen?
b) zweimal Kopf und zweimal Zahl zu werfen?

Lösung:

a) Bei diesem Beispiel muss man alle Möglichkeiten zunächst systematisch notieren, da z. B. Kopf/Zahl/Zahl/Zahl und Zahl/Kopf/Zahl/Zahl als unterschiedliche Ergebnisse anzusehen sind.

günstige Ergebnisse/mögliche Ergebnisse (K = Kopf, Z = Zahl):
Ω = {KKKK; **KKKZ**; **KKZK**; **KZKK**; **ZKKK**;
KKZZ; KZKZ; KZZK; ZKKZ; ZKZK; ZZKK;
KZZZ; ZKZZ; ZZKZ; ZZZK; ZZZZ}
(Am besten in lexikographischer Reihenfolge sortieren, also wie im Lexikon nach dem Alphabet.)
Anzahl der günstigen Ergebnisse: 4
Anzahl der möglichen Ergebnisse: 16
Wahrscheinlichkeit: $P(\text{dreimal Kopf}) = \frac{4}{16} = \frac{1}{4} = 0{,}25$ bzw. 25 %

b) **günstige Ergebnisse**/mögliche Ergebnisse:
Ω = {KKKK; KKKZ; KKZK; KZKK; ZKKK;
KKZZ; **KZKZ**; **KZZK**; **ZKKZ**; **ZKZK**; **ZZKK**;
KZZZ; ZKZZ; ZZKZ; ZZZK; ZZZZ}
Anzahl der günstigen Ergebnisse: 6
Anzahl der möglichen Ergebnisse: 16
Wahrscheinlichkeit: $P(\text{je 2 Gleiche}) = \frac{6}{16} = 0{,}375$ bzw. 37,5 %

Aufgaben

161 Wie groß ist die Wahrscheinlichkeit
a) an Silvester Geburtstag zu haben?
b) als Sonntagskind geboren zu werden?
c) im Februar Geburtstag zu haben?

162 Ein Glücksrad ist in 15 gleich große Sektoren unterteilt, die mit den Zahlen 1 bis 15 beschriftet sind. Miriam dreht das Glücksrad.
Mit welcher Wahrscheinlichkeit bleibt es
a) auf einer geraden Zahl stehen?
b) auf einer ungeraden Zahl stehen?
c) auf einer Zahl ≥ 11 stehen?

***163** In der Sendung „Wer wird Millionär" vom 15. 12. 2003 wurde folgende Frage gestellt:
„Welche Augensumme kommt rein rechnerisch am häufigsten vor, wenn man mit zwei Würfeln würfelt?"
A (5) B (7) C (9) D (12)
a) Für welchen Buchstaben würdest du dich entscheiden? Begründe deine Entscheidung.
b) Bestimme die Wahrscheinlichkeit für das Auftreten der vier Augensummen.

***164** Ein Skatspiel wird mit 32 Karten gespielt. Wie groß ist die Wahrscheinlichkeit,
a) einen roten Buben zu ziehen?
b) keine Herzkarte zu ziehen?
c) eine 7, 8 oder 9 zu ziehen?

***165** Im Rahmen einer Nichtraucherkampagne wurde eine Gruppe von beliebig ausgewählten Personen gefragt, ob sie das Rauchverbot in öffentlichen Gebäuden befürworten oder ablehnen.
Folgendes Ergebnis brachte die Befragung:

	Befürworter	Ablehner
männlich	38	25
weiblich	20	17

Aus der Gruppe wird willkürlich eine Person ausgewählt. Wie groß ist die Wahrscheinlichkeit, dass es sich bei der ausgewählten Person um
a) eine weibliche Person
b) einen Befürworter oder eine Befürworterin des Rauchverbots
c) eine Ablehnerin
handelt?

8.5 Mehrstufige Zufallsexperimente

Wird ein Zufallsexperiment mehrfach hintereinander durchgeführt, so spricht man von einem mehrstufigen Zufallsexperiment, wie z. B. mehrmaliges Werfen mit einer Münze oder mehrmaliges Würfeln mit einem Spielwürfel.
Zur Veranschaulichung von mehrstufigen Zufallsexperimenten zeichnet man ein sogenanntes **Baumdiagramm**. Jeder Pfad des Baumdiagramms führt auf ein mögliches Ergebnis des Zufallsexperiments. Die Wahrscheinlichkeiten werden auf den Ästen des Pfades vermerkt.

Merke

1. Pfadregel (Produktregel)

Die Wahrscheinlichkeit für ein Ergebnis bestimmt man, indem man die Teilwahrscheinlichkeiten längs des zugehörigen Pfades miteinander multipliziert.

2. Pfadregel (Summenregel)

Führen verschiedene Pfade zu günstigen Ergebnissen für ein Ereignis, so addiert man die Wahrscheinlichkeiten der einzelnen Pfade.

Die Summe der Wahrscheinlichkeiten aller Ergebnisse ist immer gleich 1.

Beispiel

Ein Glücksrad besteht aus 5 gleich großen Farbflächen, 2 grauen und 3 roten. Es wird dreimal gedreht.

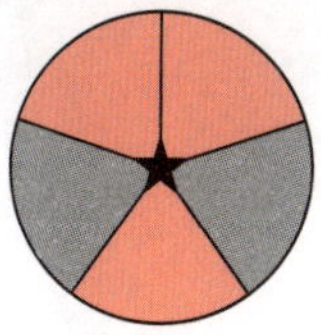

a) Wie groß ist die Wahrscheinlichkeit, nacheinander Rot-Grau-Rot zu drehen?
b) Wie groß ist die Wahrscheinlichkeit, dass zweimal Grau erscheint?
c) Wie groß ist die Wahrscheinlichkeit, dass mindestens einmal Rot erscheint?

Lösung:

a) Es handelt sich um ein dreistufiges Zufallsexperiment. Die Wahrscheinlichkeit für Grau (g) beträgt $\frac{2}{5} = 0{,}4$ und für Rot (r) beträgt sie $\frac{3}{5} = 0{,}6$.
Baumdiagramm:

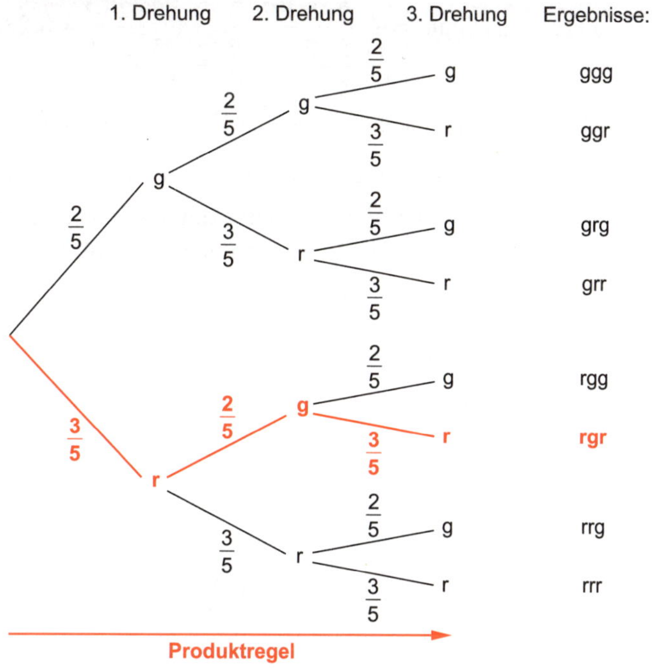

Zur Bestimmung der Wahrscheinlichkeit für das Ergebnis Rot-Grau-Rot (rgr), multipliziert man die Wahrscheinlichkeiten auf dem entsprechenden Pfad.

1. Pfadregel:

$P(rgr) = \frac{3}{5} \cdot \frac{2}{5} \cdot \frac{3}{5} = 0{,}144$ bzw. 14,4 %

Die Wahrscheinlichkeit, Rot-Grau-Rot zu drehen, liegt bei 14,4 %.

b) Baumdiagramm:

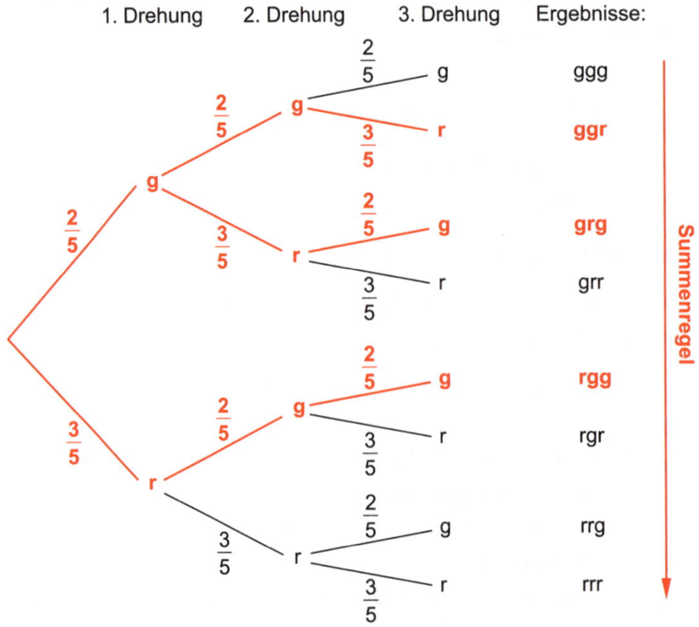

Es gibt die 3 günstigen Ergebnisse ggr, grg, rgg auf 3 unterschiedlichen Pfaden. Zur Bestimmung der Wahrscheinlichkeit für das Ereignis „zweimal Grau“, addiert man die Wahrscheinlichkeiten der Pfade zu den günstigen Ergebnissen.

2. Pfadregel:

$$P(\text{zweimal Grau}) = \underbrace{\frac{2}{5} \cdot \frac{2}{5} \cdot \frac{3}{5}}_{\text{ggr}} + \underbrace{\frac{2}{5} \cdot \frac{3}{5} \cdot \frac{2}{5}}_{\text{grg}} + \underbrace{\frac{3}{5} \cdot \frac{2}{5} \cdot \frac{2}{5}}_{\text{rgg}} = 0{,}288 \text{ bzw. } 28{,}8\ \%$$

Die Wahrscheinlichkeit, zweimal Grau zu drehen, liegt bei 28,8 %.

c) Es gibt nur eine Möglichkeit, dass dieser Fall nicht eintritt: ggg.

Man berechnet die Wahrscheinlichkeit des Gegenereignisses und subtrahiert dies von 1, der Summe der Wahrscheinlichkeiten aller möglichen Ergebnisse.

$P(ggg) = \frac{2}{5} \cdot \frac{2}{5} \cdot \frac{2}{5} = 0{,}064$

$1 - 0{,}064 = 0{,}936$ bzw. 93,6 %

Die Wahrscheinlichkeit, dass mindestens einmal Rot erscheint, liegt bei 93,6 %.

Viele mehrstufige Zufallsversuche lassen sich als Urnensimulation darstellen. Sogenannte Urnenziehungen werden unterschieden in Versuche, bei denen nach der ersten Ziehung die Kugel wieder zurückgelegt wird und in Versuche, bei denen die Kugel herausgenommen wird.

Beispiele

1. In einer Urne befinden sich 3 weiße und 2 rote Kugeln.
   Wie groß ist die Wahrscheinlichkeit zuerst eine weiße und danach eine rote Kugel zu ziehen?

Lösung:

Ziehen mit Zurücklegen:

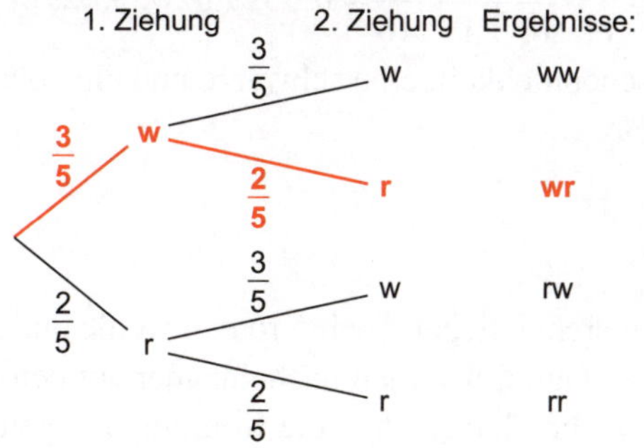

$P(wr) = \frac{3}{5} \cdot \frac{2}{5} = 0{,}24$ bzw. 24 %

Die Gesamtzahl der Kugeln und die Anzahl der Farbkugeln bleiben bei jedem Zug gleich.

Ziehen ohne Zurücklegen:

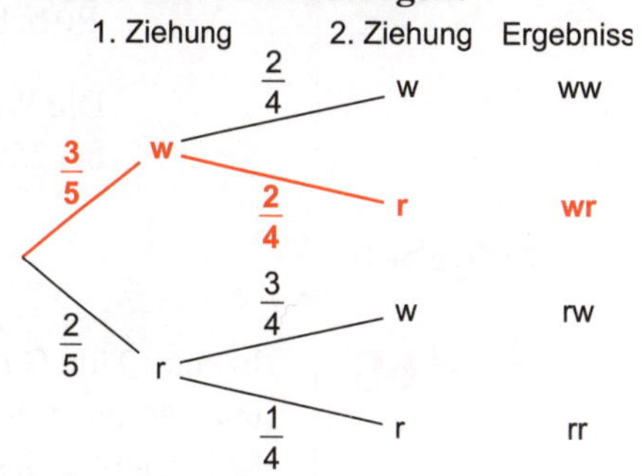

$P(wr) = \frac{3}{5} \cdot \frac{2}{4} = 0{,}3$ bzw. 30 %

Die Gesamtzahl der Kugeln und die Anzahl der Farbkugeln einer Farbe reduziert sich mit jedem Zug.

2. In einer Schublade liegen 6 schwarze, 8 blaue und 3 grüne Socken. Am Morgen werden mit noch müden Augen zwei Socken aus der Schublade genommen. Im Dämmerlicht lassen sich die Farben nicht auseinanderhalten.
   Wie groß ist die Wahrscheinlichkeit, dass
   a) ein Paar grüne Socken herausgenommen wird?
   b) eine schwarze und eine blaue Socke gezogen werden?

Lösung:

Baumdiagramm:

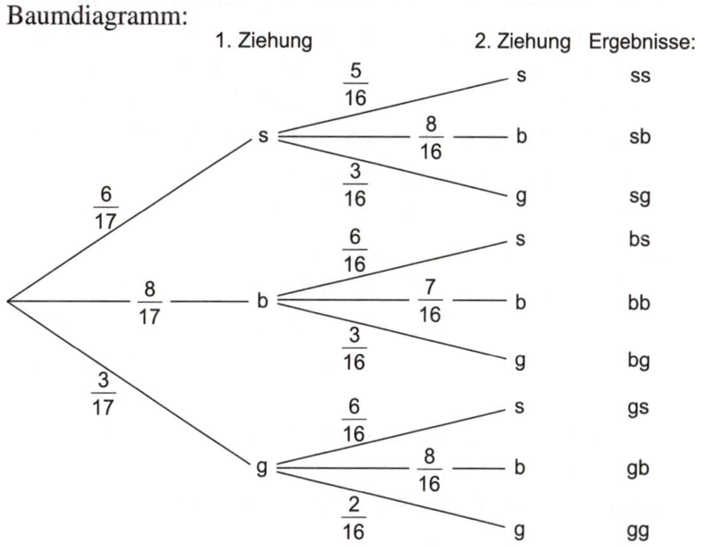

Da eine bereits gezogene Socke nicht zurückgelegt wird, reduziert sich die Zahl der Socken in der Schublade mit jedem Herausnehmen.

a) Es gibt nur einen Pfad, der zu zwei grünen Socken führt.

$P(gg) = \frac{3}{17} \cdot \frac{2}{16} \approx 0{,}02206$ bzw. 2,21 %

Die Wahrscheinlichkeit, ein Paar grüne Socken zu nehmen, liegt bei 2,21 %.

b) Es gibt zwei Pfade, die zu einer schwarzen und einer blauen Socke führen, da es auf die Reihenfolge der gezogenen Farbe nicht ankommt. Entweder zieht man zuerst eine schwarze und dann eine blaue Socke oder umgekehrt.

$P(sb; bs) = \frac{6}{17} \cdot \frac{8}{16} + \frac{8}{17} \cdot \frac{6}{16} \approx 0{,}3529$ bzw. 35,29 %

Die Wahrscheinlichkeit, eine schwarze und eine blaue Socke zu nehmen, liegt bei 35,29 %.

Aufgaben

166 In einer Tüte Gummibärchen liegen noch 5 rote, 4 weiße und 3 gelbe. Tom zieht dreimal und legt die gezogenen Gummibärchen nacheinander auf den Tisch.
Er behauptet, dass er mehr Chancen hat, die Kombination gelb-weiß-rot zu ziehen als umgekehrt rot-weiß-gelb. Was meinst du dazu? Begründe.

167 Das Schulfest geht zu Ende und am Losestand will Maja die letzten 10 Lose noch verkaufen. Sie weiß, dass noch 6 Gewinne dabei sind. Henri kauft 3 Lose. Wie hoch ist die Wahrscheinlichkeit, dass er

a) drei Gewinne zieht?

b) keinen Gewinn zieht?

c) mindestens einen Gewinn zieht?

d) genau einen Gewinn zieht?

***168** Das Würfelspiel Mäxchen, auch bekannt als Meier, ist spannend und macht Spaß. Gespielt wird mit 2 Würfeln, wobei die höhere Zahl stets die Zehnerziffer, die niedrigere Zahl die Einerziffer darstellt. Würfelt man eine 3 und 4, entspräche dies beispielsweise dem Ergebnis 43. Im Spiel ist das niedrigste Ergebnis 31, dann folgen 32, 41, 42, 43, 51, 52, 53, 54, 61, 62, 63, 64, 65. Höher als 65 sind nur die Päsche (zwei gleiche Zahlen). Deren Wertigkeit nimmt wie folgt zu: 1er-Pasch, 2er-Pasch, 3er-Pasch, 4er-Pasch, 5er-Pasch und 6er-Pasch. Das Höchste überhaupt ist die an sich niedrigste Zahl, nämlich die 21 (Mäxchen).

a) Lenard hat Glück und würfelt dreimal hintereinander einen 6er-Pasch.
Wie groß ist die Wahrscheinlichkeit für diese Reihenfolge?

b) Lina behauptet, dass es wahrscheinlicher ist, ein Mäxchen zu würfeln, als einen 6er-Pasch. Hat sie Recht? Begründe.

c) Gregor hat 65 gewürfelt und Melina als nächste muss höher würfeln.
Wie groß ist die Wahrscheinlichkeit, dass sie es schafft?

***169** Beim „Mensch-ärgere-dich-nicht“ Spiel darf man nur mit einer 6 starten. In jeder Runde gibt es maximal 3 Versuche.
Wie groß ist die Wahrscheinlichkeit, dass der Start geling?

9 Wachstum und Zerfall

9.1 Exponentielles Wachstum und exponentieller Zerfall

Merke

Exponentielles Wachstum

Wächst eine Größe in regelmäßigen (Zeit-)Abständen immer um **denselben (Wachstums-)Faktor** an, spricht man von **exponentiellem Wachstum oder exponentieller Zunahme**.

In der Wirklichkeit kommt exponentielles Wachstum beispielsweise bei Bakterienwachstum, Bevölkerungswachstum und Zinseszinsen vor.

Beispiel

Eine Bakterienkultur belegt im Versuchslabor eine Fläche von 1,6 cm^2. Unter günstigen Bedingungen verdoppelt sie sich jede Minute. Stelle das Wachstum der ersten 6 Minuten in einer Wertetabelle und als Graph dar.

Lösung:

Die Größe der Fläche der Bakterienkultur y ist abhängig von der Anzahl x der vergangenen Minuten. Zu Beginn hat sie eine Fläche von 1,6 cm^2.

Anfangswert: $y = 1{,}6 \Leftrightarrow y = 1{,}6$

Nach **1** Minute: $y = 1{,}6 \cdot 2 \Leftrightarrow y = 1{,}6 \cdot 2^{1}$

Nach **2** Minuten: $y = (1{,}6 \cdot 2) \cdot 2 \Leftrightarrow y = 1{,}6 \cdot 2^{2}$

Nach **3** Minuten: $y = (1{,}6 \cdot 2 \cdot 2) \cdot 2 \Leftrightarrow y = 1{,}6 \cdot 2^{3}$

⋮

Nach **6** Minuten: $\Leftrightarrow y = 1{,}6 \cdot 2^{6}$

Nach **x** Minuten: $\Leftrightarrow y = 1{,}6 \cdot 2^{x}$

Wertetabelle

Zeit [min]	0	1	2	3	4	5	6
Fläche [cm^2]	1,6	3,2	6,4	12,8	25,6	51,2	102,4

(jeweils $\cdot 2$)

Graph

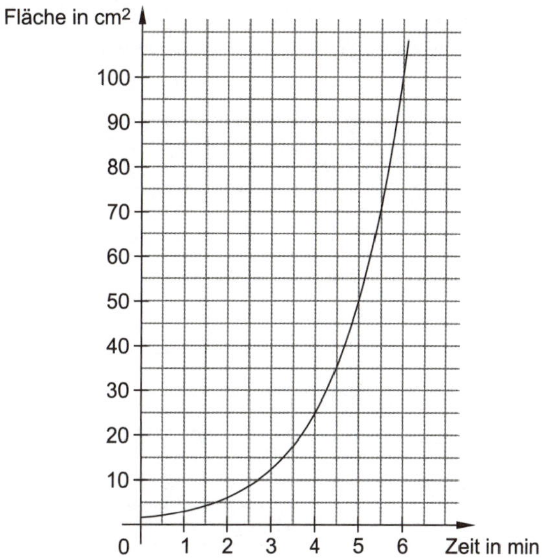

Merke

Exponentieller Zerfall

Nimmt eine Größe in regelmäßigen (Zeit-)Abständen immer um **denselben (Zerfalls-)Faktor** ab, spricht man von **exponentiellem Zerfall oder exponentieller Abnahme**.

In der Wirklichkeit kommt exponentieller Zerfall beispielsweise bei Wertverlust, radioaktivem Zerfall und Abkühlungsvorgängen vor.

Beispiel

Ein Computer-Gebrauchtwarenhändler rechnet bei PCs mit einem jährlichen Wertverlust von $\frac{6}{10}$ (= 60 %). Stelle den Wertverfall eines 700 € teuren PCs in den ersten 6 Jahren in einer Tabelle und als Graph dar.

Lösung:

Nach jedem Jahr beträgt der Wert eines gebrauchten PCs noch $\frac{4}{10}$ (= 40 %) des Vorjahres, d. h., jeder Wert y verringert sich mit dem Faktor $\frac{4}{10} = 0,4$. Der Wert y des PCs ist abhängig von der Anzahl x der vergangenen Jahre. Zu Beginn hat er einen Wert von 700 €.

Anfangswert: $y = 700 \quad \Leftrightarrow \quad y = 700$

Nach **1** Jahr: $y = 700 \cdot 0,4 \quad \Leftrightarrow \quad y = 700 \cdot 0,4^{1}$

Nach **2** Jahren: $y = (700 \cdot 0,4) \cdot 0,4 \quad \Leftrightarrow \quad y = 700 \cdot 0,4^{2}$

Nach **3** Jahren: $y = (700 \cdot 0,4 \cdot 0,4) \cdot 0,4 \quad \Leftrightarrow \quad y = 700 \cdot 0,4^{3}$

⋮

Nach **6** Jahren: $\Leftrightarrow \quad y = 700 \cdot 0,4^{6}$

Nach **x** Jahren: $\Leftrightarrow \quad y = 700 \cdot 0,4^{x}$

Wertetabelle

Zeit [Jahre]	0	1	2	3	4	5	6
Wert [€]	700	280	112	44,80	17,92	7,17	2,87

· 0,4 · 0,4 · 0,4 · 0,4 · 0,4 · 0,4

Graph

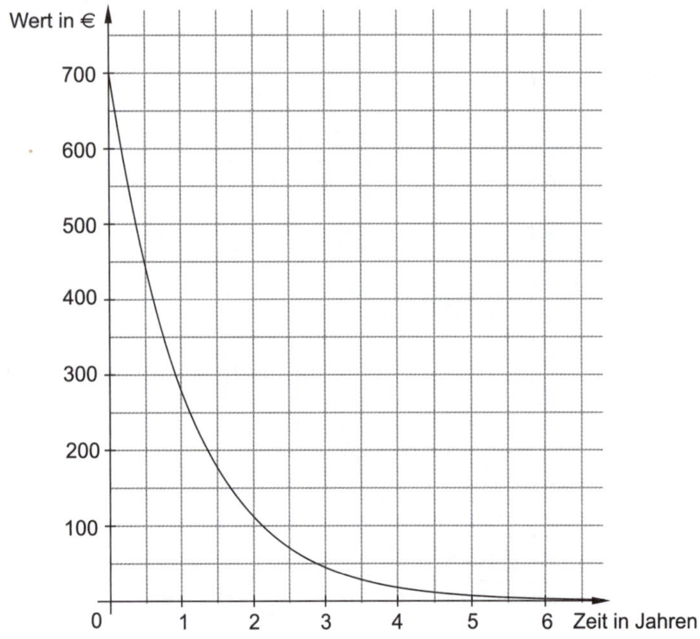

9.2 Exponentialfunktionen

Merke

Exponentialfunktionen

Exponentialfunktionen sind Funktionen mit der Funktionsgleichung

$$\mathbf{y = a \cdot q^x}$$

Anfangswert (a) — Wachstums- bzw. Zerfallsfaktor (q)

mit $q > 0$ und $q \neq 1$.

Für Exponentialfunktionen gilt:

- Die Variable x tritt in der Funktionsgleichung als Exponent auf.
- Für $\mathbf{q > 1}$: Exponentielles **Wachstum**, der Graph der Funktion steigt. Der Wachstumsfaktor q berechnet sich aus der prozentualen Wachstumsrate p % durch: $q = 1 + \frac{p}{100}$

  Für $\mathbf{0 < q < 1}$: Exponentieller **Zerfall**, der Graph der Funktion fällt. Der Zerfallsfaktor q berechnet sich aus der prozentualen Zerfallsrate p % durch: $q = 1 - \frac{p}{100}$

Beispiele

1. In einem Glas soll der Zerfall von Milchschaum untersucht werden. Zu Beginn der Untersuchung hat der Schaum eine Höhe von 3 cm. Die Schaumsäule verringert ihre Höhe jede Minute um 30 %. Bestimme den Zerfallsfaktor q und stelle die zugehörige Funktionsgleichung auf, die den Sachverhalt beschreibt.

   Lösung:
   Der Anfangswert ist $a = 3$. Da die Schaumsäule um 30 % in der Minute sinkt, beträgt die prozentuale Zerfallsrate p % = 30 %.
   Daraus berechnet sich der Zerfallsfaktor q wie folgt:

   $$q = 1 - \frac{p}{100} = 1 - \frac{30}{100} = 1 - 0{,}3 = 0{,}7$$

   Die Funktionsgleichung lautet also $y = a \cdot q^x = 3 \cdot 0{,}7^x$.

2. Eine Bakterienkultur verdreifacht alle 30 Minuten ihren Bestand. Nach 2 Stunden zählt man ca. 121 500 Bakterien. Wie hoch war der Anfangsbestand?

   Lösung:
   Da sich die Anzahl der Bakterien verdreifacht, beträgt die prozentuale Wachstumsrate p % = 200 %. Für den Wachstumsfaktor q gilt damit:

   $$q = 1 + \frac{p}{100} = 1 + \frac{200}{100} = 1 + 2 = 3$$

   Die Bakterienzahl verdreifacht sich alle 30 Minuten. Nach 2 Stunden hat sie sich also insgesamt 4-mal verdoppelt (2 Stunden : 30 Minuten = 4).
   Weil der Endbestand $y = 121\,500$ nach $x = 4$ Verdopplungen gegeben ist, kann der Anfangsbestand a folgendermaßen berechnet werden:

   $$\begin{aligned} y &= a \cdot q^x \\ 121\,500 &= a \cdot 3^4 \\ 121\,500 &= a \cdot 81 \quad |:81 \\ a &= 1\,500 \end{aligned}$$

   Am Anfang bestand die Bakterienkultur aus 1 500 Bakterien.

3. Als **Halbwertszeit** eines radioaktiven Elements bezeichnet man die Zeitspanne, in der die Menge des Ausgangsstoffes um die Hälfte abgenommen hat. Die Halbwertszeit von Arsen 74 beträgt 18 Tage.
   a) Welche Funktionsgleichung beschreibt den Sachverhalt?
   b) Stelle den radioaktiven Zerfall von Arsen 74 grafisch dar und entnimm der Grafik, nach welcher Zeit eine bestimmte Menge Arsen 74 auf etwa 10 % der ursprünglichen Menge gesunken ist.

   Lösung:

   a) Da keine exakte Menge von Arsen 74 gegeben ist, ist die Anfangsgröße $a = 100\ \%$. Die Halbwertszeit beträgt ca. 18 Tage, also ist der Zerfallsfaktor $q = 0{,}5$ je 18 Tage. x entspricht also einer Zeitspanne von 18 Tagen.
   Die Funktionsgleichung lautet:
   $y = a \cdot q^x$
   $y = 100 \cdot 0{,}5^x$

   b) Um den Sachverhalt grafisch darstellen zu können, wird zunächst eine Wertetabelle aufgestellt.

Wertetabelle

Zeit in Tagen	0	18	36	54	72
Menge in %	100	50	25	12,5	6,25

Graph

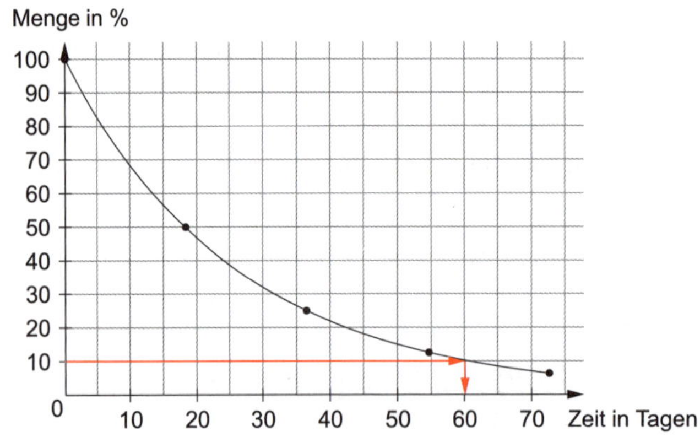

Der Grafik kann man entnehmen, dass nach etwa 60 Tagen nur noch 10 % der anfänglichen Menge vorhanden sind.

9.3 Zinseszins

Eine häufig vorkommende Anwendung von exponentiellem Wachstum ist die Zinseszinsrechnung.

Merke

<u>**Zinseszinsrechnung**</u>

Die **Zinseszinsformel** für das Kapital K_n nach n Jahren lautet:

$$K_n = K_0 \cdot q^n$$

Kapital nach n Jahren: K_n

Anfangskapital: K_0

Zinsfaktor: $q = 1 + \frac{p}{100}$

Laufzeit: n Jahre

Beispiel

Die Patentante legt bei Annikas Geburt 1 000 € auf einem Sparkonto für 18 Jahre zu einem Zinssatz von 3,5 % an.

a) Auf welchen Betrag ist das Geld nach 18 Jahren angewachsen?
b) Damit das Geld für Annikas Führerschein reicht, müssen nach 18 Jahren 2 000 € angespart sein. Welches Anfangskapital hätte die Patentante dafür anlegen müssen?
c) Wie hoch müsste der Zinssatz sein, damit das Sparkonto mit den ursprünglich angelegten 1 000 € nach 18 Jahren die für den Führerschein nötigen 2 000 € liefert?

Lösung:

a) Gegeben: Anfangskapital: $K_0 = 1\,000$
Zinssatz: $p\,\% = 3{,}5\,\%$
Laufzeit: $n = 18$ Jahre

Gesucht: K_{18}

Berechnung des Zinsfaktors q:

$$q = 1 + \frac{p}{100} = 1 + \frac{3{,}5}{100} = 1 + 0{,}035 = 1{,}035$$

Berechnung des Kapitals K_{18} nach 18 Jahren:

$$K_n = K_0 \cdot q^n$$
$$K_{18} = 1\,000 \cdot 1{,}035^{18}$$
$$K_{18} \approx 1\,857{,}49$$

Nach 18 Jahren sind 1 857,49 € auf dem Sparkonto.

b) Gegeben: Kapital nach 18 Jahren: $K_{18} = 2\,000$
Zinssatz: $p\,\% = 3{,}5\,\%$
Zinsfaktor: $q = 1{,}035$
Laufzeit: $n = 18$ Jahre

Gesucht: K_0

Berechnung des Anfangskapitals K_0:

$$K_n = K_0 \cdot q^n$$
$$2\,000 = K_0 \cdot 1{,}035^{18} \quad |:1{,}035^{18}$$
$$K_0 = \frac{2\,000}{1{,}035^{18}}$$
$$K_0 \approx 1\,076{,}72$$

Die Patentante hätte als Anfangskapital 1 076,72 € anlegen müssen.

c) Gegeben: Anfangskapital: $K_0 = 1\,000$
Kapital nach 18 Jahren: $K_{18} = 2\,000$
Laufzeit: $n = 18$ Jahre

Gesucht: Zinssatz p %

Berechnung des Zinsfaktors q:

$$K_n = K_0 \cdot q^n$$
$$2\,000 = 1\,000 \cdot q^{18} \quad |:1\,000$$
$$2 = q^{18} \quad |\sqrt[18]{}$$
$$q \approx 1{,}0393$$

Der Zinsfaktor beträgt $q \approx 1{,}0393$.

Berechnung des Zinssatzes p %:

$$1{,}0393 = 1 + \frac{p}{100} \quad | -1$$

$$0{,}0393 = \frac{p}{100} \quad | \cdot 100$$

$$p - 3{,}93$$

Der Zinssatz müsste 3,93 % betragen.

9.4 Lineares und exponentielles Wachstum im Vergleich

Merke

Lineares und exponentielles Wachstum

- **Lineares Wachstum** bedeutet, dass in regelmäßigen (Zeit-)Abständen zum vorherigen Wert **derselbe Summand addiert** wird.
- **Exponentielles Wachstum** bedeutet, dass in regelmäßigen (Zeit-)Abständen der vorherige Wert mit **demselben Faktor (Wachstumsfaktor) multipliziert** wird.

Beispiel

Landwirt Ludwig besitzt 100 Rinder und beschließt seinen Bestand jährlich um 20 Rinder zu erhöhen. Landwirt Ernst besitzt 100 Rinder und beschließt seinen Bestand jährlich um 20 % zu erhöhen.

a) Finde die beiden Funktionsgleichungen.
b) Veranschauliche die Entwicklung des Rinderbestandes in den ersten 7 Jahren.
c) Was fällt dir auf?

Lösung:

a) Bei beiden Landwirten ist der Bestand y abhängig von der Anzahl x der Jahre, der Anfangswert ist bei beiden 100.

Landwirt Ludwig:

Nach 1 Jahr: $y = 100 + 20 \quad \Leftrightarrow \quad y = 100 + 1 \cdot 20$
Nach 2 Jahren: $y = (100 + 20) + 20 \quad \Leftrightarrow \quad y = 100 + 2 \cdot 20$
Nach 3 Jahren: $y = (100 + 20 + 20) + 20 \quad \Leftrightarrow \quad y = 100 + 3 \cdot 20$
⋮
Nach 7 Jahren: $\Leftrightarrow \quad y = 100 + 7 \cdot 20$

Nach x Jahren: $\Leftrightarrow \quad y = 100 + x \cdot 20$ (Funktionsgleichung)

Bei Landwirt Ludwig kommen jährlich 20 Rinder hinzu (Addition), d. h., der Bestand steigt linear um 20 Rinder: $y = 100 + x \cdot 20$

Es handelt sich also um eine **lineare Funktion**: $\mathbf{y = 20x + 100}$

Landwirt Ernst:

Nach 1 Jahr: $y = 100 \cdot 1{,}2 \quad \Leftrightarrow \quad y = 100 \cdot 1{,}2^{1}$
Nach 2 Jahren: $y = (100 \cdot 1{,}2) \cdot 1{,}2 \quad \Leftrightarrow \quad y = 100 \cdot 1{,}2^{2}$
Nach 3 Jahren: $y = (100 \cdot 1{,}2 \cdot 1{,}2) \cdot 1{,}2 \quad \Leftrightarrow \quad y = 100 \cdot 1{,}2^{3}$
⋮
Nach 7 Jahren: $\Leftrightarrow \quad y = 100 \cdot 1{,}2^{7}$

Nach x Jahren: $\Leftrightarrow \quad y = 100 \cdot 1{,}2^{x}$ (Funktionsgleichung)

Bei Landwirt Ernst steigt der Bestand jährlich auf 120 % des Vorjahres, also um den Faktor 1,2. Es handelt sich um eine **exponentielle Funktion**: $\mathbf{y = 100 \cdot 1{,}2^{x}}$

b) Tabelle
Landwirt Ludwig:

Wertetabelle

Laufzeit [Jahre]	0	1	2	3	4	5	6	7
Bestand	100	120	140	160	180	200	220	240

Landwirt Ernst:

Wertetabelle

Laufzeit [Jahre]	0	1	2	3	4	5	6	7
Bestand	100	120	144	172,8	207,36	248,83	298,60	358,32

Graph

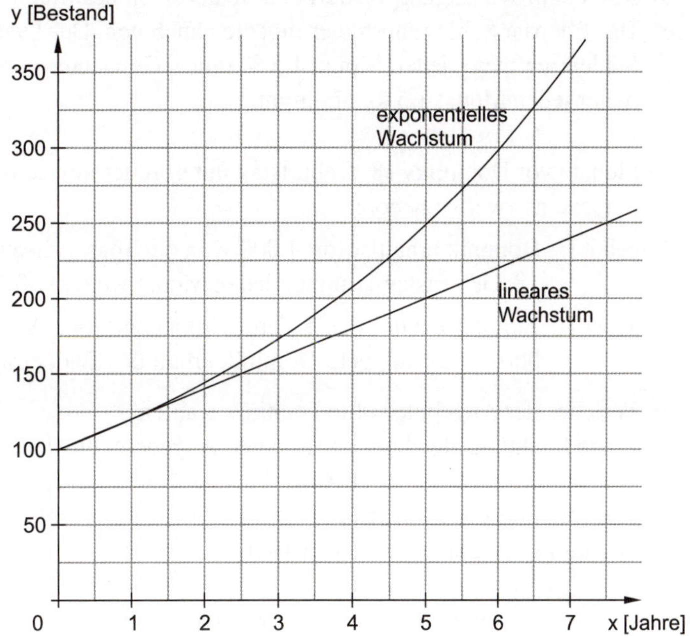

c) Bei der Wertetabelle fällt auf, dass der Bestand von Landwirt Ernst Dezimalzahlen enthält. Mathematisch gesehen sind diese Zahlen richtig, in der Realität machen sie natürlich keinen Sinn. Deshalb müsste man die Werte sinnvollerweise abrunden.
Der Zeichnung kann man entnehmen, dass der Graph der linearen Wachstumsfunktion (Landwirt Ludwig) eine Gerade ist. In jedem Zeitpunkt steigt der Graph gleichmäßig an.
Der Graph der exponentiellen Funktion (Landwirt Ernst) liegt in den ersten 3 Jahren nahe am Graphen der linearen Funktion, d. h., der Bestand der beiden Landwirte unterscheidet sich nur geringfügig. Mit steigender Jahreszahl entfernt sich der Graph der exponentiellen Funktion immer mehr vom Graphen der linearen Funktion, er „explodiert“.
Nach 30 Jahren hätte Landwirt Ludwig einen Bestand von 700 Rindern, Landwirt Ernst dagegen 23 737 Rinder, die ca. 8 000 ha Weideland benötigten. Dies entspricht einer Fläche, die 9-mal so groß wie die Fläche von Berlin ist. An diesem Beispiel wird deutlich, dass jeder exponentielle Wachstumsprozess natürliche Grenzen hat.

Aufgaben

170 Lineare oder exponentielle Zu- oder Abnahme? Entscheide und begründe.

a) Ein Heizöltank ist mit 5 000 ℓ gefüllt. Durchschnittlich werden pro Monat etwa 250 ℓ verbraucht.
b) Unter günstigen Lebensbedingungen verdoppelt sich die Zahl von Salmonellen alle 20 Minuten.
c) Nelly bekommt ein leeres Sparschwein geschenkt. Jeden Sonntag steckt der Großvater eine 2-€-Münze in Nellys Sparschwein.
d) Mit jedem Waschgang verliert eine Jeans einen bestimmten Anteil an Farbe.
e) Das Ehepaar Schlemmermeier möchte abnehmen. Der Diätplan sieht vor, dass Herr Schlemmermeier jeden Monat 1,5 % seines Gewichtes verliert und Frau Schlemmermeier jeden Monat 1,5 kg abnimmt.

171 18 Monate vor Dominiks 18. Geburtstag unterbreitet ihm sein Vater zur Finanzierung des Führerscheins zwei Angebote:

Angebot I: Dominik erhält sofort 1 000 € in die Sparbüchse und bis einschließlich zum 18. Geburtstag kommen jeden Monat weitere 50 € hinzu.

Angebot II: Ein Startkapital von 1 Cent wird jeden Monat bis einschließlich zum 18. Geburtstag verdoppelt. Dominik erhält den Endbetrag.

a) Welches der Angebote sollte Dominik wählen?
b) Finde Funktionsgleichungen für beide Angebote, die den angewachsenen Geldbetrag in € in Abhängigkeit von der Anzahl der Monate beschreiben.
c) Auf welchen Wert würden die Geldbeträge bei gleichbleibenden Bedingungen bis zu Dominiks 19. Geburtstag anwachsen?

***172** Eine Bakterienkultur bedeckt zu Beginn eine Fläche von 15 mm^2. Innerhalb von 10 Minuten vermehrt sie sich um 60 %.

a) Gib die zugehörige Funktionsgleichung an.
b) Stelle den Wachstumsprozess für die 1. Stunde in einer Wertetabelle und als Graph dar.
c) Entnimm deiner Zeichnung, nach welcher Zeit die Bakterienkultur auf 200 mm^2 angewachsen ist.

***173** Frau Fröhlich legt ihr Erbe 10 Jahre auf einem Festgeldkonto zu einem Zinssatz von 4,7 % an. Nach einer Laufzeit von 10 Jahren verfügt sie über rund 36 408 €.
Wie groß war die Erbschaft?

***174** Zur Feststellung einer Nieren-Erkrankung wird einer Patientin das radioaktive Technetium-99m verabreicht, dessen Halbwertszeit 6 Stunden beträgt.
Wie viel Prozent der verwendeten radioaktiven Substanz sind nach 2 Tagen noch im Körper der Patientin zu finden?
(Zur Erinnerung: Als Halbwertszeit bezeichnet man die Zeitdauer, in der die Anfangsmenge auf die Hälfte zerfällt.)

10 Vermischte Aufgaben

175 Löse die Gleichungen.

a) $x^2 + 4x + 3 = 0$

*b) $52 - (x+4)(3x-8) = -3x(x-8)$

176 Eine Parkuhr wird geleert. Man zählt 234 Münzen, und zwar nur 10-Cent-Stücke und 50-Cent-Stücke. Der Münzwert beträgt 54,60 €.
Wie viele Münzen jeder Art enthält die Uhr?

177 Wie groß ist die Wahrscheinlichkeit, dass

a) man aus einem Skatspiel bei einem Versuch einen Buben zieht?

b) beim Würfeln mit 2 Würfeln die Augensumme 8 erscheint?

c) man aus einer Lostrommel mit 2 Hauptgewinnen, 18 Nebengewinnen und 50 Nieten ein Gewinnlos zieht?

*d) man bei einem Zahlenschloss mit zwei Ziffern von 0 bis 9 zufällig die richtige Ziffernfolge trifft?

178 Eine besondere Schokoladen-Kuvertüre wird in Form einer quadratischen Pyramide (siehe Abbildung) zum Preis von 2,79 € angeboten. Die Länge der Grundseiten und die Länge der Höhe betragen 8 cm.

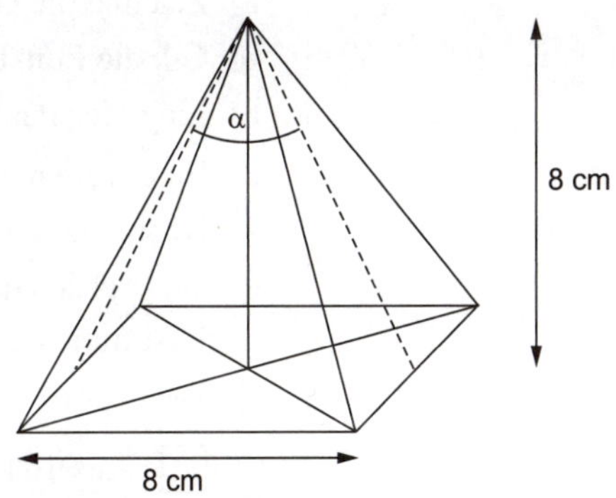

a) Zeige, dass das Volumen einer Schokoladenpyramide 170,67 cm^3 beträgt.

b) Berechne die Größe des Winkels α an der Spitze der Pyramide (siehe Abbildung).

c) Wie viel Verpackungspapier wird mindestens für jede Schokoladenpyramide benötigt, wenn man noch 8 % für Überlappungen hinzurechnen muss?

*d) Welche Gewichtsangabe steht wohl auf der Verpackung: 150 g oder 200 g oder 250 g? (Dichte von Schokolade: $\rho = 0{,}88\ \frac{g}{cm^3}$)

*e) Aus derselben Schokoladenmasse werden für das Weihnachtsgeschäft kleine Schokoladenkugeln mit dem Durchmesser 18 mm hergestellt.
Wie viele Kugeln kann man aus einer Pyramide herstellen?

179 Besucher in den Tiergärten in Berlin (Angaben in 1 000):

	2005	2007	2009
Zoologischer Garten	1 571	2 273	2 107
Aquarium	763	918	912
Tierpark	1 181	910	984

Quelle: Die kleine Berlin-Statistik 2008 und 2010

Überprüfe folgende Aussagen auf richtig/falsch. Begründe durch Rechnung.

a) Im Jahr 2009 hatte der Zoologische Garten über eine Million Besucher mehr als der Tierpark.

b) 2007 gab es insgesamt 4 101 000 Besucher in den drei Tiergärten, im Jahre 2009 waren es rund 5 % weniger.

* c) Berlin hat 3,45 Mio. Einwohner. Wenn nur jeder 40. Berliner im Jahre 2009 zusätzlich das Aquarium besucht hätte, hätte die Besucherzahl die Millionengrenze überschritten.

* d) Im Dezember 2006 wurde im Zoologischen Garten der weltberühmte Eisbär Knut geboren. Im Jahr darauf verzeichnete der Zoologischen Garten, im Vergleich mit Aquarium und Tierpark, auffällig erhöhte Besucherzahlen.

180 Eine Gerade g_1 geht durch die Punkte $A(-4|0)$ und $B(4|6)$.

a) Zeichne die Gerade in ein Koordinatensystem.

b) Gib die Funktionsgleichung an.

c) Liegt der Punkt $P(-100|-78)$ auf der Geraden g_1?

d) Eine weitere Gerade g_2 verläuft parallel zu g_1 und geht durch den Punkt $(0|-1)$. Nenne die Funktionsgleichung.

* e) Die Achsen des Koordinatensystems und die Gerade g_1 bilden ein Dreieck. Bestimme den Flächeninhalt und den Umfang des Dreiecks.

* f) Welcher der folgenden Sachverhalte passt zu g_1 (für $x \geq 0$)? Begründe.

☐ Aus 10 kg Äpfel gewinnt man 7,5 kg Apfelmus.

☐ Die Leihgebühr für ein Fahrrad beträgt 3 € plus 75 ct für jede Stunde.

☐ In einer Tonne steht das Wasser 30 cm hoch. Durch ein Loch nimmt der Pegel stündlich um 0,75 cm ab.

181 Auf dem Berliner Ring wird die Geschwindigkeit an der Baustelle zwischen Schönefelder Kreuz und Rangsdorf auf 80 $\frac{km}{h}$ begrenzt. Bei einer Testmessung wurde die Geschwindigkeit aller vorbeifahrenden Autos erfasst.

Die ersten 12 Fahrzeuge lieferten folgende Messwerte:

78 75 80 73 78 75 83 72 79 98 72 190

a) Berechne das arithmetische Mittel.

b) Bestimme den Median.

c) Nimm Stellung zu der Aussagekraft der beiden Werte.

d) Gib die absolute und die relative Häufigkeit dafür an, dass ein Auto die Höchstgeschwindigkeit von 80 $\frac{km}{h}$ nicht überschritten hat.

182 Das Sommerfest am Wannsee dauert vom 1. Juli bis zum 28. Juli. Der Eintritt kostet pro Person 1,50 €. Die Gesamteinnahmen der Eintrittsgelder betrugen im vergangenen Jahr 27 300 €.

a) Wie viele Personen besuchten im Durchschnitt täglich das Fest?

b) In diesem Jahr verkürzt sich der Zeitraum des Festes auf 3 Wochen. Die Betreiber möchten aber dieselben Gesamteinnahmen in Höhe von 27 300 € einnehmen. Um wie viel Euro erhöht sich der Eintrittspreis, wenn die tägliche Besucherzahl gleich bleibt?

c) Der Betreiber kündigt an, dass er 15 % von den Gesamteinnahmen für eine Beachvolleyball-Anlage spendet und überweist nach dem Fest 4 000 €. Hat er sein Wort gehalten?

* d) Die wöchentliche Besucherzahl teilt sich im Verhältnis 3 : 2 auf Werktage und Wochenende. Wie viele Personen kamen am Wochenende?

183 Eine bis zum Rand gefüllte Eistüte (15 cm hoch und 10 cm Durchmesser) wird von zwei Brüdern genau in halber Höhe geteilt.

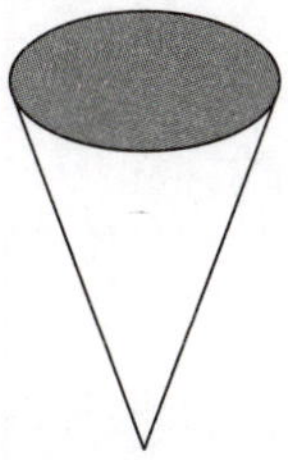

a) Ist das gerecht? Welche Eismenge erhält jeder?

b) Wie viel Prozent der Waffel erhält jeder?

c) Der ältere Bruder bietet an: „Wenn du weißt, wie groß der Winkel an der Eistütenspitze ist, bekommst du beim nächsten Mal das ganze Eis.“ Der jüngere Bruder schätzt 37°. Hat er Chancen auf das ganze Eis?

184 Die Klasse 10.5 sammelt für die Abschlussfeier 210 € in 5 €- und 10 €-Scheinen. Es sind insgesamt 27 Scheine in der Kasse.
Mit welchem der aufgestellten Gleichungssysteme könnte die Anzahl der einzelnen Scheine berechnet werden?

a) $$x + y = 210$$ $$5x + 10y = 27$$

b) $$(x + 5)(y + 10) = 210$$ $$x + y = 27$$

c) $$5x + 10y = 210$$ $$x + y = 27$$

d) $$x = 27 - y$$ $$x = 42 - 2y$$

185 Der Anhalteweg ist der Weg, den das Fahrzeug vom Erkennen der Gefahr bis zum Stillstand zurücklegt. Er setzt sich zusammen aus dem Reaktionsweg und dem Bremsweg und kann annähernd durch die Formel $s = 0{,}01v^2 + 0{,}2v$ berechnet werden. (s ist der Anhalteweg in m und v ist die Geschwindigkeit des Fahrzeugs in $\frac{km}{h}$).

a) Zeichne den Graphen für den Geschwindigkeitsbereich $0\,\frac{km}{h}$ bis $100\,\frac{km}{h}$.

b) Bei einem Verkehrsunfall kann man einen Anhalteweg von 45 m nachweisen. Der Fahrer sagt: „Ich bin wirklich nur mit Tempo 30 gefahren!“

*c) Mit welchem Anhalteweg muss Herr Ziegert, der gerne mit hohen Geschwindigkeiten ($180 - 200\,\frac{km}{h}$) auf der Autobahn fährt, rechnen?

*d) Eine nasse Straße erhöht den Anhalteweg. Skizziere den möglichen Graphen in das vorhandene Koordinatensystem.

***186** a) Berechne und schreibe die Lösung als gemischten Bruch.

$(-2)^3 + 2^{-3} =$

$(-2)^3 \cdot 2^{-3} =$

b) Vereinfache den Term.

$\frac{11a^4x^3}{6x^2} : \frac{55a^3x}{30x^2} =$

c) Kreuze die richtige Lösung an.
Das Doppelte von 2^9 ist das Gleiche wie:

☐ 2^{10} ☐ 2^{18} ☐ $2 \cdot 2^9$ ☐ 4^9

d) Welche schraffierte Flächendarstellung passt zum Term $(x-2) \cdot (y-1)$?

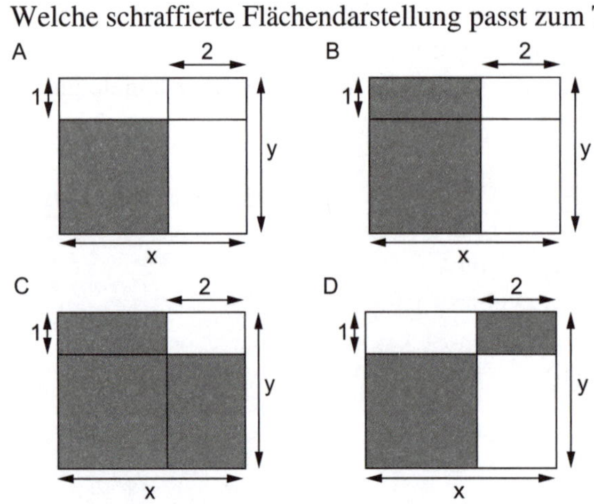

e) Schreibe die schraffierte Fläche als Term.

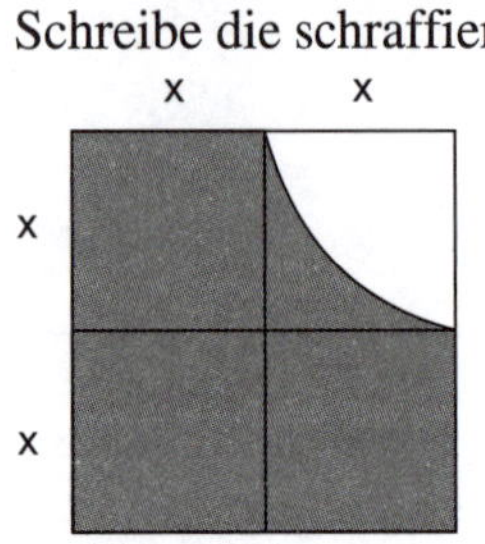

***187** Frau Kauf und Herr Rausch fahren in den Arkaden am Potsdamer Platz Rolltreppe. Die Fahrten sind in Diagrammen dargestellt.

a) Gib an, was man den beiden Diagrammen (Graphen) entnehmen kann.

b) Gib die Funktionsvorschriften für die Graphen an.

c) Bestimme die Koordinaten des Treffpunktes der beiden auf den Rolltreppen.

d) Durch einen technischen Defekt hält die Rolltreppe von Herrn Rausch nach 4 Sekunden für 3 Sekunden an. Zeichne den dazugehörigen Graphen in das Diagramm von Frau Kauf.

e) Lies aus der grafischen Darstellung ab, in welcher Höhe sich die beiden treffen.

Frau Kauf

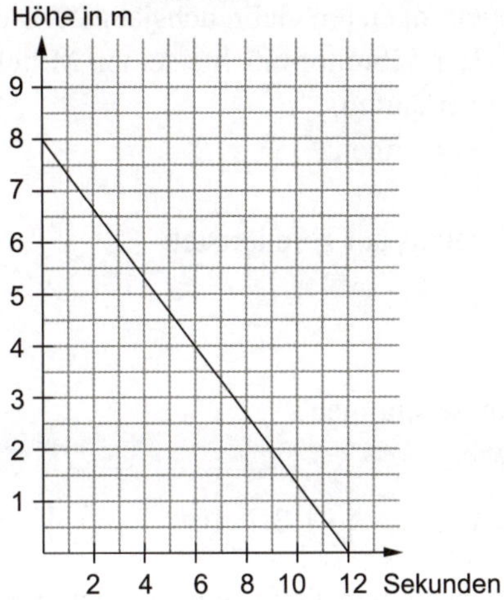

Herr Rausch

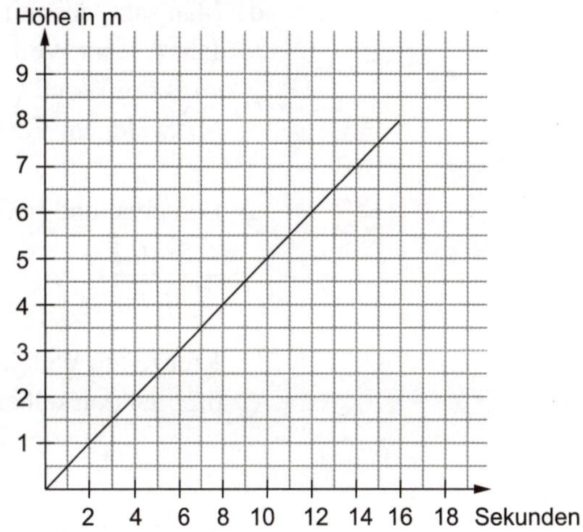

***188** Zur Produktion hochwertiger CD-Rohlinge werden 1,44 m^2 große metallbeschichtete Kunststoffquadrate verwendet. Der Radius einer CD misst 6 cm, der des nichtbenutzbaren Innenkreises 2,3 cm. Das auszustanzende Loch hat einen Durchmesser von 1,5 cm.

a) Zeige, dass aus einem Kunststoffquadrat 100 CDs hergestellt werden können.

b) Berechne unter Berücksichtigung des ausgestanzten Loches in der Mitte den Abfall in Prozent.

c) Auf die CD werden Führungsrillen spiralförmig von innen nach außen eingearbeitet. Darin werden später die Daten gebrannt. Berechne die Fläche, die zum Brennen benutzt werden kann.

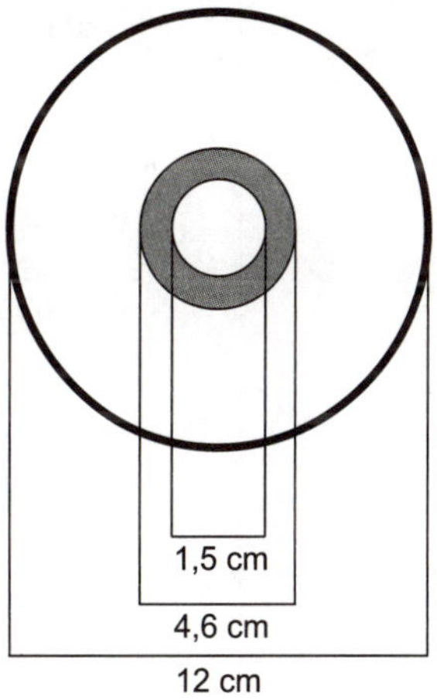

***189**

a) Die Autofahrer ärgern sich über die erhöhten Benzinpreise. Am 20. 02. 2008 kostete 1 Liter Superbenzin 1,398 €. Drei Monate später betrug der Preis schon 1,520 €. Um wie viel Prozent erhöhte sich der Preis?

b) Der Verkaufspreis (inklusive 19 % Mehrwertsteuer) eines Kleinwagens beträgt 13 500 €. Der Käufer möchte eine differenzierte Rechnung (Nettopreis, Mehrwertsteuer).

c) Herr Bolle wohnt 35 km von der polnischen Grenze entfernt. Er fährt einen Mittelklassewagen (Verbrauch auf 100 km: 9 ℓ Benzin, maximale Tankfüllmenge: 60 ℓ). Empfiehlst du ihm zu Hause zu tanken (Benzinpreis pro Liter: 1,52 €) oder zur Tankstelle direkt hinter der Grenze (Benzinpreis pro Liter: 1,29 €) zu fahren?

d) Man sagt, dass ein Neuwagen im ersten Gebrauchsjahr 20 % und in jedem weiteren Jahr 8 % an Wert verliert. Herr Schreiter möchte seinen Mittelklassewagen (Neupreis: 19 500 €) nach vier Jahren verkaufen.
Mit welchem Verlust muss er rechnen?

***190**

a) Berechne und runde das Ergebnis auf Hundertstel.

$$\frac{4{,}5^2 \cdot 6{,}1}{7 \cdot 0{,}9^2}$$

b) Kreuze an. Welche Ergebnisse stimmen?
$0{,}2^5$ hat den selben Wert wie:

☐ $3{,}2^{-4}$ ☐ $3{,}2 \cdot 10^4$ ☐ $3{,}2 \cdot 10^{-4}$ ☐ $-3{,}2 \cdot 10^4$ ☐ $0{,}00032$

c) Vier Schülerinnen vereinfachen einen Term. Wer hat richtig gerechnet?

Anna: $2x + 4(2x - 1) = 10x - 4$
Dana: $2x + 4(2x - 1) = 4x + 3$
Maria: $2x + 4(2x - 1) = 10x - 1$
Lisa: $2x + 4(2x - 1) = 6x - 4$

d) Welche Aussagen stimmen für das nebenstehende Dreieck?

A) $\sin\alpha = \frac{b}{a}$ B) $a^2 + b^2 = c^2$

C) $\tan\alpha = \frac{c}{b}$ D) $A = \frac{b \cdot c}{2}$

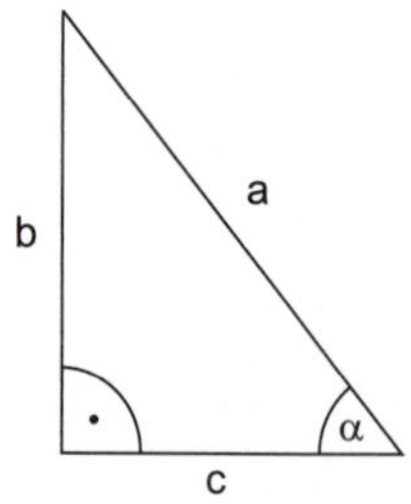

***191**

Laura freut sich. Ihr Dackel hat über Nacht vier süße Hundebabys geboren. Sie nimmt an, dass es gleich wahrscheinlich ist, ob das Geschlecht der Welpen männlich oder weiblich wird. Jetzt fragt sie sich, wie groß die Wahrscheinlichkeit ist, dass von den vier Hundebabys

a) alle vier männlich sind.

b) genau eines männlich ist.

c) mindestens zwei weiblich sind.

***192** Um einen Fußball mit einem Radius von 11 cm wird straff eine Schnur gespannt. Die Schnur wird um 1 Meter verlängert und so um den Ball gelegt, dass sie überall den gleichen Abstand hat.

a) Wie groß ist dieser Abstand?

In der gleichen Weise denkt man sich um den Erdäquator der als ideale Kugel angenommenen Erde eine Schnur gespannt und ebenfalls um 1 Meter verlängert.
Der Radius der Erde beträgt 6 370 km.

b) Ermittle wieder den Abstand der Schnur vom Äquator.

c) Was stellst du fest? Begründe.

***193**

Schlechte Erdbeerernte

Potsdam Brandenburgs Bauern sind mit der Erdbeersaison nicht zufrieden. „Niedrige Preise und wegen des langen Winters auch nicht so hohe Erträge wie im Vorjahr drücken die Stimmung", sagte der Geschäftsführer des Landesverbandes Gartenbau, Andreas Jende, in Potsdam. Im Schnitt seien pro Hektar 60,2 Dezitonnen vom Feld geholt worden, etwas weniger als im Vorjahr. „Durch den langen Frost sind Pflanzen kaputtgegangen, und auf den Feldern gab es gelichtete Reihen." Problem war auch, dass der Erntebeginn wegen der schlechten Witterung fast mit der Kirschsaison kollidierte. Im Land gibt es auf rund 400 Hektar Erdbeerkulturen 60 Hektar mehr als noch vor zwei Jahren. *dpa*

(Berliner Morgenpost vom 17. 7. 2006)
Anmerkung: 1 Dezitonne = 100 kg

Rekord-Erdbeerernte in Baden-Württemberg – 34 000 Tonnen

Karlsruhe/Stuttgart (dpa / lsw)
Das anhaltende Hochsommerwetter hat Baden-Württemberg eine Rekord-Erdbeerernte beschert. Das Statistische Landesamt ging am Dienstag in Stuttgart von einem Gesamtertrag von 34 000 Tonnen aus. Das wären 14 Prozent mehr als im Vorjahr (30 040 Tonnen). Die Anbauschwerpunkte bei Erdbeeren liegen im Rheintal und am Bodensee. Bei rund 10,7 Millionen Einwohnern im Südwesten standen nach Angaben der Statistiker damit für jeden mehr als drei Kilogramm Erdbeeren zur Verfügung.

(Schwarzwälder Bote vom 18. 7. 2006)

a) „Das wären 14 Prozent mehr als im Vorjahr" – stimmt der Prozentsatz im Zeitungsartikel vom 18. 7. 2006?

b) Eine Aussage im Schwarzwälder Boten ist, dass für jeden Einwohner mehr als 3 kg Erdbeeren zur Verfügung standen. Berechne den genauen Wert.

c) Wie viel kg Erdbeeren standen jedem in Berlin/Brandenburg aus der Brandenburger Ernte zur Verfügung?
(3,4 Millionen Einwohner in Berlin, 2,6 Millionen Einwohner in Brandenburg)

d) Um wie viel Prozent wurde in Brandenburg in den letzten 2 Jahren die Erdbeeranbaufläche erhöht?

e) Erdbeeren werden in Baden-Württemberg auf insgesamt 2 436 ha Fläche angebaut. Vergleiche den Ertrag pro Hektar in den beiden Bundesländern.

***194** In einem zylinderförmigen Glasmessbecher mit einem Innendurchmesser von 10 cm und einer Gesamthöhe von 15 cm befinden sich 750 $m\ell$ Wasser.

a) Wie hoch steht das Wasser in diesem Messbecher?

b) Eine Eisenkugel mit einem Durchmesser von 75 mm wird dazu gegeben.
Um wie viel steigt nun der Wasserspiegel im Messbecher?

▶ Original-Abschlussprüfung

Mittlerer Schulabschluss und erweiterte Berufsbildungsreife 2014
Berlin/Brandenburg Mathematik

10 Punkte **Aufgabe 1**

Basisaufgaben

1 Punkt a) Bestimmen Sie 13 % von 50 €.

____

1 Punkt b) Eine Lostrommel enthält 80 Nieten und 20 Gewinnlose.
Geben Sie die Gewinnwahrscheinlichkeit P an.

P(Gewinn) = ________________________________

1 Punkt c) Geben Sie eine Zahl an, die zwischen $\frac{1}{2}$ und $\frac{4}{5}$ liegt.

____

1 Punkt d) Ein Spielwürfel wird einmal geworfen.
Geben Sie die Wahrscheinlichkeit dafür an, dass weder eine 1 noch eine 6 gewürfelt werden.

____

1 Punkt e) Frau Klein erhält in einem Jahr für ihre 10 000 € Sparguthaben 230 € Zinsen.
Bestimmen Sie den Zinssatz.

____

1 Punkt f) Es gilt: $\alpha = 50°$ und $\gamma = 30°$
Geben Sie die Größe des Winkels β an.

β = ________________________

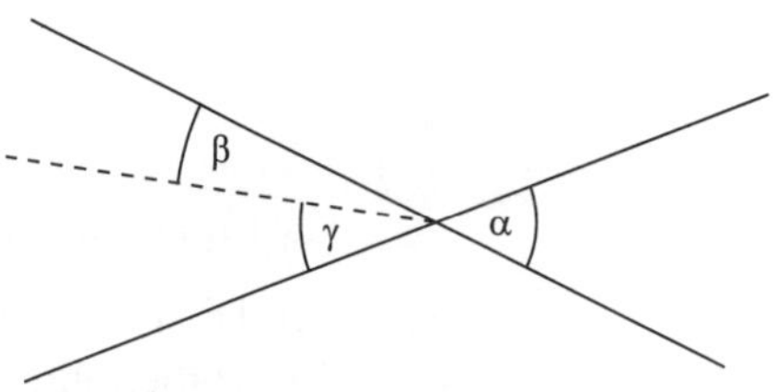

(Skizze nicht maßstabsgerecht)

1 Punkt g) Geben Sie einen Term für die Berechnung des Umfangs u der grauen Fläche an.

____

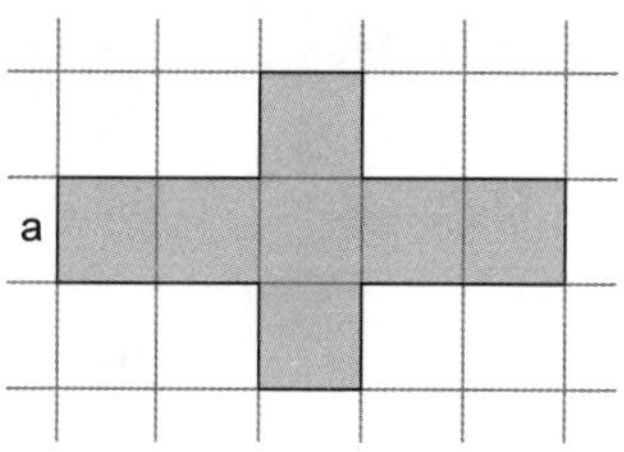

1 Punkt h) Ordnen Sie die Zahlen nach ihrer Größe.
Beginnen Sie mit der kleinsten Zahl.

$-\frac{1}{2}$; 1,4; −0,512; $\sqrt{2}$

____

2 Punkte i) Geben Sie den Anteil der grau gefärbten Fläche als Bruch **und** in Prozent an.

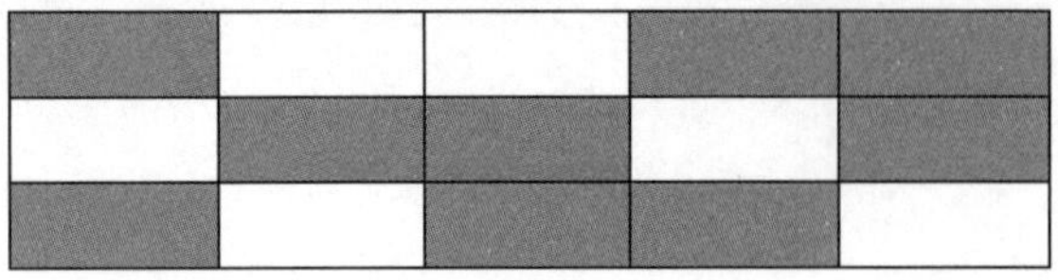

____

9 Punkte **Aufgabe 2**

Wanderung

Zwei Wandergruppen aus Berlin und Potsdam sind in einer Jugendherberge untergebracht. Beide Gruppen wollen zur Badestelle laufen.

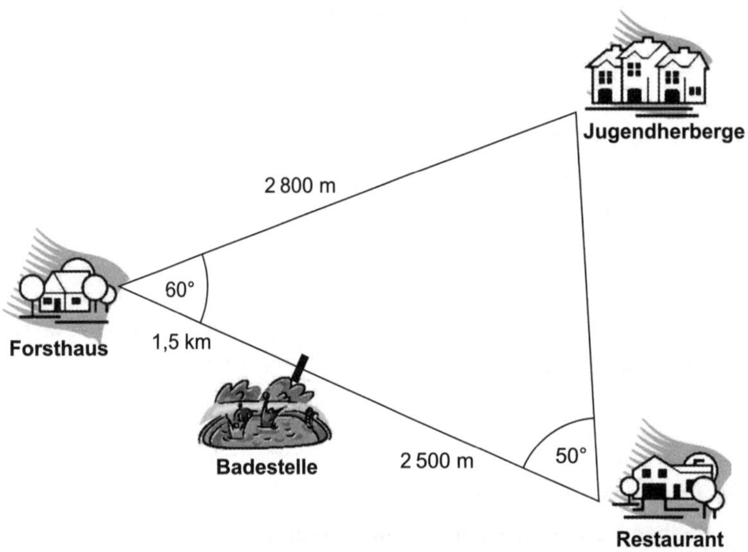

(Skizze nicht maßstabsgerecht)

2 Punkte a) Die Potsdamer Gruppe entscheidet sich für den Weg zur Badestelle, der am **Forsthaus** vorbeiführt.
Ermitteln Sie die Länge des Weges in km.

4 Punkte *b) Die Berliner Gruppe wandert zuerst zum Restaurant und danach zur Badestelle.
Berechnen Sie die Gesamtlänge dieses Weges.

3 Punkte *c) Die Berliner Gruppe ist mit einer durchschnittlichen Geschwindigkeit von $5\,\frac{\text{km}}{\text{h}}$ unterwegs. Um 11:30 Uhr ist die Gruppe am Restaurant, macht dort 45 Minuten Pause und wandert dann weiter zur Badestelle.

Berechnen Sie, zu welcher Uhrzeit die Berliner Gruppe an der Badestelle ankommt.

7 Punkte **Aufgabe 3**

Sparbuch

Ab seinem 11. Geburtstag zahlt Tom immer an seinem Geburtstag 200,00 € auf sein Sparbuch ein.

An seinem 15. Geburtstag fertigt Tom folgende Tabelle an:

Geburtstag	11.	12.	13.	14.	15.
Zinsen	———	4,00 €	8,08 €	12,24 €	
Einzahlung	200,00 €	200,00 €	200,00 €	200,00 €	200,00 €
Guthaben	200,00 €	404,00 €	612,08 €		1 040,81 €

1 Punkt a) Der Zinssatz für Toms Guthaben beträgt 2 % pro Jahr.
Weisen Sie für das erste Jahr nach, dass das richtig ist.

2 Punkte b) Vervollständigen Sie die Tabelle.

2 Punkte c) Tom entschließt sich bei einer anderen Bank 1 000 € für 5 Jahre anzulegen.
Der Zinssatz beträgt 3 % pro Jahr.
Berechnen Sie, welches Guthaben sich nach 5 Jahren auf Toms Konto befinden wird.

2 Punkte * d) Bei einer anderen Bank erhält man einen Zinssatz von nur 0,25 % jährlich.
Erklären Sie, wodurch es der Bank trotzdem gelingt, die Guthabenentwicklung in der Grafik günstig aussehen zu lassen.

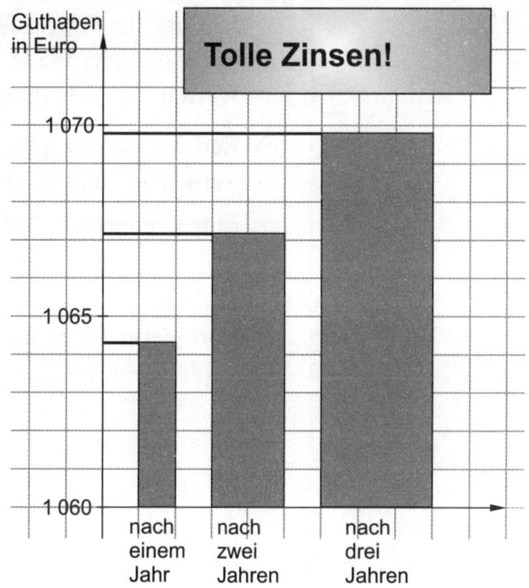

11 Punkte

Aufgabe 4

Kraftstoffpreise

In der Tabelle stehen die Preise an einer Tankstelle für die beiden Kraftstoffe E 10 und Diesel. Die Preise sind in Cent pro Liter angegeben.
Die Tabelle zeigt den Zeitraum vom 03. 07. bis zum 04. 09. 2012:

	03. 07.	**10. 07.**	**17. 07.**	**24. 07.**	**31. 07.**	**07. 08.**	**14. 08.**	**21. 08.**	**28. 08.**	**04 .09.**
E10	154,2	157,4	158,8	159,7	159,1	161,0	164,8	169,2	168,1	167,0
Diesel	139,6	142,5	144,2	145,4	146,2	147,1	150,7	154,0	153,1	152,0

2 Punkte
a) Geben Sie das Minimum und das Maximum des Preises für **E10** in diesem Zeitraum an.

2 Punkte
b) Berechnen Sie die Spannweite des Preises für **Diesel** in diesem Zeitraum.

Herr Meier ist Taxifahrer. Sein Taxi verbraucht rund neun Liter Diesel auf 100 Kilometer.

1 Punkt
c) Im Jahr 2011 betrug der durchschnittliche Preis für einen Liter Diesel 145,5 Cent.
Herr Meier fuhr im Jahr 2011 insgesamt 100 000 km.
Berechnen Sie die Kraftstoffkosten von Herrn Meier für das Jahr 2011.

2 Punkte
d) Im Herbst 2012 stöhnt Herr Meier: „Wenn ich genauso viel fahre wie im vergangenen Jahr und der durchschnittliche Preis in diesem Jahr 152,0 Cent beträgt, dann habe ich in diesem Jahr 585 € mehr Kraftstoffkosten als im letzten Jahr."
Weisen Sie nach, dass Herr Meier recht hat.

4 Punkte
e) Herr Meier behauptet: „Der Preis für einen Taxikilometer müsste um ca. 6 Cent erhöht werden, um diesen Anstieg auszugleichen."

Er hat gerechnet: 585 € = 585 000 ct
585 000 ct : 100 000 = 5,85 ct

Erklären Sie, was Herr Meier in seiner Rechnung falsch gemacht hat.
Korrigieren Sie seine Rechnung und seine Behauptung.

11 Punkte

Aufgabe 5

Vitrine

Bäckermeister Neumann beauftragt einen Handwerksbetrieb mit dem Bau einer Kühlvitrine für sein neues Café.

Die Vitrine soll die Form eines Prismas haben. Als Grundfläche ist ein **gleichschenkliges** Trapez mit einem Flächeninhalt von 5 225 cm^2 vorgesehen.

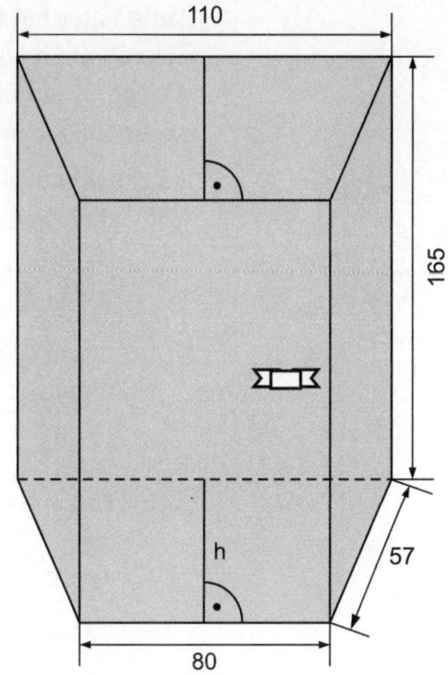

(Maße in cm; Abbildung nicht maßstabsgerecht)

2 Punkte a) Berechnen Sie das Volumen der Vitrine.

4 Punkte b) Vervollständigen Sie die Skizze des Netzes der Vitrine. Ergänzen Sie die fehlenden Maße.

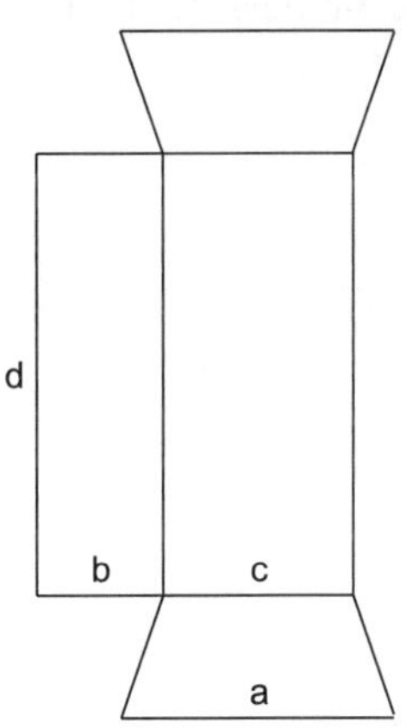

a = ________

b = ________

c = 80 cm

d = ________

3 Punkte *c) Weisen Sie nach, dass die Tiefe h der Vitrine für Kuchenplatten mit einem Durchmesser von 50 cm ausreicht.

2 Punkte d) Die Rückwand der Vitrine soll aus einer rechteckigen Platte ausgesägt werden. Es steht eine 1,8 m^2 große Platte zur Verfügung. Sie ist 1,20 m breit.

Kann die Platte verwendet werden?
Entscheiden Sie mithilfe einer Rechnung.

6 Punkte

Aufgabe 6

Glücksrad

Pauls Vater hat für den Kindergeburtstag im Garten ein Glücksrad aufgebaut (siehe Abbildung). Für eine Spielrunde wird das Rad zweimal nacheinander gedreht.

Jedes Feld auf dem Glücksrad hat die gleiche Wahrscheinlichkeit.

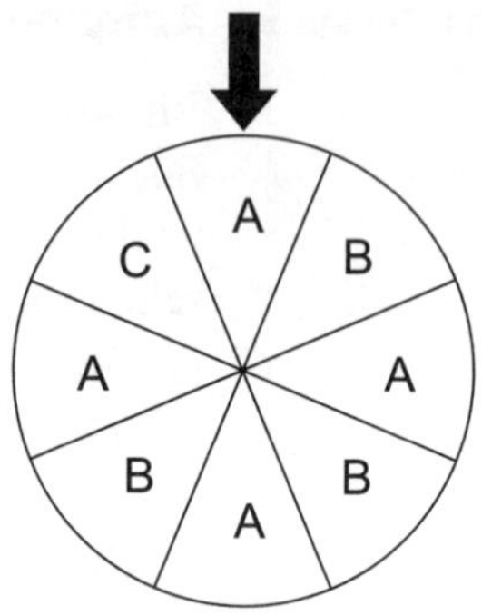

2 Punkte a) Ermitteln Sie die Wahrscheinlichkeit dafür, dass der Pfeil auf ein „B" zeigt. Notieren Sie das Ergebnis als Bruch **und** in Prozent.

____

2 Punkte b) Ergänzen Sie in dem gegebenen Baumdiagramm die passenden Wahrscheinlichkeiten.

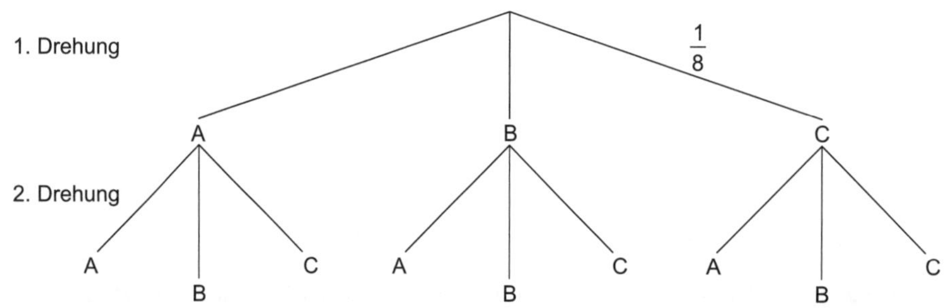

2 Punkte *c) Berechnen Sie die Wahrscheinlichkeit dafür, dass der Pfeil zweimal nacheinander auf gleiche Buchstaben zeigt.

____

____

6 Punkte

Aufgabe 7

Funktionen

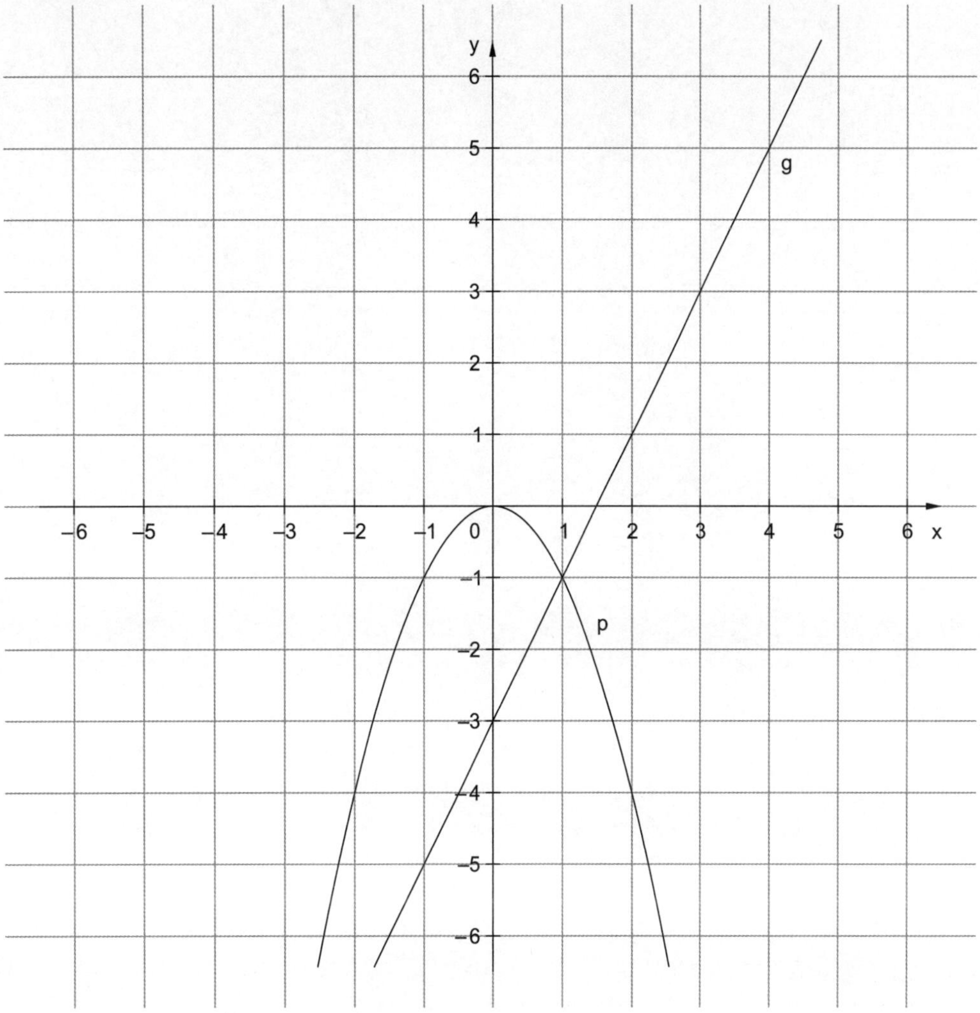

4 Punkte

* a) Zur Parabel p gehört die Funktionsgleichung $p(x) = -x^2$.
Zur Geraden g gehört die Funktionsgleichung $g(x) = 2x - 3$.
Überprüfen Sie rechnerisch, ob der Punkt $S(-3\,|\,-9)$ ein Schnittpunkt der Parabel p mit der Geraden g ist.

2 Punkte

* b) Abgebildet sind eine Parabel p und eine Gerade g.
Eine weitere Gerade f soll so verlaufen, dass sie mit der Parabel p keine gemeinsamen Punkte hat.
Geben Sie eine mögliche Funktionsgleichung für f an.

Notizen

(Bitte blättern Sie um)

Den Abschluss in der Tasche – und dann?

In den STARK-Ratgebern finden Schülerinnen und Schüler alle Informationen für einen erfolgreichen Start in die berufliche Zukunft.

Alle Titel zu Beruf & Karriere
www.berufundkarriere.de

Bestellungen bitte direkt an:
STARK Verlagsgesellschaft mbH & Co. KG · Postfach 1852 · 85318 Freising
Tel. 0180 3 179000* · Fax 0180 3 179001* · www.stark-verlag.de · info@stark-verlag.de
*9 Cent pro Min. aus dem deutschen Festnetz, Mobilfunk bis 42 Cent pro Min.
Aus dem Mobilfunknetz wählen Sie die Festnetznummer: 08167 9573-0

Lernen • Wissen • Zukunft
STARK

24-V_Abs